21 世纪高等院校电气工程与自动化规划教材

21 century institutions of higher learning materials of Electrical Engineering and Automation Planning

Principles of Automatic Control

自动控制原理

李冰 徐秋景 曾凡菊 编著

人民邮电出版社

北京

图书在版编目（CIP）数据

自动控制原理 / 李冰，徐秋景，曾凡菊编著. -- 北京 ：人民邮电出版社，2014.1（2019.7 重印）
21世纪高等院校电气工程与自动化规划教材
ISBN 978-7-115-33694-1

Ⅰ. ①自… Ⅱ. ①李… ②徐… ③曾… Ⅲ. ①自动控制理论－高等学校－教材 Ⅳ. ①TP13

中国版本图书馆CIP数据核字(2013)第317378号

内 容 提 要

本书全面系统地介绍了经典控制理论的基础知识和基本技术，将基础理论与应用紧密结合，并加入了仿真的内容，注重体现知识的实用性和前沿性。

全书共分 9 章，主要包括系统建模、时域分析、频域分析和系统综合（设计）四部分。系统建模部分主要介绍系统数学模型的建立和简化等知识，包括微分方程模型、传递函数模型、框图等；时域分析部分主要介绍根据系统的微分方程，以拉氏变换为工具，直接解出控制系统的时间响应，再根据响应的表达式以及过程曲线来分析系统的性能，如稳定性、快速性、准确性等，并找出系统结构、参数和这些性能之间的关系；频域分析部分主要介绍图解法分析系统性能，主要是使用奈奎斯特图和伯德图，根据图型分析系统的各方面性能；系统综合部分主要介绍控制系统的校正，即根据系统分析得出的性能指标设计校正环节，使系统满足实际需求。

本书既可以作为应用型本科院校、高等职业院校自动化专业（少学时）“自动控制原理”课程的教学用书，也可以作为其他本科非自动化相关专业，如测控技术、电气工程、计算机、机械、化工等专业及其他相关的工科专业的本科生“自动控制原理”课程的教学用书，还可以作为高职高专、成人高校电类相关专业的教学用书，也可供相关专业从事自动化技术工作的人员参考。

◆ 编　著　李　冰　徐秋景　曾凡菊
责任编辑　滑　玉
责任印制　彭志环

◆ 人民邮电出版社出版发行　北京市丰台区成寿寺路 11 号
邮编　100164　电子邮件　315@ptpress.com.cn
网址　http://www.ptpress.com.cn
北京七彩京通数码快印有限公司印刷

◆ 开本：787×1092　1/16
印张：13.25　　2014 年 1 月第 1 版
字数：320 千字　　2019 年 7 月北京第 5 次印刷

定价：35.00 元

前言

自动控制原理是一门发展快、应用广、实践性强且与现代生活有着广泛联系的重要技术基础课程，在高校电气信息类各专业中都具有重要的地位和作用，也是其他理工科专业必修的课程之一。

本书中介绍的知识主要以经典控制理论为主，阐述了自动控制理论的基本概念、原理和自动控制系统的各种分析方法，主要内容包括线性连续系统的时域和频域理论，如系统的动态性能、静态性能、稳定性的分析和各种设计方法的运用等。书中各章节适当增加了 Matlab 应用的内容。本书编写过程中力求做到理论清晰的同时，注重与实际的联系，从基本概念、基本分析方法入手，结合生产和生活中的实例，以时域分析方法为主线，时域分析和频域分析并进，在严谨的数学推导的基础上，利用直观的物理概念，引出系统参数与系统指标之间的内在联系。本书结构和内容力求做到重点突出、层次分明、语言精练、易于理解。

本书主要是针对应用型本科院校和高等职业院校自动化、测控技术、电气工程及其自动化专业（少学时）和计算机、机械、材料、化工等其他相关的工科专业的本科生而编写的，也可供相关专业从事自动化技术工作的人员参考。

本书由李冰任主编，徐秋景、曾凡菊任副主编。全书共分 9 章，第 1 章由王振力编写，第 2 章、第 3 章由徐秋景编写，第 4 章由姜滨编写，第 5 章由刘洋编写，第 6 章由曾凡菊编写，第 7 章、第 9 章由李冰编写，第 8 章由崔莉编写。赵建新、计京鸿、林森、吴振雷也参与部分内容的整理和编写工作。全书由李冰负责统稿。

本书由东北林业大学机电工程学院自动化教研室主任戴天虹教授主审。戴老师在审阅中提出了很多有建设性的修改意见，在此谨致衷心的感谢。

本书在编写的过程中得到了学校、学院和系的各级领导的大力支持和帮助，以及兄弟院校相关教师的鼎力支持，在此对所有人员表示衷心的感谢。

由于编者水平有限，编写时间有些仓促，书中难免存在错误和不妥之处，恳请读者批评指正。

编者

2013 年 10 月

目　录

第 1 章 绪论

在现代科学技术的众多领域中，自动控制技术起着越来越重要的作用。现在，自动控制技术已经广泛应用于石油化工、冶金、电力系统、机械制造、汽车制造、造纸、航空航天、军事、交通、市政（供水调度、污水处理）等领域，使生产过程实现自动化操作、稳定产品质量、提高劳动效率、降低能源和原材料消耗、改善操作人员劳动条件、保证生产安全、减少对环境的污染，从而取得明显的经济效益和社会效益。

自动控制原理用于研究自动控制共同规律，是自动控制技术的理论基础，是一门理论性较强的工程科学。自动控制除在工程领域广泛应用外，还被用于社会、经济和人文管理等各个领域。因此，大多数工程技术人员和科学工作者现在都必须具备一定的自动控制知识。

1.1 自动控制系统的基本概念

1.1.1 自动控制系统

自动控制是指在没有人直接参与的情况下，利用外加的设备或装置使机器、设备或生产过程的某个工作状态或参数自动地按照预定的规律运行。

自动控制系统是为了实现某一控制目标，将所需要的所有物理部件按照一定的方式连接起来组成一个有机总体。

在自动控制系统中，被控制的机器、设备或生产过程称为被控对象；被控制的工作状态或参数等物理量称为被控量；决定被控量的物理量称为给定量；妨碍给定量对被控量进行正常控制的所有因素称为扰动量。给定量和扰动量都是自动控制系统的输入量，被控量是自动控制系统的输出量。自动控制系统的任务实际上就是克服扰动量的影响，使系统按照给定量所设定的规律运行。

1.1.2 开环控制与闭环控制

自动控制系统有两种最基本的形式，即开环控制系统和闭环控制系统。

1. 开环控制系统

开环控制是指自动控制系统的输出量对系统的控制作用无任何影响的控制过程，开环控制是一种最简单的控制方式。

直流电动机转速控制开环控制系统组成如图 1-1 所示，当调节电位器时，其输出参考电压 u_r 将随之变化，u_r 经电压放大和功率放大后作为直流电动机的电枢电压 u_d。根据直流电动机的工作原理可知，在负载转矩恒定的条件下，直流电动机的转速 n 和电枢电压 u_d 成正比，因此，只要改变电位器输出参考电压 u_r 就可以控制直流电动机转速 n。

直流电动机转速控制开环控制系统的框图如图 1-2 所示，图中用方框代表系统中具有相应职能的元部件，用箭头表示元部件之间的信号及其传递方向。在本系统中，直流电动机是被控对象，直流电动机的转速 n 是被控量，电位器输出参考电压 u_r 是给定量，负载转矩的变化就是扰动量。由图 1-2 中信号的传递方向可知，只有给定量 u_r 对被控量 n 的单向控制作用，而被控量 n 对给定量 u_r 却没有任何影响和联系，因此是开环控制系统。

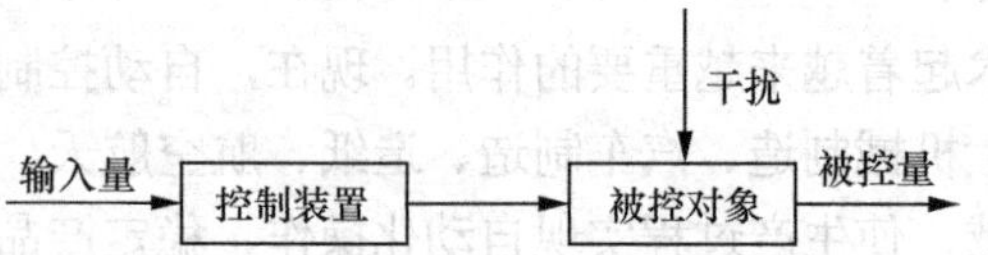

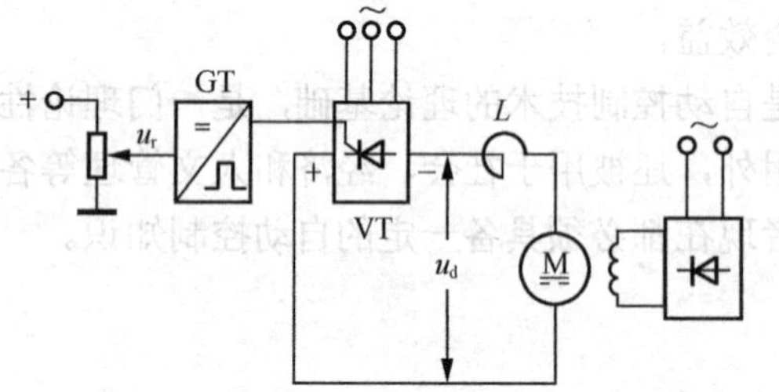

图 1-1 直流电动机转速控制开环控制系统

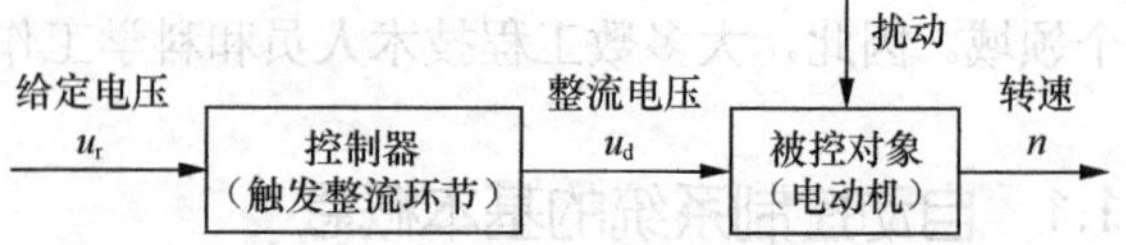

图 1-2 直流电动机转速控制开环控制系统框图

开环控制系统的精度主要取决于它的标定精度以及组成系统元部件特性的稳定程度。由于开环控制系统没有抵抗干扰的能力，故控制精度较低。但是，开环控制系统结构简单、成本低、稳定性好，也容易实现，在某些自动控制设备中仍被大量采用。

2. 闭环控制系统

闭环控制是指自动控制系统的输出量对系统的控制作用有影响的控制过程。由于闭环控制系统是根据负反馈原理按偏差进行控制的，因此也称作反馈控制系统或偏差控制系统。所谓负反馈原理是指在自动控制系统中，控制装置对被控对象施加的控制作用是取自被控量的反馈信息，用来不断修正被控量与输入量之间的偏差，从而实现对被控对象进行控制的任务。

直流电动机转速控制闭环控制系统组成如图 1-3 所示，在直流电动机转速控制开环控制系统的基础上，加入一台测速发电机，并对电路稍作改变，便构成了直流电动机转速控制闭环控制系统。测速发电机与直流电动机同轴转动，将直流电动机转速 n 测量出来并转换为电压 u_f，反馈到电压放大器的输入端，与给定电压 u_r 进行比较，从而得出电压 u_e。由于电压 u_e 能够间接地反映出误差的性质（即大小和正负方向），通常称之为偏差信号，简称偏差。偏差 u_e 经功率放大后作为直流电动机的电枢电压 u_d，用以控制直流电动机转速 n。

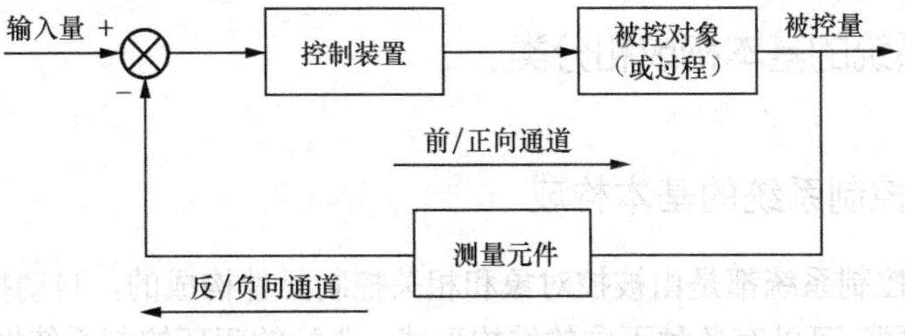

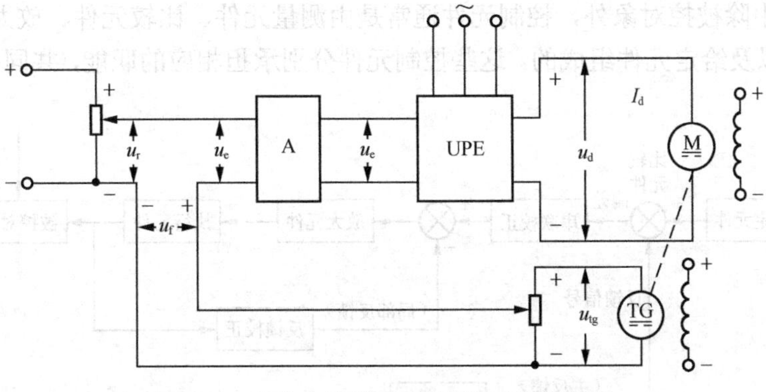

图 1–3　直流电动机转速控制闭环控制系统

直流电动机转速控制闭环控制系统的框图如图 1-4 所示，通常把从系统输入量到输出量之间的通道称为前向通道，从系统输出量到反馈信号之间的通道称为反馈通道。框图中用符号“⊗”表示代数和运算，各输入量均需用正负号表明其极性。由图 1-4 中信号的传递方向可知，由于采用了反馈回路，致使信号的传输路径形成闭合回路，使输出量反过来直接影响控制作用，因此是闭环控制系统。在闭环控制系统中，只有采用负反馈才能达到控制目的，若采用正反馈，将使偏差越来越大，导致系统无法工作。

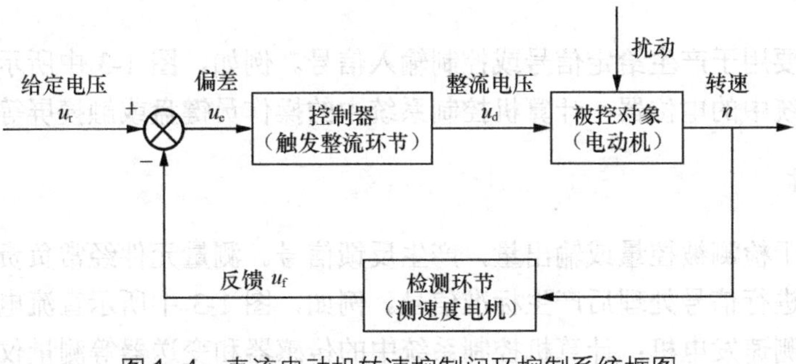

图 1–4　直流电动机转速控制闭环控制系统框图

由于闭环控制系统中采用了负反馈，控制系统对外部或内部干扰的影响都不甚敏感。这样就可以选用不太精密的元部件构成较为精确的控制系统。由于闭环控制系统采用反馈装置需要添加元部件，造价较高，同时也增加了系统的复杂性。如果系统的结构参数选择不当，控制过程可能变得更差，甚至出现振荡或发散等不稳定的情况。

闭环控制系统是最常用的控制方式，我们所说的控制系统一般都是指闭环控制系统，闭环控制系统是本课程讨论的重点。

1.2 自动控制系统的基本构成和分类

1.2.1 自动控制系统的基本构成

任何一个自动控制系统都是由被控对象和相关控制元件构成的，自动控制系统根据被控对象和具体用途不同，可以有各种不同的结构形式，典型的闭环控制系统框图如图 1-5 所示。自动控制系统中除被控对象外，控制元件通常是由测量元件、比较元件、放大元件、执行元件、校正元件以及给定元件组成的。这些控制元件分别承担相应的职能，共同完成控制任务。

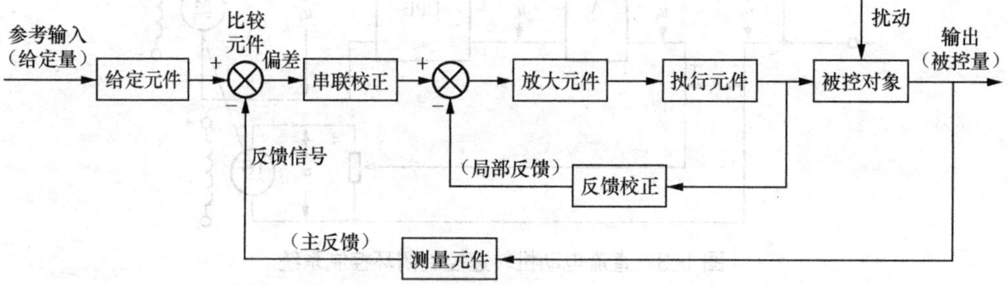

图 1-5 典型闭环控制系统组成框图

1. 被控对象

被控对象一般是指生产过程中需要进行控制的工作机械、装置或生产过程。描述被控对象工作状态的、需要进行控制的物理量就是被控量。

2. 给定元件

给定元件主要用于产生给定信号或控制输入信号。例如，图 1-3 中所示直流电动机转速控制闭环控制系统中的电位器；计算机控制系统中的操作员键盘或触摸屏等设备。

3. 测量元件

测量元件用于检测被控量或输出量，产生反馈信号。测量元件经常负责将非电量信号转化为电信号，并进行信号处理后产生标准信号。例如，图 1-3 中所示直流电动机转速控制闭环控制系统中的测速发电机；计算机控制系统中的传感器和变送器等测量仪表。

4. 比较元件

比较元件用来比较输入信号和反馈信号之间的偏差。例如，图 1-3 中所示直流电动机转速控制闭环控制系统中的电压放大器；计算机控制系统中常用计算机程序实现求偏差运算。

5. 放大元件

放大元件用来放大偏差信号的幅值和功率，使之能够推动执行机构调节被控对象，例如功率放大器、电液伺服阀等。

6. 执行元件

执行元件用于直接对被控对象进行操作，调节被控量，例如阀门、伺服电动机等。

7. 校正元件

校正元件用来改善或提高系统的性能。常用串联或反馈的方式连接在系统中。例如 RC 网络、运算放大器电路、控制仪表、计算机等。

1.2.2 自动控制系统的分类

1. 定值控制系统、随动控制系统和程序控制系统

按给定量信号类型分类，自动控制系统可分为定值控制系统、随动控制系统和程序控制系统。

定值控制系统也称恒值控制系统，其给定量一般不变化或变化很缓慢，无论扰动量如何变化，要求其被控量保持与给定量相对应的数值不变。定值控制系统在工业生产过程中应用非常多。例如冶金部门的恒温系统，石油部门的恒压系统等。

随动控制系统也称跟踪控制系统，其给定量变化规律是事先不能确定的任意时间函数，要求其被控量能以一定精度跟随给定量变化。例如，火炮控制系统，卫星控制系统等。

程序控制系统的给定量按已知的规律（事先规定的程序）变化，要求其被控量也按相应的规律随给定量变化。例如，炼钢炉中的微机控制系统，洲际弹道导弹的程序控制系统，电梯升降控制，退火炉的炉温控制等。

2. 线性控制系统和非线性控制系统

按系统数学模型的特性分类，自动控制系统可分为线性控制系统和非线性控制系统。

如果自动控制系统的特性可用线性微分方程描述，即系统中各环节的特性都呈线性关系，则称此系统为线性控制系统。

线性系统的主要特征是满足叠加原理，即当系统在输入信号 $r_1(t)$的作用下产生系统的输出 $c_1(t)$，当系统在输入信号 $r_2(t)$的作用下产生系统的输出 $c_2(t)$。如果系统的输入信号 $ar_1(t)+br_2(t)$，则系统的输出满足 $ac_1(t)+bc_2(t)$。

如果描述线性系统运动状态的微分方程的系数是常数且不随时间变化，则这种线性系统称为线性定常（或时不变）系统。如果描述线性系统运动状态的微分方程的系数是时间的函数，则这种线性系统称为线性时变系统。

当系统中存在非线性特性的组成环节或元件，系统的特性就由非线性方程描述，这种系统即为非线性系统。非线性系统不具备叠加性。

3. 连续控制系统和离散控制系统

按系统信号流的形式分类，自动控制系统可以分为连续控制系统和离散控制系统。

连续控制系统中各部分的信号都是时间变量的连续函数。连续系统的运动状态或特性用微分方程描述。用模拟式仪表实现自动化的过程控制系统均属此类系统。

离散控制系统某处或多处的信号为时间上离散的脉冲序列或数码形式时，该系统为离散控制系统。离散控制系统用差分方程描述。

4. 单变量系统和多变量系统

按系统变量的多少分类，自动控制系统可以分为单变量系统和多变量系统。

单变量系统也称作单输入单输出系统，其输入量和输出量都为1个，系统结构较为简单。

多变量系统也称作多输入多输出系统，其输入量和输出量多于1个，系统结构较为复杂。

1.3 自动控制理论的发展历史

控制论一词cybernetics，来自希腊语，原意为掌舵术，包含了调节、操纵、管理、指挥、监督等多方面的含义。因此，“控制”这一概念本身即反映了人们对征服自然与外在的渴望，控制理论与技术也自然而然地在人们认识自然与改造自然的历史中发展起来。

根据控制理论的理论基础及所能解决的问题的难易程度，我们把控制理论大体地分为三个不同的阶段。这种阶段性的发展过程是由简单到复杂、由量变到质变的辩证发展过程。

1.3.1 经典控制论阶段（20世纪50年代末期以前）

经典控制理论，是以传递函数为基础，在频率域对单输入单输出控制系统进行分析与设计的理论。基于频率域内传递函数的“反馈”和“前馈”控制思想，运用频率特性分析法、根轨迹分析法、描述函数法、相平面法、波波夫法，解决稳定性问题。

经典控制论阶段发展事件主要有：我国古人发明的指南车就应用了反馈的原理；1788年J. Watt在发明蒸汽机的同时应用了反馈思想设计了离心式飞摆控速器，这是第一个反馈系统的方案。1868年J. C. Maxwell为解决离心式飞摆控速器控制精度和稳定性之间的矛盾，发表《论调速器》，提出了用基本系统的微分方正模型分析反馈系统的数学方法；1868年，韦士乃格瑞斯克阐述了调节器的数学理论；1875年E. J. Routh和A. Hurwitz提出了根据代数方程的系数判断线性系统稳定性方法；1876年俄国学者N. A. 维什涅格拉诺基发表著作《论调速器的一般理论》，对调速器系统进行了全面的理论阐述；1895年劳斯与胡尔维茨分别提出了基于特征根和行列式的稳定性代数判别方法；1927年H. S. Black发现了采用负反馈线路的放大器，引入负反馈后，放大器系统对扰动和放大器增益变化的敏感性大为降低；1932年H. Nyquist采用频率特性表示系统，提出了频域稳定性判据，很好地解决了Black放大器的稳定性问题，而且可以分析系统的稳定裕度，奠定了频域法分析与综合的基础；1934年H. L. Hazen发表《关于伺服机构理论》；1938年A. B. 维哈伊洛夫发表《频域法》，这标志着经典控制理论的诞生；1945年H. W. Bode发表了著作《网络分析和反馈放大器设计》，完善了系统分析和设计的频域方法，并进一步研究，开发了伯德图；1948年N. Weiner发表了《控制论——关于在动物和机器中控制和通信的科学》一书，标志着控制论的诞生；1948年W. R. Evans提出了系统的根轨迹分析法，是一种易于工程应用的，求解闭环特征方程根的简单图解法，进一步完善了频域分析方法；1954年钱学森出版了《工程控制论》，全面总结了经典控制理论，标志着经典理论的成熟。

经典控制论阶段主要成果为PID控制规律的产生，PID控制原理简单易于实现，具有一定的自适应性与鲁棒性，对于无时间延迟的单回路控制系统很有效，在工业过程控制中仍然被广泛应用。

1.3.2 现代控制论阶段（20世纪50年代末期至70年代初期）

现代控制理论基于时域内的状态空间分析法，着重时间系统最优化控制的研究。控制系统的特点为多输入多输出系统，系统可以是线性或非线性，定常或时变，单变量与多变量，连续与离散系统。

现代控制理论的控制思路为基于时域内的状态方程与输出方程对系统内的状态变量进行实时控制，运用极点配置、状态反馈、输出反馈的方法，解决最优化控制、随机控制、自适应控制问题。

现代控制理论发展事件主要有：1959年，前苏联学者庞德亚金（L. S. Pontryagin）等学者创立了极大值原理，并找出最优控制问题存在的必要条件，该理论为解决控制量有约束情况下的最短时间控制问题，提供了方法；1953—1957年间，美国学者贝尔曼（R. Bellman）创立了解决最优控制问题的动态规律，并依据最优性原理，发展了变分学中的Hamilton-Jaccobi理论；1959年，卡尔曼（R. E. Kalman）提出了滤波器理论；1960年，卡尔曼对系统采用状态方程的描述方法，提出了系统的能控性、能观测性，证明了二次型性能指标下线性系统最优控制的充分条件，进而提出了对于估计与预测有效的卡尔曼滤波，证明了对偶性；罗森布洛克（H. H. Rosenbrock）、欧文斯（D. H. Owens）和麦克法轮（G. J. MacFarlane）研究了用于计算机辅助控制系统设计的现代频域法理论，将经典控制理论传递函数的概念推广到多变量系统，并探讨了传递矩阵与状态方程之间的等价转换关系，为进一步建立统一的线性系统理论奠定了基础；20世纪70年代奥斯特隆姆（瑞典）和朗道（法国，L. D. Landau）在自适应控制理论和应用方面做出了贡献。

现代控制理论的提出，促进了非线性控制、预测控制、自适应控制、鲁棒性控制、智能控制等分支学科的发展，进而解决了因工业过程的复杂性而带来的困难。

1.3.3 大系统理论阶段与智能控制理论阶段（20世纪70年代初期至现在）

大系统理论，是指规模庞大、结构复杂、变量众多、关联严重、信息不完备的信息与控制系统，如宏观经济系统、资源分配系统、生态和环境系统、能源系统等。智能控制系统是具有某些仿人智能的工程控制与信息处理系统，其中最典型的是智能机器人。

大系统理论阶段的控制思路基于时域法为主，通过大系统的多级递阶控制、分解-协调原理、分散最优控制和大系统模型降阶理论，解决大系统的最优化。

大系统理论阶段与智能控制理论阶段发展事件主要有：20世纪60年代初期，Smith提出采用性能模式识别器来学习最优控制法以解决复杂系统的控制问题；1965年，Zadeh创立模糊集合论，为解决负载系统的控制问题提供了强有力的数学工具；1966年，Mendel提出了“人工智能控制”的概念；1967年，Leondes和Mendel正式使用“智能控制”，标志着智能控制思路已经形成；20世纪70年代初期，傅京孙、Gloriso和Saridis提出分级递阶智能控制，并成功应用于核反应、城市交通控制领域；70年代中期，Mamdani创立基于模糊语言描述控制规则的模糊控制器，并成功用于工业控制；20 世纪 80 年代以来，专家系统、神经网络理论及应用对智能控制起着促进作用。现代控制理论、经典控制理论和大系统理论对比如表 1-1 所示。

表 1-1　各阶段理论比较

	经典控制理论	现代控制理论	大系统理论
对象	单输入-单输出线性定常系统	线性与非线性、定常与时变、单变与多变量、连续与离散系统	规模庞大、结构复杂、变量众多、关联严重、信息不完备的信息系统
方法	频域法	时域矩阵法	时域法
数学工具	拉氏变换	矩阵与向量空间理论	控制论、运筹学
数学模型	传递函数	状态方程与输出方程	子系统
基本内容	时域法、频域法、根轨迹法、描述函数法、相平面法、代数与几何稳定判据、校正网络设计、Z 变换法	线性系统基础理论（包括系统的数学模型、运动的分析、稳定性的分析、能控性与能观测性、状态反馈与观测器）、系统辨识、最优控制、自适应控制、最优滤波及鲁棒性控制	多级递阶控制，分解-协调原理、分散最优控制、大系统型模降阶理论
主要问题	稳定性问题	最优化问题	系统的最优化
控制装置	无源与有源 RC 网络	数字计算机	数字计算机
着眼点	输出	状态方程与输出方程	大系统的最优化
评价	具体情况具体分析，适宜处理较简单系统的控制问题	具有优越性，更适合处理复杂系统的控制问题	应用控制和管理的思路，适用于多学科交叉综合的研究控制领域

1.4　自动控制系统性能的基本要求和本课程的任务

1.4.1　自动控制系统性能的基本要求

为了实现自动控制的基本任务，必须对系统在控制过程中表现出来的行为提出要求。对控制系统的基本要求，通常是通过系统对特定输入信号的响应来满足的。例如，用单位阶跃信号的过渡过程及稳态的一些特征值来表示。在确保稳定性的前提下，要求系统的动态性能和稳态性能好，即：动态过程平稳（稳定性）、响应动作要快（快速性）、跟踪值要准确（准确性）。

1．稳定性

稳定性是保证控制系统正常工作的先决条件。一个稳定的控制系统，其被控量偏离期望值的初始偏差应随时间的增长逐渐减小并趋于零。不稳定的控制系统，其被控量偏离期望值的初始偏差将随时间的增长而发散，因此，不稳定的控制系统无法实现预期的控制任务。

线性控制系统的稳定性由系统本身的结构与参数所决定，与外部条件和初始状态无关。

控制系统中一般都含有储能元件或惯性元件，如电机绕组的电感、电机电枢的转动惯量、电炉的热容量等，因此，当控制系统受到扰动或有输入量时，控制过程不会立即完成，而是有一定的延缓，这就使得被控量恢复到期望值有一个时间过程，称为过渡过程。由于惯性问题的存在，被控量在过渡过程中常呈现出振荡形式。如果振荡过程是逐渐减弱的，控制系统最后可以达到平衡状态，控制目的得以实现，我们称之为稳定系统；反之，如果振荡过程逐步增强，系统被控量将失控，则称之为不稳定系统。

2. 快速性

为了很好地完成控制任务，控制系统仅仅满足稳定性要求是不够的，还必须对其过渡过程的形式和快慢提出要求，一般称为动态性能。动态性能通常用最大超调量（σ）、调整时间（t_s）和振荡次数（N）等动态性能指标来衡量。动态性能指标的具体分析方法将在后续章节中介绍。

3. 准确性

理想情况下，当过渡过程结束后，被控量达到的稳态值（即平衡状态）应与期望值一致。但实际上，由于系统结构，外作用形式以及摩擦、间隙等非线性因素的影响，被控量的稳态值与期望值之间会有误差存在，称为稳态误差。稳态误差是衡量控制系统控制精度的重要标志，在技术指标中一般都有具体要求。

1.4.2 本课程的任务

自动控制系统虽然种类繁多，形式不同，但所研究的内容和方法却是类似的，本课程的任务主要分为系统分析和系统设计两个方面。

1. 系统分析

系统分析是指在控制系统结构参数一致、系统数学模型建立的条件下，判定系统的稳定性，计算系统的动、静态性能指标，研究系统性能与系统结构、参数之间的关系。

2. 系统设计

系统设计是在给出被控对象及其技术指标要求的情况下，寻求一个能完成控制任务、满足技术指标要求的控制系统。在控制系统的主要元件和结构形式确定的前提下，设计任务往往是需要改变系统的某些参数，有时还要改变系统的结构，选择合适的校正装置，计算、确定其参数加入系统之中，使其满足预定的性能指标要求，这个过程称为系统的校正。

设计问题要比分析问题更为复杂。首先，设计问题的答案往往并不唯一，对系统提出的同样一组要求，往往可以采用不同的方案来满足；其次，在选择系统结构和参数时，往往会出现相互矛盾的情况，需要进行折中，同时必须考虑控制方案的可实现性和实现方法；再次，设计时还要通盘考虑经济性、可靠性、安装工艺、使用环境等各个方面的问题。

分析和设计是两个完全相反的命题。分析系统的目的在于了解和认识已有的系统。对于从事自动控制的工程技术人员而言，更重要的工作是设计系统，改造那些性能指标未达到要求的系统，使其能够完成确定的工作。

1.5 自动控制系统的工程应用

1.5.1 电加热炉温度控制系统

电加热炉温度控制系统的控制任务是保持炉内温度恒定，其系统结构如图 1-6 所示，电加热炉内的温度要稳定在某个给定的温度 T_r 值附近，T_r 值是由给定的电压信号 u_r 决定的，热电偶作为温度测量元件，测出炉内实际温度值 T_c，热电偶输出电压 u_r 与炉内实际温度值 T_c 成比例，误差信号反映炉内期望的温度与实际温度的偏差，该偏差信号经电压放大和功率放大后驱动直流伺服电动机旋转以带动调压变压器的滑动移头，使炉内实际温度等于或接近预期的温度值。

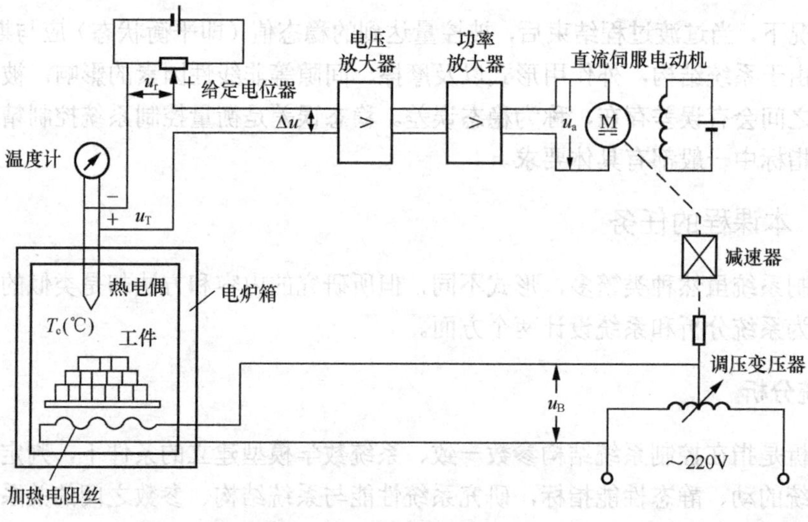

图 1-6　电加热炉温度控制系统

1.5.2 工作台位置控制系统

工作台位置控制系统的控制任务是控制工作台跟随给定量动作，其系统结构如图 1-7 所示。通过指令电位器 W_1 的滑动触点给出工作台的位置指令 x_r，并转换为控制电压 u_r。被控制工作台的位移 x_c 由反馈电位器 W_2 检测，并转换为反馈电压 u_c，两电位器接成桥式电路。当工作台位置 x_c 与给定位置 x_r 有偏差时，桥式电路的输出电压为 $\Delta u=u_r-u_c$。设开始时指令电位器和反馈电位器滑动触点都处于左端，即 $x_r=x_c=0$，则 $\Delta u=u_r-u_c=0$，此时，放大器无输出，直流伺服电动机不转，工作台静止不动，系统处于平衡状态。

当给出位置指令 x_r 时，在工作台改变位置之前的瞬间，$x_r=0$，$x_c=0$，则电桥输出为 $\Delta u=u_r-u_c=u_r-0=u_r$，该偏差电压经放大器放大后控制直流伺服电动机转动，直流伺服电动机通过齿轮减速器和丝杠副驱动工作台右移。随着工作台的移动，工作台实际位置与给定位置之间的偏差逐渐减小，即偏差电压 u 逐渐减小。当反馈电位器滑动触点的位置与指令电位器滑动触点的给定位置一致时，电桥平衡，偏差电压 $u=0$，伺服电动机停转，工作台停止在由指令电位器给定的位置上，系统进入新的平衡状态。当给出反向指令时，偏差电压极性相反，伺服电动机反转，工作台左移，当工作台移至给定位置时，系统再次进入平衡状态。如果指令电位器滑动触点的位置不断改变，则工作台位置也跟着不断变化。

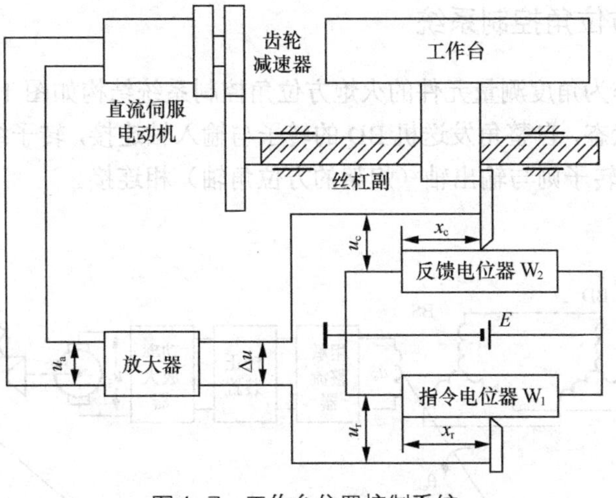

图 1-7 工作台位置控制系统

1.5.3 飞机自动驾驶控制系统

飞机自动驾驶控制系统的控制任务是控制飞机能保持或改变飞机飞行状态，可以稳定飞机的姿态、高度和航迹，可以操纵飞机爬高、下滑和转弯。如同飞行员操纵飞机一样，飞机自动驾驶控制系统也是通过控制飞机的三个操纵面（升降舵、方向舵、副翼）的偏转，改变舵面的空气动力特性，以形成围绕飞机质心的旋转力矩，从而改变飞机的飞行姿态和轨迹。现以比例式飞机俯仰角自动驾驶控制系统为例说明其工作原理，其系统结构示意图如图 1-8 所示。

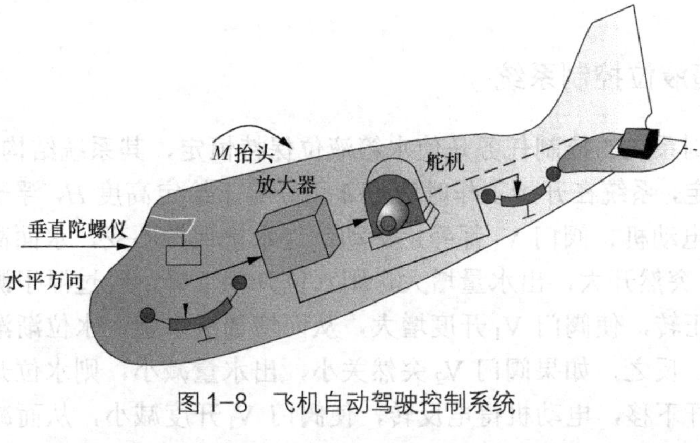

图 1-8 飞机自动驾驶控制系统

垂直陀螺仪作为测量元件用以测量飞机的俯仰角，当飞机以给定俯仰角水平飞行时，陀螺仪电位计没有电压输出；如果飞机受到扰动，使俯仰角向下偏离期望值，陀螺仪电位计输出与俯仰角偏差成正比的信号，经放大器放大后驱动舵机。一方面推动升降舵面向上偏转，产生使飞机抬头的转矩，以减小俯仰角误差；同时带动反馈电位计滑臂，输出与舵偏角成正比的电压信号并反馈到输入端。随着俯仰角偏差的减小，陀螺仪电位计输出的信号越来越小，舵偏角也随之减小，直到俯仰角回到期望值，这时，舵面也恢复到原来状态。

1.5.4 火炮方位角控制系统

采用自整角机作为角度测量元件的火炮方位角控制系统结构如图 1-9 所示。图中的自整角机工作在变压器状态，自整角发送机 BD 的转子与输入轴连接，转子绕组通入单相交流电；自整角接收机 BS 的转子则与输出轴（炮架的方位角轴）相连接。

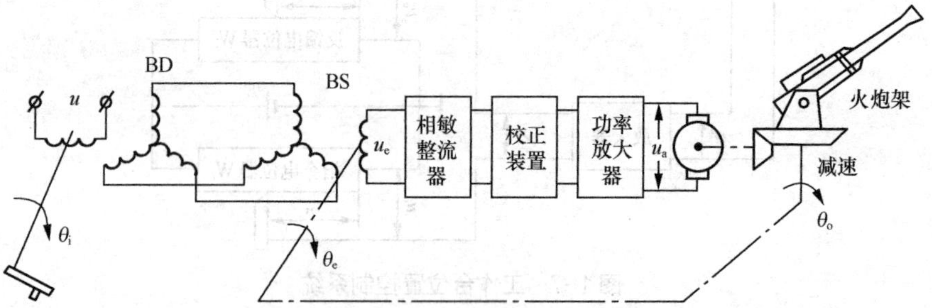

图 1–9 火炮方位角控制系统

在转动瞄准具输入一个角度 θ_i 的瞬间，由于火炮方位角 $\theta_o \neq \theta_i$，会出现角位置偏差 θ_e。这时，自整角接收机 BS 的转子输出一个相应的交流调制信号电压 u_e，其幅值与 θ_e 的大小成正比，相位则取决于 θ_e 的极性。当偏差角 $\theta_e>0$ 时，交流调制信号呈正相位；当偏差角 $\theta_e<0$ 时，交流调制信号呈反相位。该调制信号经相敏整流器解调后，变成一个与 θ_e 的大小和极性对应的直流电压，经校正装置、放大器处理后成为 u_a。u_a 驱动电动机带动炮架转动，同时带动自整角接收机的转子将火炮方位角反馈到输入端。显然，电动机的旋转方向必须是朝着减小或消除偏差角 θ_e 的方向转动，直到 $\theta_o=\theta_i$ 为止。这样，火炮就指向了手柄给定的方位角上。

1.5.5 水箱液位控制系统

水箱液位控制系统的控制任务是使水箱液位保持恒定，其系统结构如图 1-10 所示。假设经过事先设定，系统在开始工作时液位 h 正好等于给定高度 H，浮子带动连杆位于电位器 0 电位，故电动机、阀门 V_1 都静止不动，进水量保持不变，水面高度保持设定高度 H。如果阀门 V_2 突然开大，出水量增大，则水位开始下降，经过浮子测量，此时连杆上移，电动机得电正转，使阀门 V_1 开度增大，从而增加进水量，水位渐渐上升，直至重新等于设定高度 H。反之，如果阀门 V_2 突然关小，出水量减小，则水位开始上升，经过浮子测量，此时连杆下移，电动机得电反转，使阀门 V_1 开度减小，从而减少进水量，水位渐渐下降，直至重新等于设定高度 H。可见系统在此两种情况下都能保持期望的水箱液位高度。

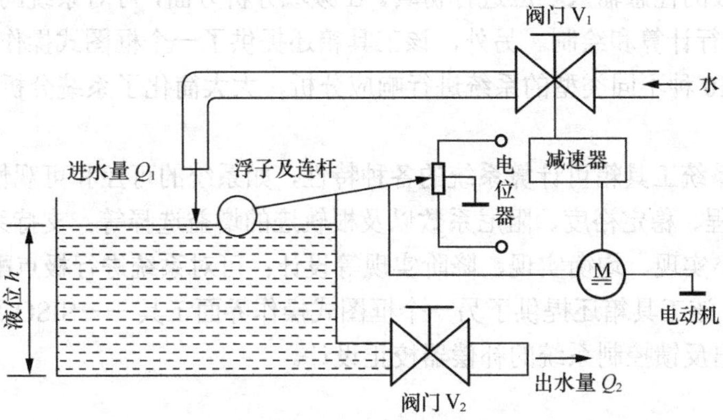

图 1-10　水箱液位控制系统

1.6　自动控制系统的分析与设计工具——Matlab

1.6.1　Matlab 简介

Matlab 是美国 MathWorks 公司出品的商业数学软件，用于算法开发、数据可视化、数据分析以及数值计算的高级技术计算语言和交互式环境，主要包括 Matlab 和 Simulink 两大部分。Matlab 的主要优势特点如下：

（1）高效的数值计算及符号计算功能，能使用户从繁杂的数学运算分析中解脱出来；

（2）具有完备的图形处理功能，实现计算结果和编程的可视化；

（3）友好的用户界面及接近数学表达式的自然化语言，使读者易于学习和掌握；

（4）功能丰富的应用工具箱（如控制系统工具箱、信号处理工具箱、通信工具箱、图象处理工具箱等），为用户提供了大量方便实用的处理工具。

Matlab 使工程技术人员在系统分析和设计时感到更加直观、清晰、系统，减少了复杂的计算过程。工程技术人员能在缺乏实验设备的情况下，可以运用 Matlab 对实际系统进行软件仿真，获得相关实验数据。

1.6.2　Matlab 控制系统工具箱

Matlab 控制系统工具箱主要处理以传递函数为主要特征的经典控制和以状态空间为主要特征的现代控制中的主要问题，尤其是针对线性时不变系统的建模、分析和设计提供了一个完整的解决方案。Matlab 控制系统工具箱的主要功能如下。

① 系统建模

Matlab 控制系统工具箱能够建立连续或离散系统的状态空间、传递函数、零极点增益模型，并可实现任意两者之间的转换；可通过串联、并联、反馈连接及更一般的框图连接建立复杂系统的模型；可通过多种方式实现连续时间系统的离散化，离散时间系统的连续化及重采样。

② 系统分析

Matlab 控制系统工具箱在时域分析方面，可对系统的单脉冲响应、单位阶跃响应、零输入响应及其更一般的任意输入响应进行仿真。在频域分析方面，可对系统的 Bode 图、Nichols 图、Nyquist 图进行计算和绘制。另外，该工具箱还提供了一个框图式操作界面工具——LTI 观测器，支持对 10 种不同类型的系统进行响应分析，大大简化了系统分析和图形绘制过程。

③ 系统设计

Matlab 控制系统工具箱可计算系统的各种特性，如系统的可控和可观性矩阵、传递零极点、Lyapunov 方程、稳定裕度、阻尼系数以及根轨迹的增益选择等；支持系统的可控、可观标准型实现、最小实现、均衡实现、降阶实现等设计；可对系统进行极点配置、观测器设计以及最优控制等。该工具箱还提供了另一个框图式操作界面工具——SISO 系统设计工具，可用于单输入单输出反馈控制系统的补偿器校正设计。

习　题

1．日常生活中有许多开环和闭环控制系统，试举几个具体例子，并说明它们的工作原理。

2．说明负反馈的工作原理及其在自动控制系统中的应用。

3．开环控制系统和闭环控制系统各有什么优缺点？

4．对自动控制系统基本的性能要求是什么？最主要的要求是什么？

5．自动驾驶器用控制系统将汽车的速度限制在允许范围内，画出方块图说明此反馈系统。

6．描述人类对疼痛、身体温度等常规因素的生物反应过程。生物反应控制是一门依靠人类能力的技术，已成功运用的如有意识的规则脉冲，对疼痛的反应和体温的恒定控制等。

7．学生-教师教学进程继承了以将错误减少到最少的反馈进程，要求的输出是学习的知识，学生可被考虑在此进程中。利用图 1-2 设计学习进程的反馈模型，辨别每个模块的作用。

8．双输入控制系统的一个常见例子是由冷热两个阀门的家用沐浴器。目标是同时控制水温和流量，画出此闭环系统的方块图，你愿意让别人给你开环控制的沐浴器吗？

9．判断下列系统是线性定常系统、线性时变系统还是非线性系统。其中 $r(t)$和 $c(t)$分别为输入和输出。

（1）$c(t) = t \cdot r(t)$；

（2）$c(t) = r(t)$；

（3）$c(t) = 5 + r(t)\sin\omega t$；

（4）$\dfrac{\mathrm{d}^3 c(t)}{\mathrm{d}t^3} + 2\dfrac{\mathrm{d}^2 c(t)}{\mathrm{d}t^2} + 5\dfrac{\mathrm{d}c(t)}{\mathrm{d}t} + c(t) = r(t)$。

第 2 章 数学基础

在自动控制系统的分析、设计与仿真中离不开数学知识，本章主要介绍和自动控制系统相关的一种重要的积分变换：拉普拉斯变换、拉普拉斯逆变换以及拉普拉斯变换的一些性质，本章还介绍自动控制系统的分析与设计工具 Matlab 的一些基础的运算知识。

2.1　拉普拉斯变换

在高等数学中，为了把复杂的计算转化为较简单的计算，往往采用变换的方法，拉普拉斯变换就是其中的一种。拉普拉斯变换可以把线性时不变系统的时域模型（常系数线性微分方程）简便地进行变换，经求解再还原为时间函数。拉普拉斯变换是分析和求解常系数线性微分方程的常用方法。用拉普拉斯变换分析线性系统的运动过程，在工程上有着广泛的应用。拉普拉斯变换的优点表现在：

（1）求解步骤得到简化，同时可以给出微分方程的特解和齐次解，而且初始条件自动地包含在变换式里。

（2）拉普拉斯变换分别将“微分”和“积分”运算转换为“乘法”和“除法”运算，也就是把积分微分方程转换为代数方程。这种变换与数学中的对数变换很相似，在那里，乘、除法被转换为加、减法运算。它们不同的是对数变换所处理的是数，拉普拉斯变换所处理的是函数。

（3）指数函数、超越函数以及有不连续的函数经拉普拉斯变换可转换为简单的初等函数。

（4）拉普拉斯变换把时域中两函数的卷积运算转换为变换域中两函数的乘法运算。

2.1.1　拉普拉斯变换的定义

一个定义在区间［0，∞）的函数 $f(t)$，它的拉普拉斯变换式 $F(s)$ 定义为

$$F(s)=\int_{0_-}^{\infty} f(t)\mathrm{e}^{-st}\mathrm{d}t \tag{2-1}$$

$F(s)$ 称为 $f(t)$ 的象函数，$f(t)$ 称为 $F(s)$ 的原函数。拉普拉斯变换简称为拉氏变换。由式（2-1）可知拉氏变换是一种积分变换。还可以看出 $f(t)$ 的拉式变换存在的条件是该式右边的积分为有限值，因此 e^{-st} 称为收敛因子。收敛因子中的 $s=\sigma+\mathrm{j}\omega$ 是一个复数形式的频率，其实部恒

为正，虚部既可为正、为负，也可为零。对于一个函数 $f(t)$ ，如果存在正的有限常数 M 和 c，使得对于所有的 t 满足条件 $|f(t)| \leqslant M\mathrm{e}^{ct}$ ，则 $f(t)$ 的拉式变换 $F(s)$ 总存在，因此可以找到一个合适的 s 值，使得式（2-1）中的积分为有限值。

从式（2-1）可以分析出把原函数 $f(t)$ 与 e^{-st} 的乘积从 0_- 到 ∞ 对 t 进行积分，则此积分结果不再是 t 的函数，而是复变量 s 的函数。所以拉氏变换是把一个时间域的函数 $f(t)$ 变换到 s 域内的复变函数 $F(s)$ ，变量 s 称为复频率。

通常可用符号 $L[\ ]$，表示对方括号里的时域函数作拉氏变换，记作

$$F(s) = L[f(t)]$$

【例 2-1】 求单位阶跃函数 $f(t)=1(t)$ 、单位冲激函数 $f(t)=\delta(t)$ 、指数函数 $f(t)=\mathrm{e}^{\alpha t}$ 的象函数。

解：

$$f(t)=1(t)$$

$$F(s)=L[f(t)]=\int_{0_-}^{\infty} f(t)\mathrm{e}^{-st}\mathrm{d}t=\int_{0_-}^{\infty}\mathrm{e}^{-st}\mathrm{d}t=-\frac{1}{s}\mathrm{e}^{-st}\bigg|_{0_-}^{\infty}=\frac{1}{s}$$

$$f(t)=\delta(t)$$

$$F(s)=L[f(t)]=\int_{0_-}^{\infty} f(t)\mathrm{e}^{-st}\mathrm{d}t=\int_{0_-}^{\infty}\delta(t)\mathrm{e}^{-st}\mathrm{d}t=\int_{0_-}^{0_+}\delta(t)\mathrm{e}^{-st}\mathrm{d}t=\mathrm{e}^{-s(0)}=1$$

$$f(t)=\mathrm{e}^{\alpha t}$$

$$F(s)=L[f(t)]=\int_{0_-}^{\infty} f(t)\mathrm{e}^{-st}\mathrm{d}t=\int_{0_-}^{\infty}\mathrm{e}^{\alpha t}\mathrm{e}^{-st}\mathrm{d}t=-\frac{\mathrm{e}^{-(s-\alpha)t}}{s-\alpha}\bigg|_{0_-}^{\infty}=\frac{1}{s-\alpha}$$

2.1.2 拉普拉斯变换的性质

拉普拉斯变换有许多重要的性质，利用这些性质可以很方便地求得一些较为复杂的函数的象函数，同时也可以把线性常系数微分方程变换为复频域中的代数方程。

1．线性性质

设函数 $f_1(t)$ 和函数 $f_2(t)$ 的象函数分别为 $F_1(s)$ 和 $F_2(s)$ ， A_1 和 A_2 是两个任意的实数，则

$$L[A_1 f_1(t)+A_2 f_2(t)]=A_1 L[f_1(t)]+A_2 L[f_2(t)]$$
$$=A_1 F_1(s)+A_2 F_2(s)$$

证明：

$$L[A_1 f_1(t)+A_2 f_2(t)]=\int_{0_-}^{\infty}[A_1 f_1(t)+A_2 f_2(t)]\mathrm{e}^{-st}\mathrm{d}t$$
$$=A_1\int_{0_-}^{\infty} f_1(t)\mathrm{e}^{-st}\mathrm{d}t+A_2\int_{0_-}^{\infty} f_2(t)\mathrm{e}^{-st}\mathrm{d}t$$
$$=A_1 F_1(s)+A_2 F_2(s)$$

【例 2-2】 求下列函数的象函数：

（1） $f(t)=\cos\omega t$ ；

（2） $f(t)=k(1-\mathrm{e}^{-\alpha t})$ 。

解：（1）根据欧拉公式： $\mathrm{e}^{\mathrm{j}\omega t}=\cos\omega t+\mathrm{j}\sin\omega t$ 可得

$\cos\omega t=\dfrac{e^{j\omega t}+e^{-j\omega t}}{2}$，由【例 2-1】$L[e^{\alpha t}]=\dfrac{1}{s-\alpha}$可知

$$L[\cos\omega t]=\frac{1}{2}\left(\frac{1}{s-j\omega}+\frac{1}{s+j\omega}\right)=\frac{s}{s^2+\omega^2}$$

（2）$L[k(1-e^{-\alpha t})]=L[k]-L[ke^{-\alpha t}]=\dfrac{k}{s}-\dfrac{k}{s+\alpha}$

由此可见，根据拉氏变换的线性性质，求函数乘以常数的象函数以及求几个函数相加减的结果的象函数时，可以先求各函数的象函数再进行计算。

2. 微分性质

函数 $f(t)$ 的象函数与其导数 $f'(t)=\dfrac{df(t)}{dt}$ 的象函数之间有如下关系

若 $L[f(t)]=F(s)$

则 $L[f'(t)]=sF(s)-f(0_-)$

证明：$L[f'(t)]=\int_{0_-}^{\infty}f'(t)e^{-st}dt$

设 $e^{-st}=u$，$f'(t)dt=dv$，则 $du=-se^{-st}dt$，$v=f(t)$

由于 $\int udv=uv-\int vdu$，所以

$$\int_{0_-}^{\infty}f'(t)e^{-st}dt=f(t)e^{-st}\Big|_{0_-}^{\infty}-\int_{0_-}^{\infty}f(t)(-se^{-st})dt$$

$$=-f(0_-)+s\int_{0_-}^{\infty}f(t)e^{-st}dt$$

只要 s 的实部 σ 取得足够大，当 $t\to\infty$ 时，$f(t)e^{-st}\to 0$，则 $F(s)$存在，于是得

$$L[f'(t)]=sF(s)-f(0_-)$$

导数性质表明拉氏变换把原函数求导数的运算转换成象函数乘以 s 后减初值的代数运算。如果 $f(0_-)$=0，则有 $L[f'(t)]=sF(s)$。

同理可得

$$L[f^2(t)]=s[sF(s)-f(0_-)]-f'(0)=s^2F(s)-sf(0_-)-f'(0)$$

【例 2-3】 应用导数性质求下列函数的象函数

（1）$f(t)=\sin\omega t$；

（2）$f(t)=\delta(t)$。

解：（1）由于 $\dfrac{d\cos\omega t}{dt}=-\omega\sin\omega t$，所以 $\sin\omega t=-\dfrac{1}{\omega}\dfrac{d\cos\omega t}{dt}$

由【例 2-2】可知 $L[\cos\omega t]=\dfrac{s}{s^2+\omega^2}$

所以 $L[\sin\omega t]=L\left[-\dfrac{1}{\omega}\dfrac{d\cos\omega t}{dt}\right]=-\dfrac{1}{\omega}L\left[\dfrac{d\cos\omega t}{dt}\right]=-\dfrac{1}{\omega}\left[s\dfrac{s}{s^2+\omega^2}-1\right]=\dfrac{\omega}{s^2+\omega^2}$

（2）由于 $\delta(t)=\dfrac{d}{dt}1(t)$，而 $L[1(t)]=\dfrac{1}{s}$，所以 $L[\delta(t)]=L\left[\dfrac{d}{dt}1(t)\right]=s\cdot\dfrac{1}{s}-0=1$

3. 积分性质

函数 $f(t)$ 的象函数与其积分 $\int_{0_-}^{t} f(\xi)\mathrm{d}\xi$ 的象函数之间满足如下关系

若 $L[f(t)] = F(s)$

则 $$L\left[\int_{0_-}^{t} f(\xi)\mathrm{d}\xi\right] = \frac{F(s)}{s}$$

证明：令 $u = \int f(t)\mathrm{d}t$，$\mathrm{d}v = \mathrm{e}^{-st}\mathrm{d}t$，$\int u\mathrm{d}v = uv - \int v\mathrm{d}u$

则 $\mathrm{d}u = f(t)\mathrm{d}t$，$v = -\frac{\mathrm{e}^{-st}}{s}$，利用分部积分公式，所以

$$\int_{0_-}^{\infty}\left[\left(\int_{0_-}^{t} f(\xi)\mathrm{d}\xi\right)\mathrm{e}^{-st}\mathrm{d}t\right]$$
$$= \left(\int_{0_-}^{t} f(\xi)\mathrm{d}\xi\right)\frac{\mathrm{e}^{-st}}{-s}\Bigg|_{0_-}^{\infty} - \int_{0_-}^{t} f(t)\left(\frac{\mathrm{e}^{-st}}{-s}\right)\mathrm{d}t$$
$$= \left(\int_{0_-}^{t} f(\xi)\mathrm{d}\xi\right)\frac{\mathrm{e}^{-st}}{-s}\Bigg|_{0_-}^{\infty} + \frac{1}{s}\int_{0_-}^{\infty} f(t)\mathrm{e}^{-st}\mathrm{d}t$$

只要 s 的实部 σ 取得足够大，当 $t \to \infty$ 和 $t = 0_-$ 时，等式右边第一项都为零，所以有

$$L\left[\int_{0_-}^{t} f(\xi)\mathrm{d}\xi\right] = \frac{F(s)}{s}$$

【例 2-4】 利用积分性质求下列函数的象函数

（1）$f(t) = t$；

（2）$f(t) = \frac{1}{2}t^2$。

解：（1）由于 $f(t) = t = \int_0^t 1(\xi)\mathrm{d}\xi$，所以

$$L[f(t)] = \frac{1}{s}\cdot\frac{1}{s} = \frac{1}{s^2}$$

（2）由于 $f(t) = \frac{1}{2}t^2 = \int_0^t \xi\mathrm{d}\xi$，所以

$$L[f(t)] = \frac{1}{s}\cdot\frac{1}{s^2} = \frac{1}{s^3}$$

4. 延迟性质

函数 $f(t)$ 的象函数与其延迟函数 $f(t-t_0)$ 的象函数之间有如下关系

若 $L[f(t)] = F(s)$

则 $$L[f(t-t_0)] = \mathrm{e}^{-st_0}$$

其中，当 $t < t_0$，$f(t-t_0) = 0$

证明：令 $\tau = t - t_0$

$$L[f(t-t_0)] = \int_{0_-}^{\infty} f(t-t_0)\mathrm{e}^{-st}\mathrm{d}t$$

$$
\begin{aligned}
&= \int_{t_0}^{\infty} f(t-t_0)\mathrm{e}^{-st}\mathrm{d}t \\
&= \int_{0_-}^{\infty} f(\tau)\mathrm{e}^{-s(\tau+t_0)}\mathrm{d}\tau \\
&= \mathrm{e}^{-st_0}\int_{0_-}^{\infty} f(\tau)\mathrm{e}^{-s\tau}\mathrm{d}\tau \\
&= \mathrm{e}^{-st_0}F(s)
\end{aligned}
$$

【例 2-5】　求图 2-1 所示矩形脉冲的象函数。

解： 图 2-1 的矩形脉冲可以用解析式表示为

$$f(t) = A[1(t) - 1(t-\tau)]$$

因为 $L[1(t)] = \dfrac{1}{s}$，根据延迟性质

$$L[1(t-\tau)] = \frac{1}{s}\bullet \mathrm{e}^{-st}$$

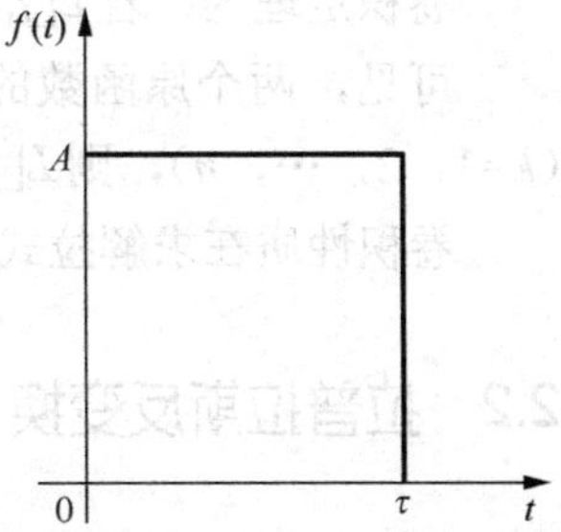

图 2–1　矩形脉冲

又根据拉式变换的线性性质，得

$$
\begin{aligned}
L[f(t)] &= AL[1(t) - 1(t-\tau)] \\
&= A\left[\frac{1}{s} - \frac{1}{s}\bullet \mathrm{e}^{-st}\right] \\
&= \frac{A}{s}(1-\mathrm{e}^{-st})
\end{aligned}
$$

5. 终值定理

若函数 $f(t)$ 及其一阶导数都是可拉氏变换的，则 $f(t)$ 的终值为

$$\lim_{t\to\infty} f(t) = \lim_{s\to 0} sF(s)$$

因此，利用终值定理可以从象函数 $F(s)$ 直接求出原函数 $f(t)$ 在 $t\to\infty$ 时的稳态值。

【例 2-6】　已知 $F(s) = \dfrac{5}{s(s^2+s+2)}$，求原函数 $f(t)$ 在 $t\to\infty$ 时的稳态值。

解： $f(\infty) = \lim\limits_{t\to\infty} f(t) = \lim\limits_{s\to 0} sF(s) = \dfrac{5}{2}$

6. 初值定理

若函数 $f(t)$ 及其一阶导数都是可拉氏变换的，则 $f(t)$ 的初值为

$$f(0_+) = \lim_{t\to 0_+} f(t) = \lim_{s\to\infty} sF(s)$$

【例 2-7】　已知 $F(s) = \dfrac{5}{s(s^2+s+2)}$，求原函数 $f(t)$ 在 $t\to 0$ 时的初值。

解： $f(0_+) = \lim\limits_{t\to 0_+} f(t) = \lim\limits_{s\to\infty} sF(s) = \lim\limits_{s\to\infty}\dfrac{5s}{s(s^2+s+2)} = 0$

7. 卷积性质

卷积的定义为：若 $f_1(t)$，$f_2(t)$ 可以进行拉氏变换，称积分 $\int_0^t f_1(\tau)f_2(t-\tau)\mathrm{d}\tau$ 为 $f_1(t)$、$f_2(t)$ 的卷积。记为 $f_1(t)*f_2(t)$，即

$$f_1(t)*f_2(t)=\int_0^t f_1(\tau)f_2(t-\tau)\mathrm{d}\tau$$

卷积定理为：若 $L[f_1(t)]=F_1(s)$，$L[f_2(t)]=F_2(s)$，则 $L[f_1(t)*f_2(t)]=F_1(s)\bullet F_2(s)$。

可见，两个原函数的卷积的拉氏变换等于两个象函数的乘积。一般若 $L[f_k(t)]=F_k(s)$，（k=1，2，…，n），则 $L[f_1(t)*f_2(t)*\cdots*f_n(t)]=F_1(s)\cdot F_2(s)\cdot\cdots\cdot F_n(s)$。

卷积性质在求解拉式反变换的时候，起着十分重要的作用。

2.2 拉普拉斯反变换

用拉氏变换求解线性时不变系统的时域响应时，需要把求解的响应的拉氏变换式反变换为时间函数，即复频域函数 $F(s)$ 已知，要求出与它对应的时域原函数 $f(t)$，就要用到拉普拉斯反变换，简称拉式逆变换或者拉式反变换。

2.2.1 拉普拉斯反变换的定义

拉式反变换的定义为

$$f(t)=\frac{1}{2\pi\mathrm{j}}\int_{\sigma-\mathrm{j}\infty}^{\sigma+\mathrm{j}\infty}F(s)\mathrm{e}^{st}\mathrm{d}s \tag{2-2}$$

式中，σ 为正的有限常数。

通常可用符号 $L^{-1}[\,]$ 表示对方括号里的复变函数作拉氏反变换，记作 $f(t)=L^{-1}[F(s)]$。

在拉氏变换中，一个时域函数 $f(t)$ 唯一地对应一个复频域函数 $F(s)$；在拉式反变换中，一个复频域函数 $F(s)$ 唯一地对应一个时域函数 $f(t)$，即不同的原函数和不同的象函数之间有着一一对应的关系，称为拉氏变换的唯一性。

在拉氏变换或反变换的过程中，原函数一律用小写字母表示，而象函数则一律用相应的大写字母表示。如电压原函数为 $u(t)$，对应象函数为 $U(s)$。

2.2.2 拉普拉斯反变换的部分分式展开

拉式反变换可以用式（2-2）求得，但是涉及计算一个复变函数的积分，计算过程比较复杂。如果象函数比较简单，往往能从拉式变换表（见附录 1）中查出其原函数。对于不能从表中查出原函数的情况，如果能设法把象函数分解为若干比较简单的、能从表中查到的项，就可以查出各项对应的原函数，而它们之和即为所求的原函数。

自动控制系统的响应的象函数 $F(s)$ 通常可以表示为两个实系数的 s 的多项式之比，即 s 的一个有理分式

$$F(s)=\frac{N(s)}{D(s)}=\frac{a_0s^m+a_1s^{m-1}+\cdots+a_{m-1}s+a_m}{b_0s^n+b_1s^{n-1}+\cdots+b_{n-1}s+b_n} \tag{2-3}$$

式中，m 和 n 为正整数，且 $n \geqslant m$。

用部分分式展开有理分式 $F(s)$ 时，需要把有理式化为真分式。若 $n>m$，则 $F(s)$ 为真分式。若 $n=m$，则 $F(s)=A+\dfrac{N_0(s)}{D_0(s)}$，式中 A 是一个常数，其对应的时间函数为 $A\delta(t)$，余数项 $\dfrac{N_0(s)}{D_0(s)}$ 是真分式。

把 $F(s)$ 分解成若干简单项之和，需要对分母多项式作因式分解，求出 $D(s)$ 的根。$D(s)$ 的根可以是单根、共轭复根和重根 3 种情况，下面逐一讨论。

1. $D(s)=0$ 有 n 个单根

设 n 个单根分别为 p_1，p_2，…，p_n，于是 $F(s)$ 可以展开为

$$F(s)=\frac{k_1}{s-p_1}+\frac{k_2}{s-p_2}+\cdots+\frac{k_n}{s-p_n} \tag{2-4}$$

式中，k_1，k_2，…，k_n 为待定系数。这些系数可以按下述方法确定，即把上式两边同乘以 $(s-p_1)$ 得

$$(s-p_1)F(s)=k_1+(s-p_1)\left(\frac{k_2}{s-p_2}+\cdots+\frac{k_n}{s-p_n}\right)$$

令 $s=p_1$，等式除右边第一项外其余都变为零，即可求得

$$k_1=[(s-p_1)F(s)]_{s=p_1}$$

同理可求得 k_2，k_3，…，k_n。所以确定式（2-4）各待定系数的公式为

$$k_i=[(s-p_i)F(s)]_{s=p_i} \quad (i=1，2，3，\cdots，n) \tag{2-5}$$

因为 p_i 是 $D(s)=0$ 的一个根，故 k_i 的表达式为 $\dfrac{0}{0}$ 的不定式，可以应用数学中的洛比达法则求其极限，即

$$k_i=\lim_{s\to p_i}\frac{N(s)(s-p_i)}{D(s)}=\lim_{s\to p_i}\frac{(s-p_i)D'(s)+N(s)}{D'(s)}=\frac{N(p_i)}{D'(p_i)}$$

这样确定式（2-4）中各待定系数的另一种公式为

$$k_i=\left.\frac{N(s)}{D'(s)}\right|_{s=p_i} \quad (i=1，2，3，\cdots，n) \tag{2-6}$$

待定系数确定之后，对应的原函数求解公式为

$$f(t)=L^{-1}[F(s)]=k_1e^{p_1t}+k_2e^{p_2t}+\cdots+k_ne^{p_nt} \tag{2-7}$$

【例 2-8】 求 $F(s)=\dfrac{4s+5}{s^2+5s+6}$ 的原函数 $f(t)$。

解： $N(s)=4s+5$，$D(s)=s^2+5s+6$，$D'(s)=2s+5$，$D(s)=0$ 的两个根为 $p_1=-2$，$p_2=-3$，代入式（2-5）得

$$k_1=[(s+2)F(s)]_{s=-2}=\left[\frac{4s+5}{s+3}\right]_{s=-2}=-3$$

$$k_2=[(s+3)F(s)]_{s=-3}=\left[\frac{4s+5}{s+2}\right]_{s=-3}=7$$

把$D(s)=0$的两个根$p_1=-2$，$p_2=-3$，代入式（2-6）同样可得

$$k_1=\left.\frac{N(s)}{D'(s)}\right|_{s=-2}=\frac{4s+5}{2s+5}=-3$$

$$k_2=\left.\frac{N(s)}{D'(s)}\right|_{s=-3}=\frac{4s+5}{2s+5}=7$$

得到象函数为

$$F(s)=\frac{-3}{s+2}+\frac{7}{s+3}$$

得到原函数为

$$f(t)=-3\mathrm{e}^{-2t}+7\mathrm{e}^{-3t}$$

2．$D(s)=0$具有重根

设p_1为$D(s)$的重根，p_i为其余的单根（i从2到n–1），则$F(s)$可以分解为

$$F(s)=\frac{k_{11}}{(s-p_1)^2}+\frac{k_{12}}{s-p_1}+\left(\frac{k_2}{s-p_2}+\cdots+\frac{k_{n-1}}{s-p_{n-1}}\right)$$

对于单根，仍然采用前面的方法计算。要确定k_{11}、k_{12}，则需要用到下式

$$(s-p_1)^2F(s)=k_{11}+(s-p_1)k_{12}+(s-p_1)^2\left(\frac{k_2}{s-p_2}+\cdots+\frac{k_{n-1}}{s-p_{n-1}}\right)\tag{2-8}$$

由上式把k_{11}单独分离出来，可得

$$k_{11}=\left.(s-p_1)^2F(s)\right|_{s=p_1}$$

再对式（2-8）中的s求一阶导数，让k_{12}也可以单独分离出来，得

$$k_{12}=\frac{\mathrm{d}}{\mathrm{d}s}\Big[(s-p_1)^2F(s)\Big]_{s=p_1}$$

如果$D(s)=0$具有q阶重根时，其余为单根时的分解式为

$$F(s)=\frac{k_{11}}{(s-p_1)^q}+\frac{k_{12}}{(s-p_1)^{q-1}}+\cdots+\frac{k_{1q}}{s-p_1}+\left(\frac{k_2}{s-p_2}+\cdots\right)$$

式中

$$k_{11}=\left.(s-p_1)^qF(s)\right|_{s=p_1}$$

$$k_{12}=\left.\frac{\mathrm{d}}{\mathrm{d}s}\Big[(s-p_1)^qF(s)\Big]\right|_{s=p_1}$$

$$\cdots$$

$$k_{1q}=\left.\frac{1}{(q-1)!}\frac{\mathrm{d}^{q-1}}{\mathrm{d}s^{q-1}}\Big[(s-p_1)^qF(s)\Big]\right|_{s=p_1}$$

【例 2-9】 求 $F(s)=\dfrac{2s^2+3s+1}{s^3+2s^2}$ 的原函数 $f(t)$。

解：令 $D(s)=s^3+2s^2$ 有 $p_1=0$ 为二重根，$p_2=-2$ 为单根，

$$F(s)=\frac{2s^2+3s+1}{s^3+2s^2}=\frac{2s^2+3s+1}{s^2(s+2)}=\frac{k_{11}}{s^2}+\frac{k_{12}}{s}+\frac{k_2}{s+2}$$

$$k_{11}=(s-p_1)^q F(s)\Big|_{s=p_1}=(s-0)^2\frac{2s^2+3s+1}{s^3+2s^2}\Bigg|_{s=0}=\frac{1}{2}$$

$$k_{12}=\frac{\mathrm{d}}{\mathrm{d}s}\Big[(s-p_1)^q F(s)\Big]\Big|_{s=p_1}=\frac{\mathrm{d}}{\mathrm{d}s}\left[(s-0)^2\frac{2s^2+3s+1}{s^3+2s^2}\right]\Bigg|_{s=0}$$

$$=\frac{\mathrm{d}}{\mathrm{d}s}\left[\frac{2s^2+3s+1}{s+2}\right]\Bigg|_{s=0}=\frac{(2s^2+3s+1)'(s+2)-(2s^2+3s+1)(s+2)'}{(s+2)^2}\Bigg|_{s=0}=\frac{5}{4}$$

$$k_2=\big[(s+2)F(s)\big]\Big|_{s=-2}=\left[\frac{2s^2+3s+1}{s^2}\right]\Bigg|_{s=-2}=\frac{3}{4}$$

得到象函数为

$$F(s)=\frac{\frac{1}{2}}{s^2}+\frac{\frac{5}{4}}{s}+\frac{\frac{3}{4}}{s+2}$$

得到原函数为

$$f(t)=\frac{1}{2}t+\frac{5}{4}+\frac{3}{4}\mathrm{e}^{-2t}$$

3. $D(s)=0$ 有共轭复根

设共轭复根为 $p_1=\alpha+\mathrm{j}\omega$，$p_2=\alpha-\mathrm{j}\omega$，则

$$k_1=[(s-\alpha-\mathrm{j}\omega)F(s)]\big|_{s=\alpha+\mathrm{j}\omega}=\frac{N(s)}{D'(s)}\Bigg|_{s=\alpha+\mathrm{j}\omega}$$

$$k_2=[(s-\alpha+\mathrm{j}\omega)F(s)]\big|_{s=\alpha-\mathrm{j}\omega}=\frac{N(s)}{D'(s)}\Bigg|_{s=\alpha-\mathrm{j}\omega}$$

由于 $F(s)$ 是实系数多项式之比，故 k_1、k_2 为共轭复数。

设 $k_1=|k_1|\mathrm{e}^{\mathrm{j}\theta}$，则 $k_2=|k_1|\mathrm{e}^{-\mathrm{j}\theta}$，有

$$\begin{aligned}f(t)&=k_1\mathrm{e}^{(\alpha+\mathrm{j}\omega)t}+k_2\mathrm{e}^{(\alpha-\mathrm{j}\omega)t}\\&=|k_1|\mathrm{e}^{\mathrm{j}\theta}\mathrm{e}^{(\alpha+\mathrm{j}\omega)t}+|k_1|\mathrm{e}^{-\mathrm{j}\theta}\mathrm{e}^{(\alpha-\mathrm{j}\omega)t}\\&=|k_1|\mathrm{e}^{\alpha t}[\mathrm{e}^{\mathrm{j}(\omega t+\theta)}+\mathrm{e}^{-\mathrm{j}(\omega t+\theta)}]\\&=2|k_1|\mathrm{e}^{\alpha t}\cos(\omega t+\theta)\end{aligned}\tag{2-9}$$

【例 2-10】 求 $F(s)=\dfrac{s+3}{s^2+2s+5}$ 的原函数 $f(t)$。

解：$D(s)=s^2+2s+5$，有 $p_1=-1+2\text{j}$，$p_2=-1-2\text{j}$ 互为共轭复根。

$$k_1=\left.\frac{N(s)}{D'(s)}\right|_{s=p_1}=\left.\frac{s+3}{2s+2}\right|_{-1+2\text{j}}=0.5-0.5\text{j}=0.5\sqrt{2}\text{e}^{-\text{j}\frac{\pi}{4}}$$

$$k_2=|k_1|\text{e}^{-\text{j}\theta}=0.5\sqrt{2}\text{e}^{\text{j}\frac{\pi}{4}}$$

由式（2-9）得

$$f(t)=2|k_1|\text{e}^{\alpha t}\cos(\omega t+\theta)$$
$$=\sqrt{2}\text{e}^{-t}\cos\left(2t-\frac{\pi}{4}\right)$$

部分分式展开法求解原函数是一种通用的方法，有时求解待定系数 k_n 比较麻烦，下面介绍一种简单的求解方法：代入法。类似我们初中数学中的解多元一次方程组，我们只需把 k_n 看成是未知数，选择合适的 s 值（除去 $D(s)=0$ 的根），把 s 代入 $F(s)$ 中即可。

【例 2-11】 用代入法求 $F(s)=\dfrac{2s^2+3s+1}{s^3+2s^2}$ 的原函数 $f(t)$。

解：$D(s)=s^3+2s^2=0$，有 $p_1=0$ 为二重根，$p_2=-2$ 为单根。

部分分式展开 $F(s)$：

$$F(s)=\frac{k_{11}}{s^2}+\frac{k_{12}}{s}+\frac{k_2}{s+2}$$

我们只需代入非 0 和非 2 的三个 s 值。为了求解简单，令 $s_1=1$，$s_2=-1$，$s_3=2$ 代入 $F(s)=\dfrac{k_{11}}{s^2}+\dfrac{k_{12}}{s}+\dfrac{k_2}{s+2}$ 和 $F(s)=\dfrac{2s^2+3s+1}{s^3+2s^2}$ 中得

$$\begin{cases}\dfrac{k_{11}}{1}+\dfrac{k_{12}}{1}+\dfrac{k_2}{1+2}=2\\[2mm]\dfrac{k_{11}}{1}+\dfrac{k_{12}}{-1}+\dfrac{k_2}{-1+2}=0\\[2mm]\dfrac{k_{11}}{4}+\dfrac{k_{12}}{2}+\dfrac{k_2}{2+2}=\dfrac{15}{16}\end{cases}$$

解得

$$\begin{cases}k_{11}=\dfrac{1}{2}\\[2mm]k_{12}=\dfrac{5}{4}\\[2mm]k_2=\dfrac{3}{4}\end{cases}$$

得到象函数为

$$F(s)=\frac{\frac{1}{2}}{s^2}+\frac{\frac{5}{4}}{s}+\frac{\frac{3}{4}}{s+2}$$

得到原函数为

$$f(t)=\frac{1}{2}t+\frac{5}{4}+\frac{3}{4}\text{e}^{-2t}$$

2.3 Matlab 运算基础

Matlab 在科学计算中应用非常广泛，很多数值运算问题都可以通过 Matlab 得到解决。这一节主要介绍 Matlab 的一些运算基础，这些运算基础主要包含矩阵运算、符号运算、关系运算和逻辑运算。

2.3.1 矩阵运算

Matlab 软件的最大特色是强大的矩阵计算功能，在 Matlab 软件中，所有的运算都是以矩阵为基本单元进行的。

1. 矩阵的建立

矩阵是以“[”为开始，以“]”为结束，矩阵同一行之间以空格或者逗号分隔，行和行之间以分号或者回车符分隔。建立矩阵的方法有直接输入矩阵的元素、在现有矩阵中添加或者删除元素、采用现有的矩阵组合、矩阵转向、矩阵移位及直接通过函数建立矩阵等。

【例 2-12】 建立 1×4 和 4×4 的矩阵。

```
>> a=[1 2 3 4]
```

运行结果：

```
a =
1     2     3     4
>> b=[1 2 3 4;5 6 7 8;9 10 11 12]
```

运行结果：

```
b =
 1     2     3     4
 5     6     7     8
 9     10    11    12
```

在 Matlab 中有一个特殊的矩阵空矩阵，用“[ ]”表示，它的大小为零，变量名称和维数存在于工作空间。

2. 矩阵的函数建立

（1）单位矩阵。单位矩阵可以用函数“eye(m,n)”实现，其中：m 是要生成的矩阵的行数，n 是要生成的矩阵的列数。

【例 2-13】 生成一个 4×4 的单位矩阵。

```
>> a=eye(4,4)
```

运行结果：

```
a =
 1     0     0     0
 0     1     0     0
 0     0     1     0
 0     0     0     1
```

（2）全为 1 的矩阵。全部元素为 1 的矩阵可以用函数“ones(m,n)”来生成，其中：m 是要生成的矩阵的行数，n 是要生成的矩阵的列数。

【例 2-14】 生成一个 4×4 的全 1 矩阵。

```
>> a=ones(4,4)
```

运行结果：

```
a =
 1    1    1    1
 1    1    1    1
 1    1    1    1
 1    1    1    1
```

（3）全为 0 的矩阵。元素全部为 0 的矩阵可以用函数“zeros(m,n)”来生成，其中：m 是要生成的矩阵的行数，n 是要生成的矩阵的列数。

【例 2-15】 生成一个 4×4 的全 0 矩阵。

```
>> a=zeros(4,4)
```

运行结果：

```
a =
0    0    0    0
0    0    0    0
0    0    0    0
0    0    0    0
```

（4）魔方矩阵。魔方矩阵可以用函数“magic(m)”来生成，其中：m 是要生成的矩阵的维数。

【例 2-16】 生成一个 4 维的魔方矩阵。

```
>> a= magic(4)
```

运行结果：

```
a =
16    2    3   13
 5   11   10    8
 9    7    6   12
 4   14   15    1
```

（5）随机矩阵。随机矩阵可由函数“rand(m,n)”或者“randn(m,n)”来实现，它们分别表示生成的元素服从 0~1 间的均匀分布的随机矩阵，元素服从均值为 0 和方差为 1 的正态分布的随机矩阵。

【例 2-17】 生成一个 4×3 的随机矩阵。

```
>> a=rand(4,3)
```

运行结果：

```
a =
0.9501    0.8913    0.8214
0.2311    0.7621    0.4447
0.6068    0.4565    0.6154
0.4860    0.0185    0.7919
```

3. 矩阵的基本运算

矩阵之间可以进行加“+”、减“−”、乘“*”、除“/”“\”、幂“^”、对数“logm”和指数“expm”运算。在进行左除“/”和右除“\”时，两个矩阵的维数必须相同。

【例 2-18】 矩阵的基本运算示例。

```
>> a=[1 2;3 4];
>> b=[5 6;7 8];
```

```
add=a+b
sub=a-b
mul=a*b
div1=a/b
div2=a\b
squ=a^2
log=logm(b)
```

运行结果：

```
add =
 6    8
10   12
sub =
-4   -4
-4   -4
mul =
19   22
43   50
div1 =
3.0000   -2.0000
2.0000   -1.0000
div2 =
-3.0000   -4.0000
 4.0000    5.0000
squ =
 7   10
15   22
log =
-0.1563 + 1.9250i   2.0114 - 1.4168i
 2.3466 - 1.6530i   0.8494 + 1.2166i
e =
 51.9690   74.7366
112.1048  164.0738
```

4．矩阵的函数运算

（1）矩阵的行列式和转置。矩阵的行列式的值可以用函数“det( )”来计算；转置矩阵是矩阵元素的转换，可用函数“rot90”“fliplr”等来实现。

【例 2-19】 求下列矩阵的行列式及其转置。

```
>> a=[1 3 5; 2 4 6;3 5 7]
b=det(a)
c=a'
d=rot90(a)
```

运行结果：

```
b =
 0
c =
 1    2    3
 3    4    5
 5    6    7
d =
```

```
 5    6    7
 3    4    5
 1    2    3
```

（2）矩阵的特征值和特征向量。矩阵的特征值和特征向量的运算可用函数“eig( )”或者“eigs( )”来实现。

其调用格式如下：

```
b= eig(a)               %b为矩阵a的特征值向量
[c,d]=eig(a)            %c、d为矩阵a的特征向量和特征值矩阵
```

【例 2-20】 求矩阵的特征值和特征向量。

```
>> a=[1 3 5; 2 4 6;3 5 7]
>> b=eig(a)
>> [c,d]=eig(a)
```

运行结果：

```
 b =
12.9282
-0.9282
-0.0000
 c =
-0.4356  -0.8658   0.4082
-0.5673  -0.2046  -0.8165
-0.6989   0.4566   0.4082
 d=
  12.9282         0         0
        0   -0.9282         0
        0         0   -0.0000
```

（3）矩阵的秩和迹。矩阵的秩可用函数“rank( )”来实现，矩阵的迹可用函数“trace( )”来实现。

【例 2-21】 求矩阵的秩和迹。

```
>> a=[1 3 5; 2 4 6;3 5 7]
>> b=rank(a)
>> c=trace(a)
b =
 2
c =
12
```

2.3.2 符号运算

Matlab 不仅具有强大的数值运算功能，还具有强大的符号运算功能。Matlab 的符号运算是通过符号数学工具箱来实现的。应用符号数学工具箱，可完成几乎所有的数学运算功能，这些数学运算在控制理论中也常常用到。

1. 符号对象的创建和使用

在 Matlab 的数值计算中，数值表达式所引用的变量必须事先被赋值，否则无法进行计算，因此，其运算变量都是被赋值的数值变量。而在 Matlab 的符号运算中，运算变量则是符号变量，所出现的数字也会被作为符号处理。

当进行符号运算时，首先要创建基本的符号对象，它可以是常数、变量和表达式。然后利用这些基本符号构成新的表达式，进而完成所需的符号运算。

符号对象的创建可由函数“sym()”和“syms()”完成，其调用格式如下：

```
s=sym(a)            %将数值 a 转换成符号对象 s，a 是数字、数值矩阵或数值表达式
s= sym('x')         %将字符串 x 转换成符号对象 s
syms  a b c …       %将字符串 a、b、c 等转化为符号对象 a、b、c 等
```

【例 2-22】 创建符号变量和符号表达式示例。

```
>> y=sym('x')
>> f=sym('x^2+3*x+9')
```

运行结果：

```
y =
x
f =
x^2+3*x+9
```

【例 2-23】 字符表达式转换为符号变量示例。

```
>> y=sym('2*sin(x)*cos(x)')
```

运行结果：

```
y =
2*sin(x)*cos(x)
>> y=simple(y)      %将已有的 y 符号表达式化成最简形式
```

运行结果：

```
y =
sin(2*x)
```

2. 符号表达式的操作

Matlab 符号表达式的操作涉及符号运算中的因式分解、展开、化简等，它们在符号运算中非常重要，其相关的一些函数操作命令及功能如表 2-1 所示。

表 2-1 符号表达式的函数操作命令

调用格式	功　能	说　明
collect(E,v)	同类项合并	将符号表达式 E 中的 v 的同幂项系数合并
expand(E)	表达式展开	对 E 进行多项式、三角函数、指数函数及对数函数等展开
factor(E)	因式分解	对 E 进行因式分解
[N,D]=numden(E)	表达式通分	将 E 通分，返回 E 通分后的分子 N 和分母 M
simplify(E)	表达式化简	运用多种恒等变换对 E 进行综合化简
simple(E)		运用包括 simplify 在内的各种简化算法，把 E 转换成最简短形式
subs(E,old,new)	符号变量替换	将 E 中的符号变量 old 替换为 new，new 可以是符号变量，符号常数，双精度数值与数值数组等

下面通过一些例子来说明 Matlab 符号表达式的函数操作命令的具体使用方法。

（1）同类项合并。

【例 2-24】 已知数学表达式 $y=(x^2y+y^2x)(x+y)$，对其进行同类项和并。

```
>> syms x y
>> y1=sym((x^2*y+y^2*x)*(x+y))
```

```
>> y2=collect(y1)
```

运行结果：

```
y1 =
(x^2*y+y^2*x)*(x+y)
y2 =
x^3*y+2*y^2*x^2+y^3*x     %默认按照 x 同幂系数合并
```

（2）表达式展开。

【例 2-25】 已知数学表达式 $y(x)=\cos(2\arccos(x))$，将其展开。

```
>> syms x
>> y1=cos(2*acos(x))
>> y2=expand(y1)
```

运行结果：

```
y1 =
cos(2*acos(x))
y2 =
 2*x^2-1
```

（3）因式分解。

【例 2-26】 已知数学表达式 $y(x)=x^3+6x^2+11x+6$，将其因式分解。

```
>> sym x
>> y=x^3+6*x^2+11*x+6;
>> y1=factor(y)
```

运行结果：

```
y1 =
(x+3)*(x+2)*(x+1)
```

（4）表达式通分。

【例 2-27】 已知数学表达式 $y(x)=\dfrac{3x+1}{x^2+1}+\dfrac{1}{x+2}$，对其进行通分。

```
>> sym x
>> y=(3*x+1)/(x^2+1)+1/(x+2);
>> [n,d]=numden(y)
```

运行结果：

```
n =
4*x^2+7*x+3
d =
(x^2+1)*(x+2)
```

即

$$y(x)=\frac{4x^2+7x+3}{(x^2+1)(x+2)}$$

（5）表达式化简

【例 2-28】 已知数学表达式 $y(x)=\sin^2 x+2\cos^2 x$，对其进行化简。

```
>> sym x
>> y=sin(x)^2+2*cos(x)^2;
>> y1=simplify(y)
```

运行结果：

```
y1 =
cos(x)^2+1
```

（6）符号替换。

【例 2-29】 已知数学表达式 $y(x)=\sin^2 x+2\cos^2 x$，按要求对其进行符号替换：x=m*n。

```
>> syms  x m n
>> y=sin(x)^2+2*cos(x)^2;
>> y1=subs(y,x,m*n)
```

运行结果：

```
y1 =
sin(m*n)^2+2*cos(m*n)^2
```

2.3.3 关系运算和逻辑运算

Matlab 软件把所有的非零数值当作真，把零当作假，所有的关系和逻辑表达式，如果为真就返回逻辑数组 1，如果为假，则返回逻辑数组 0。Matlab 支持关系和逻辑运算，它的一个重要用途就是根据真假问题的结果来控制它的程序列的执行流程或者是它的执行顺序。

在 Matlab 中，关系运算和逻辑运算有其规定的关系运算符号和逻辑运算符号，其符号和功能如表 2-2 和表 2-3 所示。

表 2-2 关系运算符

符号	功能	符号	功能
<	小于	>=	大于等于
<=	小于等于	==	等于
>	大于	~=	不等于

表 2-3 逻辑运算符

符号	功能
&	逻辑与
|	逻辑或
~	逻辑非

此外，Matlab 还提供了几个关系和逻辑函数。这些函数有：

xor(x,y)，该函数表示逻辑异或，如果 x 或者 y 中的任意一个不为零，而另一个为零，就返回 true，如果 x 和 y 同时为零或者同时不为零，就返回 false。

any(x)，该函数表示如果向量 x 的任意一个元素不为零，就返回 true，对于数组 x 的每一列，如果任何一个元素不为零，该列返回 true。

all(x)，该函数表示如果向量 x 中的所有元素都不为零，则返回 true，对于数组 x 的每一列，如果所有的元素都不为零，该列返回 true。

下面通过一些例子来说明 Matlab 关系运算和逻辑运算的具体使用方法。

【例 2-30】 进行如下关系运算。

```
>> a=[1 2 3; 4 5 6;7 8 9]
a =
     1     2     3
     4     5     6
     7     8     9
>> b=[1 1 1;4 4 4;7 7 7]
b =

     1     1     1
     4     4     4
     7     7     7
>> a>=b                    % a 元素大于等于 b 元素，相应位置为 1，否则为 0。
ans =
```

```
     1     1     1
     1     1     1
     1     1     1
>> a==b                 % a元素等于b元素，相应位置为1，否则为0。
ans =
     1     0     0
     1     0     0
     1     0     0

>> a~=b                 % a元素不等于b元素，相应位置为1，否则为0。
ans =
     0     1     1
     0     1     1
     0     1     1
```

【例 2-31】 进行如下逻辑运算。

```
>> a=[1 2 3; 4 5 6;7 8 9]
a =
     1     2     3
     4     5     6
     7     8     9
>> b=[0 2 3; 0 5 6; 0 8 9]
b =
     0     2     3
     0     5     6
     0     8     9
>> a&b                  % a元素与b元素，相应位置有0，则为0，都不为0，才为1。

ans =
     0     1     1
     0     1     1
     0     1     1
>> a|b                  % a元素与b元素，相应位置有一个非0，则为1，相应位置都为0，才为0。
ans =
     1     1     1
     1     1     1
     1     1     1
>> ~b                   % b元素，相应位置为0，则为1，相应位置非零，则为0。
ans =
     1     0     0
     1     0     0
     1     0     0
>> xor(a,b)             %如果a或者b中的任意一个不为零，而另一个为零，就返回1，如果a和b同
                        时为零或者同时不为零，就返回0。
ans =
     1     0     0
     1     0     0
     1     0     0
>> any(a)               %对于数组a的每一列，如果任何一个元素不为零，该列返回1。
ans =
     1     1     1
>> any(b)               %对于数组b的每一列，如果任何一个元素为零，该列返回0。
```

```
ans =
     0     1     1
```

和其他高级语言一样，对于不同的运算，Matlab 设定了运算符的优先级。以下同一优先级，程序遵循先左后右，优先级不同时，先高级后低级执行。以下是优先级的高低顺序：

（1）括号（）。

（2）数组转置（'），数组幂（^），共轭转置（'），矩阵乘方（^）。

（3）一元加（+），一元减（−），非（~）。

（4）点乘（*），右点除（/），左点除（\），矩阵乘（*），矩阵右除（\），矩阵左除（/）。

（5）加减（+，−）。

（6）冒号运算（:）。

（7）小于（<）。

（8）与（&）。

（9）或（|）。

（10）先决与（&&）。

（11）先决或（||）。

习　题

1．求下列函数的拉普拉斯变换，并用查表的方法验证结果。

（1）$f(t)=\mathrm{e}^{-2t}$；

（2）$f(t)=\sin 4t+\cos 4t$；

（3）$f(t)=t^3+\mathrm{e}^{4t}$；

（4）$f(t)=\sin t\cos t$；

（5）$f(t)=\cos^2 t$；

（6）$f(t)=\sin^2 t$。

2．求下列函数的拉氏逆变换。

（1）$F(s)=\dfrac{1}{s+3}$；

（2）$F(s)=\dfrac{1}{(s+1)^2}$；

（3）$F(s)=\dfrac{1}{s^2+4}$；

（4）$F(s)=\dfrac{s+3}{(s+1)(s-3)}$；

（5）$F(s)=\dfrac{s+1}{s^2+s-6}$；

（6）$F(s)=\dfrac{2s+5}{s^2+4s+13}$。

第 3 章 线性系统的数学模型

控制系统的主要任务就是分析和设计系统，其前提是建立系统的数学模型。

自动控制系统的数学模型是描述系统输入变量、输出变量和内部变量之间关系的数学表达式。在静态条件下（即变量各阶导数为零），描述变量之间关系的代数方程叫静态数学模型；在动态条件下，描述变量各阶导数之间关系的微分方程叫动态数学模型。

自动控制系统的组成可以是电气的、机械的、液压的、气动的等，然而描述这些系统的数学模型却可以是相同的。因此，通过数学模型来研究自动控制系统，就摆脱了各种类型系统的外部关系而抓住这些系统的共同运动规律。

一般来说，建立控制系统的数学模型的方法有分析法和实验法。分析法是对系统各部分的运动机理进行分析，根据它们所依据的物理规律或化学规律分别列写相应的运动方程。例如，电学中有基尔霍夫定律，力学中有牛顿定律，热力学中有热力学定律等。实验法是人为地给系统施加某种测试信号，记录其输出响应，并用适当的数学模型去逼近，这种方法称为系统辨识。本章只研究用分析法建立数学模型。

在自动控制理论中，数学模型有多种形式。时域中常用的数学模型有微分方程、差分方程和状态方程；复数域中有传递函数、结构图；频域中有频率特性等，本章只研究微分方程、传递函数和结构图等数学模型的建立和应用，其余几种数学模型将在以后各章中介绍。

如果描述系统的数学模型是线性的微分方程，则该系统为线性系统，若方程中的系数是常数，则称其为线性定常系统。本章主要讨论的是线性定常系统。我们可以对描述的线性定常微分方程进行积分变换，得出传递函数、方框图、信号流图、频率特性等数学描述。线性系统实际上是忽略了系统中某些次要因素，对数学模型进行近似而得到的。本书的主要内容均指线性化的系统。

3.1 系统的时域模型

控制系统的时域模型是指微分方程。如何列写微分方程是建立时域模型的关键，下面举例说明控制系统中常用的电气元件、力学元件等微分方程的列写。

3.1.1 线性系统的微分方程

【例 3-1】 图 3-1 所示为由电阻 R、电感 L 和电容 C 组成的无源串联网络，其中 $u_i(t)$是输入，$u_o(t)$是输出，试列写其微分方程。

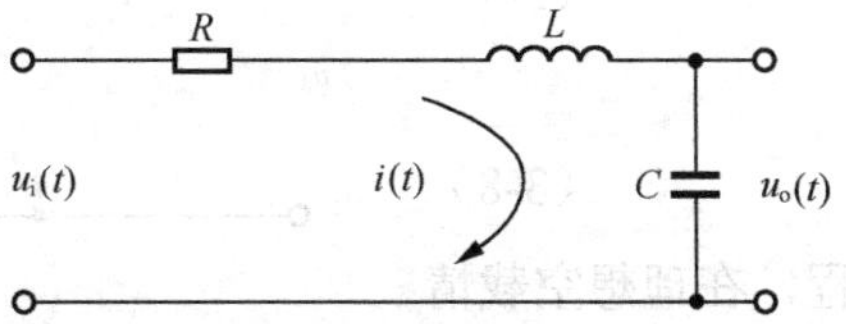

图 3-1　*RLC* 无源网络

解： 设回路的电流为 $i(t)$，由基尔霍夫电压定律可得

$$Ri(t)+L\frac{\mathrm{d}i(t)}{\mathrm{d}t}+u_o(t)=u_i(t) \tag{3-1}$$

$$u_o(t)=\frac{1}{C}\int i(t)\mathrm{d}t \tag{3-2}$$

消去中间变量 $i(t)$，得到输入输出关系的微分方程为

$$LC\frac{\mathrm{d}^2u_o(t)}{\mathrm{d}t^2}+RC\frac{\mathrm{d}u_o(t)}{\mathrm{d}t}+u_o(t)=u_i(t) \tag{3-3}$$

这是一个二阶线性微分方程，也就是图 3-1 的时域数学模型。

【例 3-2】 图 3-2 所示为由弹簧-质量-阻尼器构成的机械位移系统，试列写质量 m 在外力 $F(t)$作用下的位移 $y(t)$。其中，K 是弹簧的弹性系数，f 是阻尼器的黏性摩擦系数，m 为物体的质量。

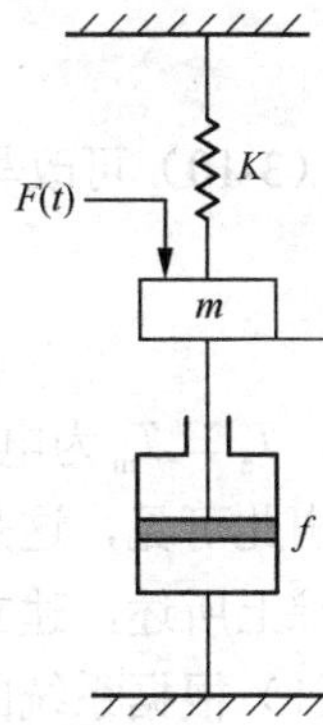

图 3-2　弹簧-质量-阻尼器机械位移系统

解： 设质量 m 相对于初始状态的位移、速度、加速度分别为 $y(t)$、$\frac{\mathrm{d}y(t)}{\mathrm{d}t}$、$\frac{\mathrm{d}^2y(t)}{\mathrm{d}t^2}$，由牛顿运动定律得

$$m\frac{\mathrm{d}^2y(t)}{\mathrm{d}t^2}=F(t)-F_1(t)-F_2(t) \tag{3-4}$$

$F_1(t)=f\frac{\mathrm{d}y(t)}{\mathrm{d}t}$ 是阻尼器的阻尼力，其方向与运动方向相反，大小与运动速度成正比；f 是阻尼系数；$F_2(t)=Ky(t)$ 是弹簧的弹力，其方向与运动方向相反，其大小与位移成正比。K 是弹性系数。将 $F_1(t)$ 和 $F_2(t)$分别代入式（3-4）中，整理后得到系统的微分方程为

$$m\frac{\mathrm{d}^2y(t)}{\mathrm{d}t^2}+f\frac{\mathrm{d}y(t)}{\mathrm{d}t}+Ky(t)=F(t) \tag{3-5}$$

这也是一个二阶线性微分方程。

【例 3-3】 图 3-3 所示为他励直流电动机的原理图，试列写在电枢电压 u_d 作用下电动机转速 ω 的微分方程。其中 R、L、i 分别为电枢回路的电阻、电感和电流，e、J 为反电动势和转动部分折合到电动机上的总转动惯量。

解： 根据基尔霍夫定律列写电枢回路的电压方程为

$$Ri+L\frac{\mathrm{d}i}{\mathrm{d}t}+e=u_d \tag{3-6}$$

反电动势为

$$e = C_e \omega \tag{3-7}$$

电动机的电磁转矩为

$$T_e = C_m i \tag{3-8}$$

电动机轴上的动力学方程，在理想空载情况下，有

$$T_e = J\frac{\mathrm{d}\omega}{\mathrm{d}t} \tag{3-9}$$

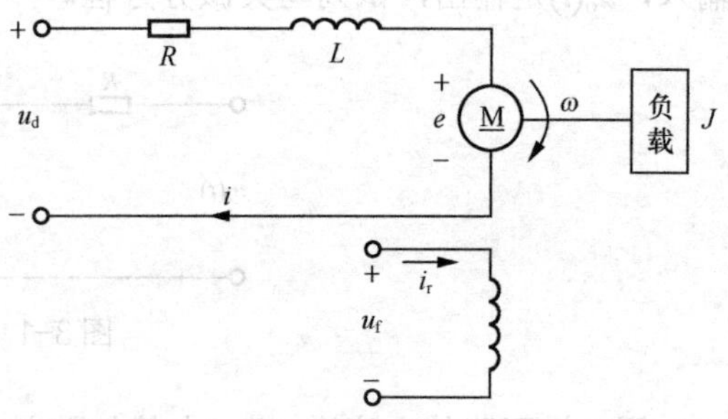

图 3–3　他励直流电动机电枢回路

消去三个中间变量 e、i、T_e，得输入量 $u_d(t)$ 与输出量 $\omega(t)$ 之间的关系为

$$\frac{L}{R}\cdot\frac{JR}{C_eC_m}\cdot\frac{\mathrm{d}^2\omega}{\mathrm{d}t^2}+\frac{JR}{C_eC_m}\frac{\mathrm{d}\omega}{\mathrm{d}t}+\omega=\frac{u_d}{C_e} \tag{3-10}$$

令

$$T_a = \frac{L}{R}$$

$$T_m = \frac{JR}{C_eC_m}$$

则式（3-10）可改写为

$$T_a\cdot T_m\cdot\frac{\mathrm{d}^2\omega}{\mathrm{d}t^2}+T_m\cdot\frac{\mathrm{d}\omega}{\mathrm{d}t}+\omega=\frac{u_d}{C_e} \tag{3-11}$$

式中，T_a、T_m 为电动机电枢回路的电磁时间常数和机电时间常数。

由此可见，这是一个二阶线性微分方程。

综上所述，建立控制系统的微分方程式的步骤可归纳如下：

（1）根据系统的工作原理、结构组成，确定其输入量和输出量；

（2）从系统的输入端开始，根据元件或环节所遵循的物理规律或化学规律，列写出相应的微分方程；

（3）消去中间变量，得到只包含系统输出量与输入量的微分方程；

（4）一般情况下，应将微分方程写为标准形式，即把与输入量有关的各项放在方程的右边，把与输出量有关的各项放在方程的左边，各导数项均按降幂排列。

3.1.2　线性微分方程的求解

用线性微分方程描述的系统，称为线性系统。线性定常微分方程的求解方法有经典法和拉氏变换法两种，也可借助电子计算机求解。在工程实践中，常常采用拉氏变换的方法求解微分方程。用拉氏变换求解微分方程的基本思路是

线性微分方程（时域 t）—拉氏变换→ 代数方程复数域（s）

↓ 求解

微分方程的解（时域 t）←拉氏反变换— 代数方程的解复数域（s）

关于拉氏变换和拉氏反变换的内容在2.1节和2.2节有介绍。下面用一个例子对用拉氏变换求解线性常系数微分方程加以说明。

【例3-4】　设系统的微分方程为

$$\frac{d^2c(t)}{dt^2}+3\frac{dc(t)}{dt}+2c(t)=2\frac{dr(t)}{dt}+3r(t)$$

已知 $r(t)=\delta(t)$，$c(0)=c'(0)=0$。求系统的输出响应 $r(t)$。

解：将方程两边进行拉氏变换，并由初始条件为零，得

$$s^2C(s)+3sC(s)+2C(s)=2sR(s)+3R(s)$$

将 $R(s)=L[\delta(t)]=1$ 代入上式，整理后得到输出的拉氏变换为

$$C(s)=\frac{2s+3}{s^2+3s+2}=\frac{1}{s+1}+\frac{1}{s+2}$$

对上式进行拉氏逆变换得

$$c(t)=e^{-t}+e^{-2t}$$

3.2　系统的复数域模型

在上一节介绍了系统的时域模型——微分方程，这一节介绍系统的复数域模型——传递函数。建立数学模型的目的是为了分析系统的性能，而分析系统性能最直接的方法就是求解微分方程，求得被控量在动态过程中的时间函数，然后根据时间函数的曲线对系统性能进行分析。求解微分方程的方法有经典法、拉氏变换法等。拉氏变换法是求解微分方程的简便方法，当采用这一方法时，微分方程的求解就成为象函数的代数方程和查表求解（见附录1），这样使计算大为简化。更重要的是，采用拉氏变换法能把以线性微分方程描述的数学模型转换成复数域中代数形式的数学模型——传递函数。传递函数不仅可以表征系统的性能，而且可以用来分析系统的结构和参数变化对系统性能的影响。经典控制理论中应用最广泛的频率特性法和根轨迹法就是以传递函数为基础建立起来的，传递函数是经典控制理论中最基本、最重要的概念。

3.2.1　传递函数的定义

由【例3-1】可知，图3-1所示 RLC 无源网络的微分方程为

$$LC\frac{d^2u_o(t)}{dt^2}+RC\frac{du_o(t)}{dt}+u_o(t)=u_i(t) \tag{3-12}$$

在零初始条件下对其进行拉氏变换，得

$$LCs^2U_o(s)+RCsU_o(s)+U_o(s)=U_i(s) \tag{3-13}$$

比较式（3-12）和式（3-13）可以看出，只要将微分方程中的 $\frac{d^2}{dt^2}$ 变为 s^2，$\frac{d}{dt}$ 变为 s，$u_o(t)$ 变为 $U_o(s)$，$u_i(t)$ 变为 $U_i(s)$，就可以得到象方程。两者的结构、项数、系数和阶次完全一致。

一般地，要由微分方程得到其拉氏变换的象方程（零初始条件），只需将微分方程中的 t

变为 s，$\frac{d^2}{dt^2}$ 变为 s^2，…，再将微分方程中的变量变为 s 域中的象函数即可。

整理式（3-12）可得

$$\frac{U_o(s)}{U_i(s)}=\frac{1}{LCs^2+RCs+1} \tag{3-14}$$

式（3-14）中，$U_o(s)$、$U_i(s)$分别为系统的输出量和输入量的象函数。由式（3-14）可知，$U_o(s)$、$U_i(s)$的比值是 s 的有理分式函数，只与系统的结构和参数有关，而与输入信号无关。由于它包含了微分方程式（3-3）中的全部信息，故可以用它作为在复数域中描述 RLC 电路输入-输出关系的数学模型，可记为

$$G(s)=\frac{1}{LCs^2+RCs+1} \tag{3-15}$$

设线性定常系统微分方程一般形式为

$$a_n\frac{d^{(n)}c(t)}{dt^n}+a_{n-1}\frac{d^{(n-1)}c(t)}{dt^{n-1}}+\cdots+a_1\frac{dc(t)}{dt}+a_0c(t)$$
$$=b_m\frac{d^{(m)}r(t)}{dt^m}+b_{m-1}\frac{d^{(m-1)}r(t)}{dt^{m-1}}+\cdots+b_1\frac{dr(t)}{dt}+b_0r(t) \tag{3-16}$$

式中，$n\geqslant m$。等式左边是系统输出变量及其各阶导数，等式右边是系统输入变量及其各阶导数，且等式左右两边的系数均为实数。

设 $R(s)=L[r(t)]$，$C(s)=L[c(t)]$，在零初始条件下，对式（3-16）进行拉氏变换可得

$$(a_ns^n+a_{n-1}s^{n-1}+\cdots+a_1s+a_0)C(s)=(b_ms^m+b_{m-1}s^{m-1}+\cdots+b_1s+b_0)R(s)$$

令

$$G(s)=\frac{C(s)}{R(s)}=\frac{b_ms^m+b_{m-1}s^{m-1}+\cdots+b_1s+b_0}{a_ns^n+a_{n-1}s^{n-1}+\cdots+a_1s+a_0} \tag{3-17}$$

称 $G(s)$ 为传递函数。

线性定常系统传递函数的定义为：在零初始条件下，系统输出变量的拉氏变换式与输入变量的拉氏变换式之比，记为

$$G(s)=\frac{C(s)}{R(s)}$$

传递函数是系统在 s 域中的动态数学模型，是研究线性系统动态特性的重要工具。在不需要求解微分方程的情况下，直接根据系统传递函数的某些特征便可分析和研究系统的动态性能。

3.2.2 传递函数的性质

从线性定常系统的传递函数的定义式可知，传递函数具有如下性质。

（1）传递函数是将线性定常系统的微分方程经拉氏变换后导出的，因此传递函数的概念只适用于线性定常系统。

（2）传递函数是复变量 s 的有理真分式，即 $m\leqslant n$，且所有系数均为实数，具有复变函数的所有性质。$m\leqslant n$，是因为系统必然具有惯性，且能源又有限；各系数均为实数，是因为它们都是系统元件参数的函数，而元件参数只能是实数。

（3）传递函数是一种用系统参数表示输出量与输入量之间关系的表达式，它只取决于系统或元件的结构和参数，而与输入量的形式无关，也不反映系统内部的任何信息。因此，可以用如图3-4所示的方框图来表示具有传递函数$G(s)$的线性系统。图中表明，系统输入量与输出量的因果关系可以用传递函数联系起来。

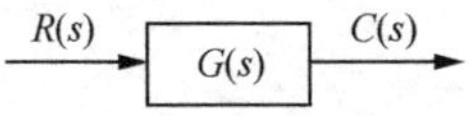

图3-4 传递函数图示

（4）传递函数的拉氏反变换是系统的单位脉冲响应$h(t)$。单位脉冲响应$h(t)$是系统在单位脉冲函数$\delta(t)$输入时的输出响应，因为单位脉冲函数的拉氏变换为

$$R(s)=L\left[\delta(t)\right]=1$$

因此，单位脉冲函数$\delta(t)$输入时，系统的输出

$$C(s)=G(s)R(s)=G(s)$$

而$C(s)$的拉氏反变换即为脉冲响应$h(t)$，正好等于传递函数的拉氏反变换，即

$$h(t)=L^{-1}\left[C(s)\right]=L^{-1}\left[G(s)\right]$$

（5）传递函数的零点和极点。系统的传递函数$G(s)$常可以表达成

$$G(s)=\frac{b_m s^m+b_{m-1}s^{m-1}+\cdots+b_1 s+b_0}{a_n s^n+a_{n-1}s^{n-1}+\cdots+a_1 s+a_0}=\frac{K\prod_{i=1}^{m}(\tau_i s+1)}{\prod_{j=1}^{n}(T_j s+1)} \tag{3-18}$$

$$G(s)=\frac{b_m s^m+b_{m-1}s^{m-1}+\cdots+b_1 s+b_0}{a_n s^n+a_{n-1}s^{n-1}+\cdots+a_1 s+a_0}=\frac{K^*\prod_{i=1}^{m}(s+z_i)}{\prod_{j=1}^{n}(s+p_j)} \tag{3-19}$$

式（3-18）为传递函数的时间常数表示法，式（3-19）为传递函数的零极点表示法。式中，$K=\dfrac{b_0}{a_0}$为系统的增益（或放大倍数）；$\tau_i, i=1,2,\cdots,m$为分子因式的时间常数，$T_j, j=1,2,\cdots,n$为分母因式的时间常数；$K^*=\dfrac{b_m}{a_m}$为系统传递函数用零极点表示时的增益；$-z_i, i=1,2,\cdots,m$为分子多项式的根，称为系统的零点，$-p_j, j=1,2,\cdots,n$为分母多项式的根，称为系统的极点。

传递函数的分子多项式和分母多项式经因式分解后还可写成以下形式：

$$G(s)=\frac{b_m(\tau_1 s+1)(\tau_2^2 s^2+2\xi\tau_2 s+1)\cdots(\tau_i s+1)}{a_n(T_1 s+1)(T_2^2 s^2+2\xi T_2 s+1)\cdots(T_j s+1)} \tag{3-20}$$

式（3-20）中，一次因子对应于实数零极点，二次因子对应于共轭复数零极点，τ_i和T_j称为时间常数。传递函数的这种表达形式在频域法中应用较多。

3.2.3 传递函数的求法

1．根据微分方程求传递函数

首先，列写出系统的微分方程或微分方程组，然后在零初始条件下求各微分方程的拉氏变换，将它们转换成s域的代数方程组，消去中间变量，得到系统的传递函数。

【例3-5】 求解【例3-1】RLC无源网络的传递函数。

解：设回路的电流为 $i(t)$，由基尔霍夫电压定律可得

$$Ri(t)+L\frac{\mathrm{d}i(t)}{\mathrm{d}t}+u_{\mathrm{o}}(t)=u_{\mathrm{i}}(t)$$

$$u_{\mathrm{o}}(t)=\frac{1}{C}\int i(t)\mathrm{d}t$$

在零初始条件下，将上两式进行拉氏变换得

$$RI(s)+LsI(s)+U_{\mathrm{o}}(s)=U_{\mathrm{i}}(s)$$

$$U_{\mathrm{o}}(s)=\frac{1}{Cs}I(s)$$

消去中间变量 $I(s)$ 后，得 $(LCs^2+RCs+1)U_{\mathrm{o}}(s)=U_{\mathrm{i}}(s)$。

根据传递函数的定义，可得 RLC 电路的传递函数为

$$G(s)=\frac{1}{LCs^2+RCs+1}$$

2．用复阻抗的概念求电路的传递函数

在电路中有 3 种基本的阻抗元件：电阻、电容和电感。流过这 3 种阻抗元件的电流 i 与电压 u 的关系如下。

电阻：

$$u=Ri \tag{3-21}$$

零初始条件对等式两边作拉氏变换，得

$$U(s)=RI(s) \tag{3-22}$$

可见，电阻 R 的复阻抗仍为 R。

电容：

$$\frac{\mathrm{d}u}{\mathrm{d}t}=\frac{1}{C}i \tag{3-23}$$

零初始条件下等式两边作拉氏变换，得

$$U(s)=\frac{1}{Cs}I(s) \tag{3-24}$$

可见，电容的复阻抗为 $\frac{1}{Cs}$。

电感：

$$u=L\frac{\mathrm{d}i}{\mathrm{d}t} \tag{3-25}$$

零初始条件对等式两边作拉氏变换，得

$$U(s)=LsI(s) \tag{3-26}$$

可见，电感的复阻抗为 Ls。

【例 3-6】 试用复阻抗的概念求解【例 3-1】RLC 无源网络的传递函数。

解：根据基尔霍夫定律得

$$U_o(s)=\frac{\dfrac{1}{Cs}}{R+Ls+\dfrac{1}{Cs}}=\frac{1}{LCs^2+RCs+1}$$

3.2.4　典型环节的传递函数

不同的自动控制系统，它们的物理结构可能差别很大，但是若从系统的数学模型来看，一般可以将它们看成是由若干个典型环节组成的。掌握了这些典型环节的特性，对于整个系统的分析有很大的帮助。

1．比例环节

比例环节的微分方程为

$$c(t)=Kr(t) \tag{3-27}$$

式中，K 为放大倍数。

比例环节的传递函数是

$$G(s)=\frac{C(s)}{R(s)}=K \tag{3-28}$$

这一环节的输入量和输出量的关系可以用图 3-5（a）所示的方框图来表示。方框图两端的箭头表示输入量和输出量，方框中表明了该环节的传递函数 K。

比例环节的单位阶跃响应：

当 $r(t)=1(t)$ 时，$c(t)=K$，如图 3-5（b）所示。

比例环节的特点是，输出不失真、不延迟、成比例的复现输入信号的变化，即信号的传递没有惯性。

比例环节是自动控制系统中使用最多的一种，例如电子放大器、齿轮减速器、杠杆、弹簧、电阻、质量等，如图 3-6 所示。

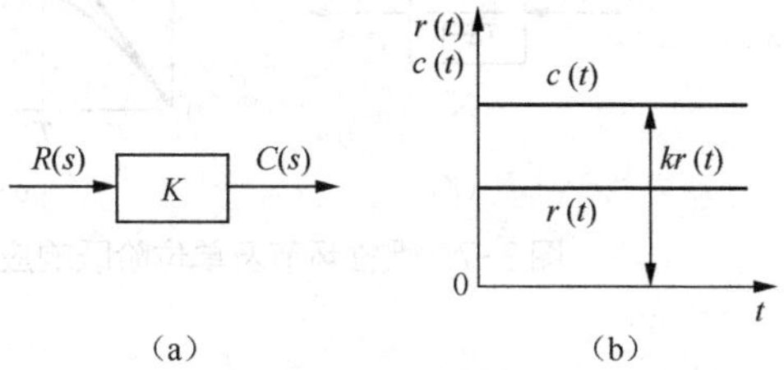

图 3-5　比例环节及单位阶跃响应曲线

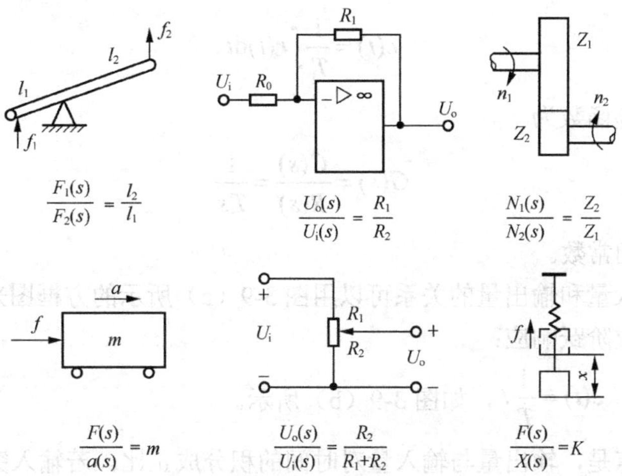

图 3-6　比例环节实例

2．惯性环节

惯性环节的微分方程为

$$T\frac{\mathrm{d}c(t)}{\mathrm{d}t}+c(t)=r(t) \tag{3-29}$$

式中，T 为惯性时间常数。

惯性环节的传递函数是

$$G(s)=\frac{C(s)}{R(s)}=\frac{1}{Ts+1} \tag{3-30}$$

这一环节的输入量和输出量的关系可以用图 3-7（a）所示的方框图来表示。

当 $r(t)=1(t)$ 时，可得单位阶跃响应为 $c(t)=1-\mathrm{e}^{-\frac{t}{T}}$，其响应曲线如图 3-7（b）所示。

惯性环节的特点是，输出量不能瞬时完成与输入量完全一致的变化。

如图 3-8 所示的 RC 电路就是惯性环节，由复阻抗的知识可知其传递函数为

$$G(s)=\frac{1}{RCs+1}$$

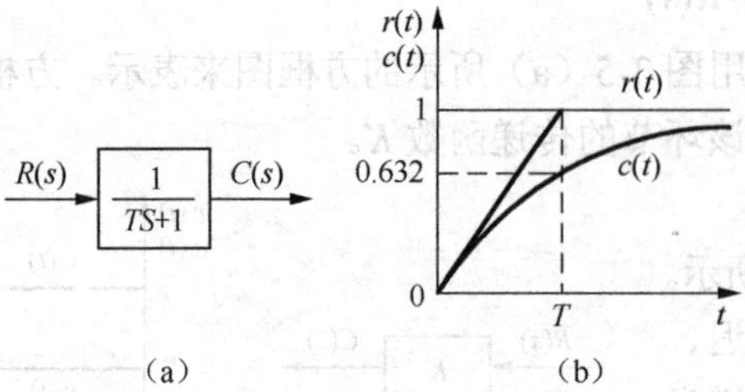

图 3-7　惯性环节及单位阶跃响应曲线

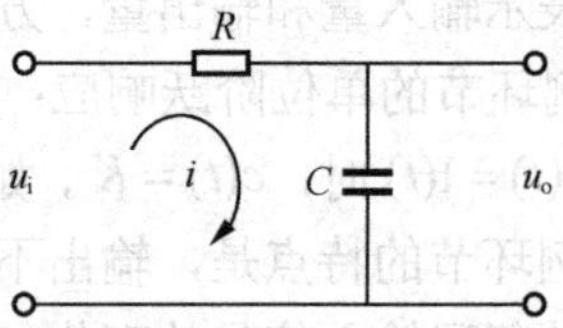

图 3-8　惯性环节实例

3．积分环节

积分环节的微分方程为

$$c(t)=\frac{1}{T_\mathrm{i}}\int r(t)\mathrm{d}t \tag{3-31}$$

积分环节的传递函数为

$$G(s)=\frac{C(s)}{R(s)}=\frac{1}{T_\mathrm{i}s} \tag{3-32}$$

式中，T_i 为积分时间常数。

这一环节的输入量和输出量的关系可以用图 3-9（a）所示的方框图来表示。

积分环节的单位阶跃响应：

当 $r(t)=1(t)$ 时，$c(t)=\frac{1}{T_\mathrm{i}}t$，如图 3-9（b）所示。

积分环节的特点是，输出量与输入量对时间的积分成正比。若输入突变，输出值要等待时间 T_i 之后才能等于输入值，故有滞后作用，输出积累一段时间后，即使输入量为零，输出

也将保持原值不变，即具有记忆功能，只有当输入反相时，输出才反相积分而下降。

由运算放大器组成的积分器电路如图 3-10 所示，根据运算放大器的特点和复阻抗的知识可知

$$G(s) = -\frac{1}{RCs}$$

其中，$T_{\mathrm{i}} = RC$。

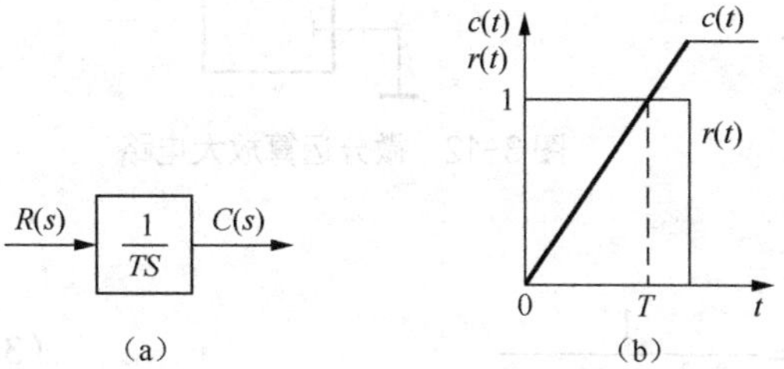

图 3-9 积分环节及单位阶跃响应曲线

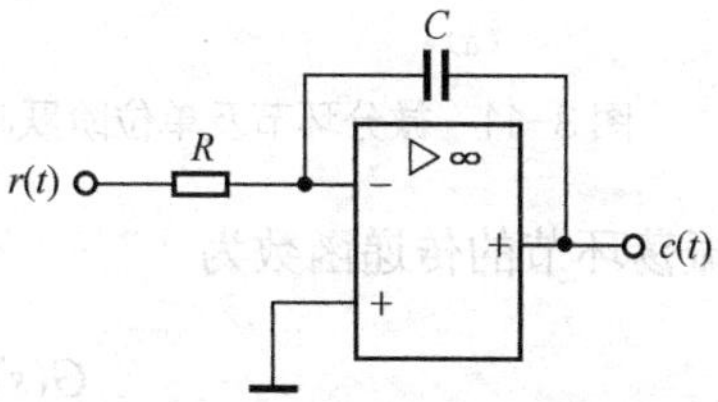

图 3-10 积分运算放大电路

4. 微分环节

理想微分环节的微分方程为

$$c(t) = \tau \frac{\mathrm{d}r(t)}{\mathrm{d}t} \tag{3-33}$$

式中，τ 为微分时间常数。

理想微分环节的传递函数为

$$G(s) = \frac{C(s)}{R(s)} = \tau s \tag{3-34}$$

这一环节的输入量和输出量的关系可以用图 3-11（a）所示的方框图来表示。

理想微分环节的单位阶跃响应为

当 $r(t) = 1(t)$ 时，$c(t) = \tau\delta(t)$。

由图 3-11 可知，在 t=0 时，其输出是一强度为 τ，宽度为零，幅值为无穷大的理想脉冲。对于物理装置而言，意味着装置不存在任何惯性瞬间就能提供一个无穷大的信号能源，这在实际中是不可能实现的，所以不存在实际的微分环节。

微分环节的特点是，输出量与输入量对时间的微分成正比，即输出反映了输入量的变化率，而不反映输入量本身的大小。因此可由微分环节的输出来反映输入信号的变化趋势，加快系统控制作用的实现。

由运算放大器组成的微分电路如图 3-12 所示，根据运算放大器的特点和复阻抗的知识可知其传递函数为

$$G(s) = -RCs$$

5. 振荡环节

振荡环节的微分方程为

$$T^2\frac{\mathrm{d}c^2(t)}{\mathrm{d}t^2}+2\xi T\frac{\mathrm{d}c(t)}{\mathrm{d}t}+c(t)=r(t) \tag{3-35}$$

式中，T 为时间常数；ξ 为阻尼比。当 $0<\xi<1$ 时，上式便成为振荡环节的微分方程。

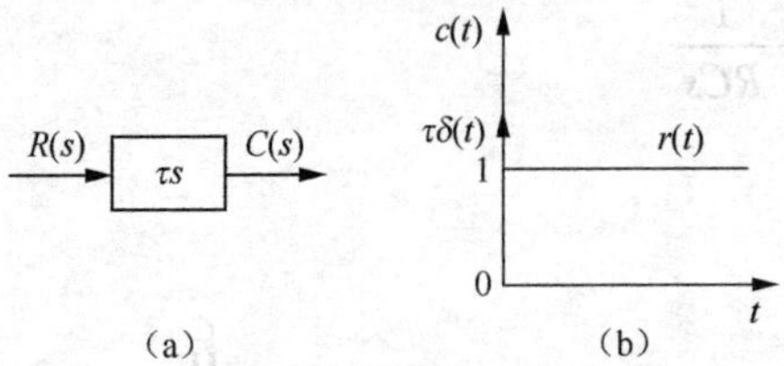

图 3-11　微分环节及单位阶跃响应曲线

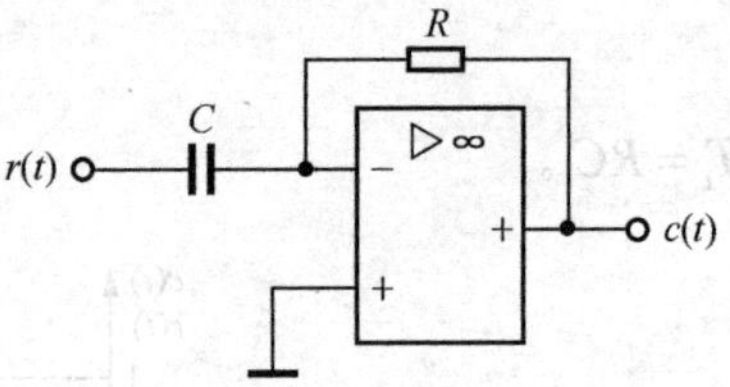

图 3-12　微分运算放大电路

振荡环节的传递函数为

$$G(s)=\frac{C(s)}{R(s)}=\frac{1}{T^2s^2+2\xi Ts+1} \tag{3-36}$$

或者写成

$$G(s)=\frac{\frac{1}{T^2}}{s^2+\frac{2\xi}{T}s+\frac{1}{T^2}}=\frac{\omega_n^2}{s^2+2\xi\omega_n s+\omega_n^2} \tag{3-37}$$

式中，$\omega_n=\frac{1}{T}$ 为振荡环节的无阻尼自然振荡角频率。

这一环节的输入量和输出量的关系可以用图 3-13（a）所示的方框图来表示。

振荡环节在 $0<\xi<1$ 的单位阶跃响应为

$$c(t)=1-\frac{\mathrm{e}^{-\xi\omega_n t}}{\sqrt{1-\xi^2}}\sin(\omega_n\sqrt{1-\xi^2}\,t+\theta)$$

式中，$\theta=\arctan\frac{\sqrt{1-\xi^2}}{\xi}$，其单位阶跃响应曲线如图 3-13（b）所示。

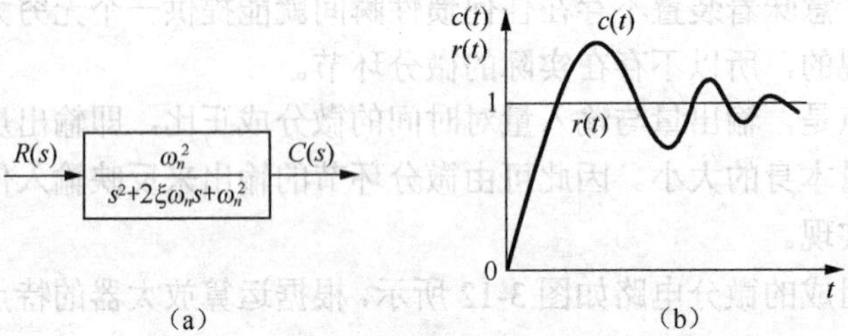

图 3-13　振荡环节及单位阶跃响应曲线

本章【例 3-1】介绍的 *RLC* 无源网络和【例 3-2】介绍的弹簧-质量-阻尼器构成的机械位移系统及【例 3-3】介绍的他励直流电动机回路，它们都是二阶系统，其传递函数如下：

$$G(s)=\frac{1}{LCs^2+RCs+1}$$

$$G(s)=\frac{1}{ms^2+fs+K}$$

$$G(s)=\frac{C_e}{T_aT_ms^2+T_ms+1}$$

可见，只要相关参数满足一定条件，以上三式均可成为振荡环节。

振荡环节的特点是，若输入信号为一阶跃信号，输出信号具有振荡特性。

6. 延迟环节

延迟环节的微分方程为

$$c(t)=r(t-\tau) \tag{3-38}$$

式中，τ 为延时时间。

延迟环节的传递函数为

$$G(s)=e^{-\tau s} \tag{3-39}$$

这一环节的输入量和输出量的关系可以用图 3-14（a）所示的方框图来表示。

延迟环节的单位阶跃响应为

当 $r(t)=1(t)$ 时，$c(t)=1(t-\tau)$，如图 3-14（b）所示。

延迟环节的特点是，其输出波形与输入波形相同，但是延时了时间 τ。延迟环节的存在对系统的稳定性不利。

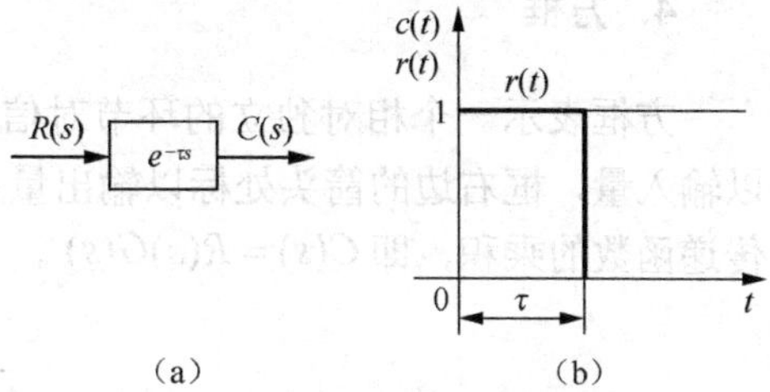

图 3-14　延迟环节及单位阶跃响应曲线

线性定常系统的数学模型不包括延迟环节。为了计算方便，可对延迟环节作近似处理，将 $e^{\tau s}$ 按照泰勒级数展开，在 τ 很小的条件下，略去高次项，得

$$G(s)=e^{-\tau s}=\frac{1}{e^{\tau s}}=\frac{1}{1+\tau s+\frac{\tau^2}{2!}s^2}\approx\frac{1}{1+\tau s}$$

可见，在一定条件下，延迟环节可近似为惯性环节。

3.3　系统的结构框图及其等效变换

一个控制系统由很多环节组成，每一个环节都有对应的输入量、输出量以及其传递函数。为了表明每一个环节在系统中的作用，在控制系统中常常采用结构框图，它表明了系统中各变量之间的因果关系及变量之间的运算关系。应用结构框图可以简化复杂控制系统的分析和计算，同时能直观地表明控制信号在系统内部的动态传递关系。最后，还可以通过等效变换，求出系统的传递函数。

3.3.1　结构框图的组成

结构框图主要由信号线、引出点、比较点和方框四部分组成，它们的形状如图 3-15 所示，其功能如下。

1. 信号线

信号线是带有箭头的直线，箭头表示信号的流向，在直线旁标记信号的象函数，如图 3-15（a）所示。

2. 引出点

引出点表示信号引出或测量的位置。从同一位置引出的信号在数值和性质上完全相同，如图 3-15（b）所示。

3. 比较点

比较点又叫相加点、综合点，表示多个信号在此处叠加，输出量等于输入量的代数和。因此在信号输入处要标明信号的正负，“+”表示相加，“-”表示相减，有时“+”可以省略不写，如图 3-15（c）所示。

4. 方框

方框表示一个相对独立的环节对信号的影响。如图 3-15（d）所示，框左边的箭头处标以输入量，框右边的箭头处标以输出量，框内为这一环节的传递函数。输出量等于输入量与传递函数的乘积，即 $C(s)=R(s)G(s)$ 。

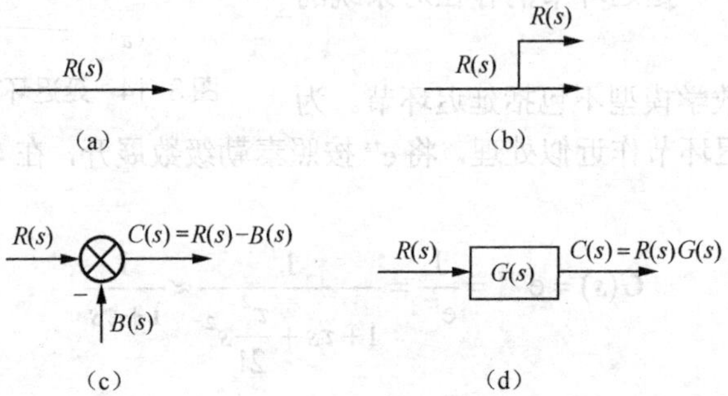

图 3-15 结构图的组成部分

3.3.2 结构框图的绘制

系统的结构框图的绘制步骤：

（1）根据信号流向，将系统划分为若干环节或部分；

（2）确定各环节的输入量和输出量，然后按照系统的结构和工作原理，分别求出各环节的传递函数；

（3）绘出各环节的结构图；

（4）依照由输入到输出的顺序，按信号的传递方向把各环节的方框图依次连接起来，就构成了系统的结构框图。

【例 3-7】 试绘制【例 3-1】的结构框图。

解：对式（3-1）和式（3-2）进行拉氏变换得

$$RI(s)+LsI(s)+U_o(s)=U_i(s)$$

$$U_o(s)=\frac{1}{Cs}I(s)$$

即

$$U_i(s)-U_o(s)=(R+Ls)I(s)$$

$$\frac{1}{Cs}I(s)=U_o(s)$$

用结构框图表示各变量之间的关系，如图 3-16 所示。再根据信号的流向将图 3-16 中的两个图顺次连接起来，就得到了整个系统的结构框图，如图 3-17 所示。

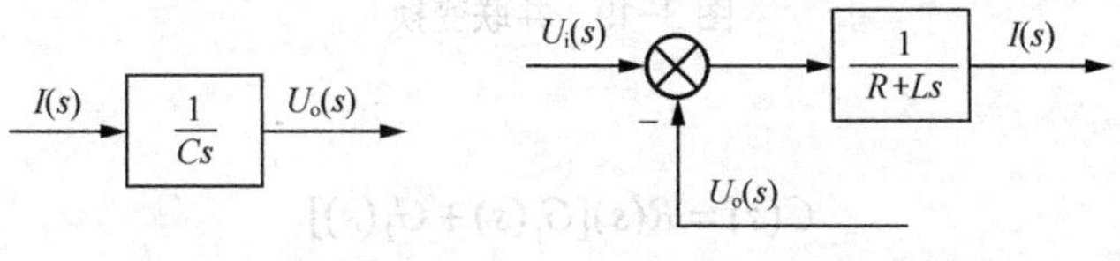

图 3-16　结构框图表示的各变量之间的关系

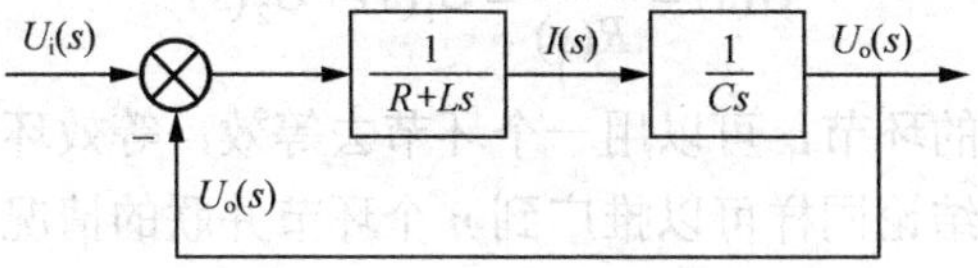

图 3-17　整体结构框图

3.3.3　结构框图的等效变换

要利用系统结构框图来求系统的传递函数，需要将复杂的结构框图进行等效变换，求其等效结构框图，以便简化系统传递函数的计算。结构框图等效变换的原则是变换后与变换前的输入量和输出量都保持不变。下面介绍结构框图变换的基本法则。

1. 串联等效变换

串联是最常见的一种结构形式，其特点是：前一个环节的输出量是后一个环节的输入量，如图 3-18 所示。

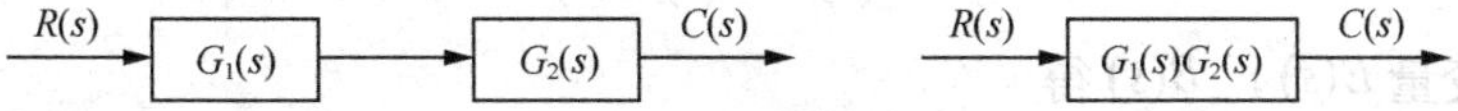

图 3-18　串联变换

由图 3-18 可知

$$C(s)=R(s)G_1(s)G_2(s) \tag{3-40}$$

即

$$G(s)=\frac{C(s)}{R(s)}=G_1(s)G_2(s) \tag{3-41}$$

由此可知，两个串联的环节，可以用一个等效环节去等效，等效环节的传递函数为各环节传递函数之积。这个结论可以推广到 n 个环节的情况。

2．并联环节等效变换

环节并联的特点是：各环节的输入量相同，输出量相叠加（极性相同相加，极性相反相减），如图 3-19 所示。

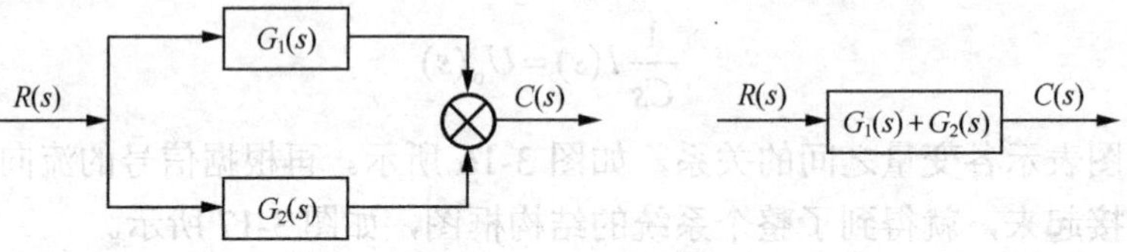

图 3-19　并联变换

由图 3-19 可知

$$C(s)=R(s)[G_1(s)+G_2(s)] \tag{3-42}$$

即

$$G(s)=\frac{C(s)}{R(s)}=G_1(s)+G_2(s) \tag{3-43}$$

由此可知，两个并联的环节，可以用一个环节去等效，等效环节的传递函数为各个环节传递函数之代数和。这个结论同样可以推广到 n 个环节并联的情况。

3．反馈环节等效变换

若输出量通过一个环节返回到输入端形成闭环，这种连接称为反馈连接，如图 3-20 所示。

这种闭环反馈系统结构框图按信号的传递方向，可将闭环回路分为前向通道和反馈通道两条通道。信号由输入向输出传递的通道称为前向通道，通道中的传递函数称为前向通道传递函数，如图 3-20 中的 $G(s)$。信号由输出向输入传递的通道称为反馈通道，通道中的传递函数称为反馈通道传递函数，如图 3-20 中的 $H(s)$。当 $H(s)=1$ 时称为单位反馈。

由图 3-20 可知

$$C(s)=E(s)G(s) \tag{3-44}$$

$$E(s)=R(s)\pm B(s) \tag{3-45}$$

$$B(s)=C(s)H(s) \tag{3-46}$$

消去中间变量 $E(s)$，$B(s)$ 得

$$C(s)=R(s)\frac{G(s)}{1\mp G(s)H(s)} \tag{3-47}$$

即

$$\phi(s)=\frac{C(s)}{R(s)}=\frac{G(s)}{1\mp G(s)H(s)} \tag{3-48}$$

式中，$\phi(s)$ 称为闭环传递函数，是反馈连接的等效传递函数。负号对应正反馈，正号对应负

反馈。式中 $G(s)H(s)$ 称为闭环系统的开环传递函数，简称开环传递函数，它表示的物理意义是：若将图 3-20 中的反馈环节输出端断开，则断开处的作用量与输入量的传递关系。开环传递函数是后面用频率法和根轨迹法分析系统的主要数学模型。

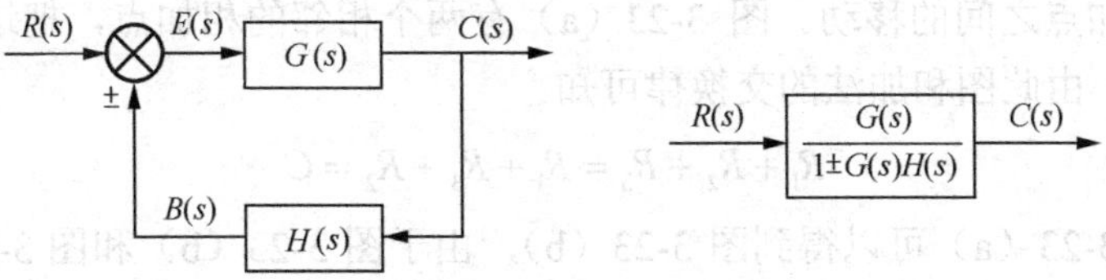

图 3-20　反馈变换

4．比较点和引出点的移动等效变换

在一些复杂系统的结构框图化简过程中，回路之间常常存在交叉连接，为了消除交叉连接便于进行上述框图的串联、并联和反馈连接的运算，常常需要移动比较点和引出点的位置。比较点和引出点的移动原则是：移动前后输出量应不变，而且引出点和比较点一般不宜交换位置。

（1）相加点前移。将一个相加点从一个方框的输出端移到输入端称为前移。图 3-21（a）所示为变换前的框图，图 3-21（b）所示为相加点前移后的框图。

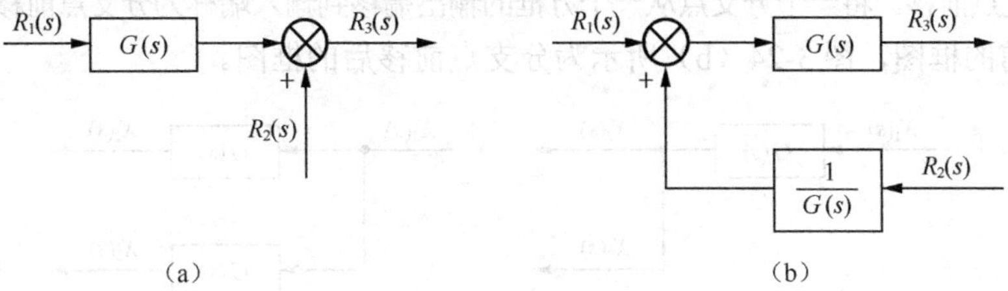

图 3-21　相加点前移

由图 3-21（a）可知

$$R_3(s)=R_1(s)G(s)+R_2(s)=\left[R_1(s)+R_2(s)\frac{1}{G(s)}\right]G(s) \tag{3-49}$$

所以，在图 3-21（b）中在 $R_2(s)$ 和相加点之间应该加一个传递函数 $\dfrac{1}{G(s)}$。

（2）相加点后移。将一个相加点从一个方框的输入端移到输出端称为后移。图 3-22（a）所示为变换前的框图，图 3-22（b）所示为相加点后移后的框图。

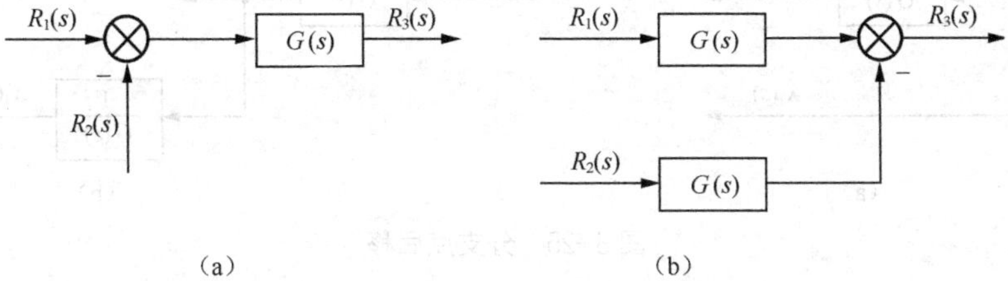

图 3-22　相加点后移

由图 3-22（a）可知

$$R_3(s)=[R_1(s)-R_2(s)]G(s)=R_1(s)G(s)-R_2(s)G(s) \tag{3-50}$$

所以，在图 3-22（b）中的 $R_2(s)$ 和相加点之间应该加一个传递函数 $G(s)$。

（3）相邻相加点之间的移动。图 3-23（a）有两个相邻的相加点，把这两个相加点先后的位置交换一下，由此图和加法的交换律可知

$$R_1+R_2+R_3=R_1+R_3+R_2=C \tag{3-51}$$

于是，由图 3-23（a）可以得到图 3-23（b），由于图 3-23（b）和图 3-23（c）是等价，因此可以得到图 3-23（c）。可见两个相邻相加点之间可以互相交换位置而不改变输入和输出信号间的关系。这个结论可以推广到相邻的多个相加点。

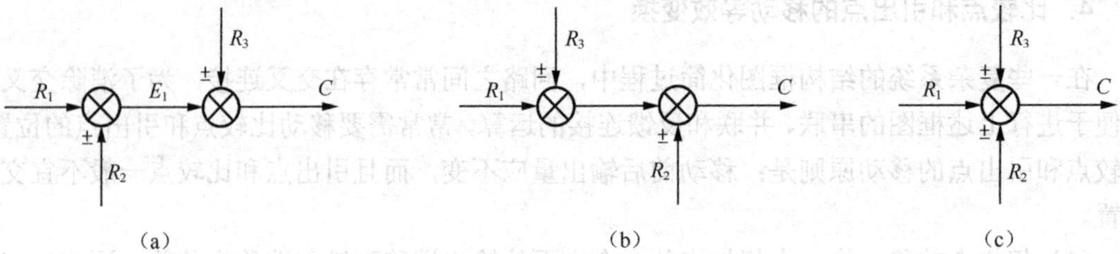

图 3-23　相加点之间的移动

（4）分支点前移。将一个分支点从一个方框的输出端移到输入端称为分支点前移。图 3-24（a）所示为变换前的框图，图 3-24（b）所示为分支点前移后的框图。

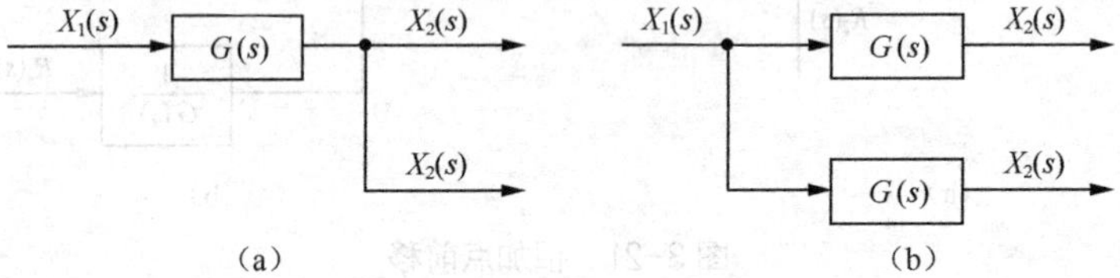

图 3-24　分支点前移

由图 3-24（a）可知

$$X_1(s)G(s)=X_2(s) \tag{3-52}$$

所以，在图 3-24（b）中的 X_2 和分支点之间应该加一个传递函数 $G(s)$。

（5）分支点后移。将一个分支点从一个方框的输入端移到输出端称为分支点后移。图 3-25（a）所示为变换前的框图，图 3-25（b）所示为分支点后移后的框图。

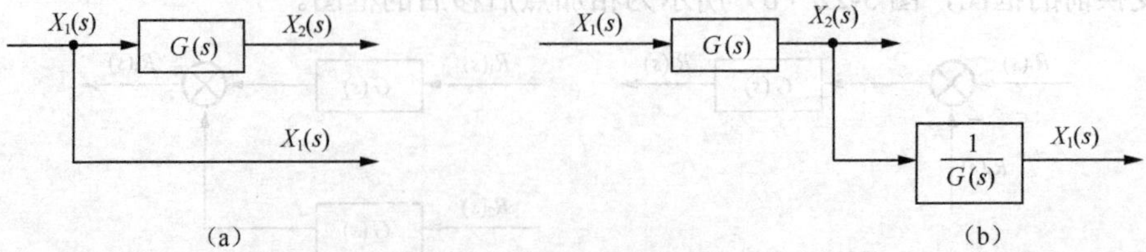

图 3-25　分支点后移

由图 3-25（a）可知

$$X_1(s) = X_1(s)\frac{1}{G(s)}G(s) \tag{3-53}$$

所以，在图 3-25（b）中的 $X_1(s)$ 和分支点之间应该加一个传递函数 $G(s)$。

（6）分支点之间的移动。从一条信号线上无论分出多少条信号线，都表示同一个信号，所以在一条信号线上的各分支点之间可以随意改变位置，不必作任何其他的变换。如图 3-26（a）和图 3-26（b）所示。

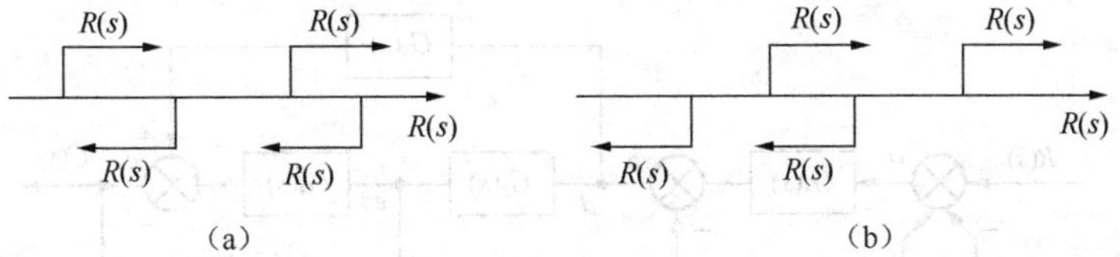

图 3-26　分支点之间的移动

3.3.4　结构框图的化简

任何复杂的框图都可以是由串联、并联和反馈三种基本形式混合在一起的。化简框图时，首先将框图中显而易见的串联、并联环节和反馈环节化简，如果一个回路与其他回路有交叉连接，则框图化简的关键就是消除交叉连接，形成无交叉的多回路连接。解出交叉连接的方法就是分支点或者相加点的移动。

【例 3-8】　试化简图 3-27（a）所示的系统结构框图，并求系统传递函数。

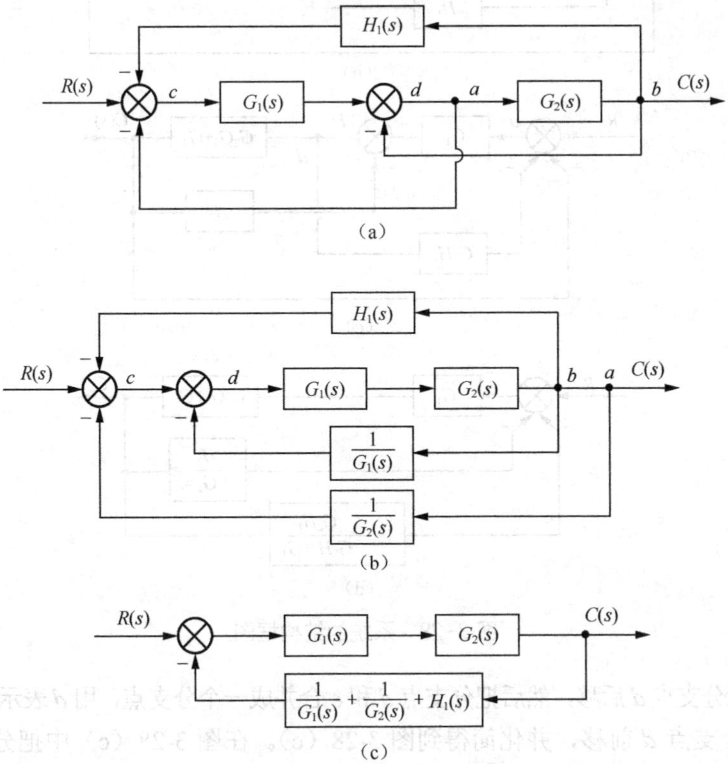

图 3-27　系统的结构框图

解： 首先把分支点 a 后移，比较点 d 前移，然后分支点 a 和 b 之间进行移动，这样可以消除交叉，变成多回路连接的形式，如图 3-27（b）所示。然后进行串联、并联及反馈连接的等效变换。如图 3-27（c）所示，最后求出系统的传递函数为

$$\frac{C(s)}{R(s)}=\frac{G_1(s)G_2(s)}{1+G_1(s)+G_2(s)+G_1(s)G_2(s)H_1(s)}$$

【例 3-9】 试化简图 3-28（a）所示的系统结构框图，并求系统传递函数。

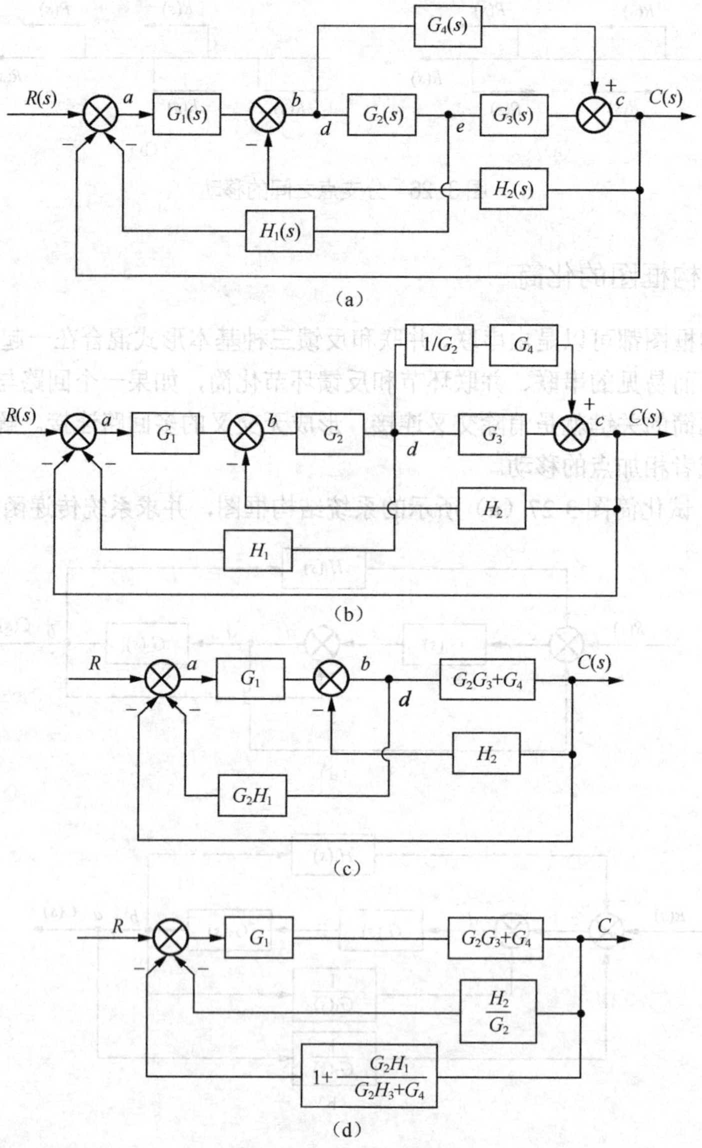

图 3-28　系统的结构框图

解： 首先把分支点 d 后移，然后把分支点 d 和 e 合并成一个分支点，用 d 表示。如图 3-28（b）所示。然后把分支点 d 前移，并化简得到图 3-28（c）。在图 3-28（c）中把分支点 d 后移，比较点 b 前移，如图 3-28（d）所示。最后进行化简得到传递函数为

$$\frac{C(s)}{R(s)}=\frac{G_1(G_2G_3+G_4)}{1+(G_2G_3+G_4)H_2+G_1(G_2H_1+G_2G_3+G_4)}$$

3.4　信号流图与梅森公式

对于复杂的控制系统，通过结构框图的化简求解系统的传递函数比较复杂，且易出错。信号流图也是控制系统的一种数学模型，在求复杂系统的传递函数时较为方便。信号流图与结构框图一样，都是描述控制系统信号传递关系的数学图形，它比结构框图更简洁，便于绘制。

3.4.1　信号流图

1. 信号流图的组成

信号流图由节点和支路组成。

（1）节点。节点表示系统中的变量或信号，用小圆圈表示。如图 3-29 中的节点为：x_1、x_2、x_3、x_4。

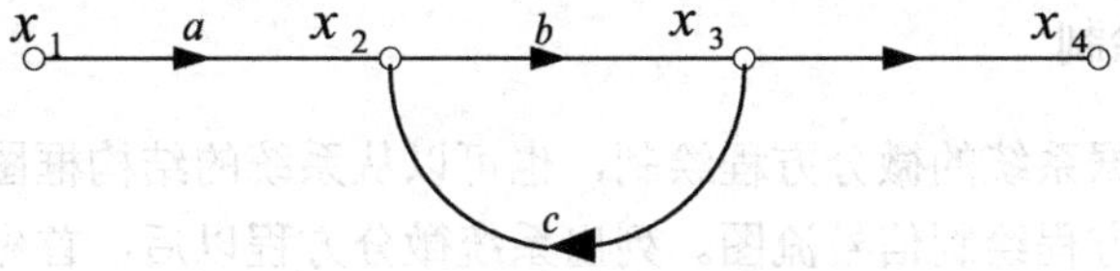

图 3-29　系统的信号流图

（2）支路。支路是连接两个节点的定向线段。支路上的箭头表示信号传递的方向。传递函数标在支路上的箭头旁边，称为支路传输或支路增益。信号只能在支路上沿箭头方向传递，经支路传递的信号应乘以支路的增益，增益为 1 时可以省略。图中每条支路的传输或者支路增益分别为 a、b、1、c。

在信号流图中，常使用以下术语：

（1）源节点。只有输出支路，而没有输入支路的节点称为源节点，它对应于系统的输入信号，故也称为输入节点，如图 3-30 中的节点 x_1。

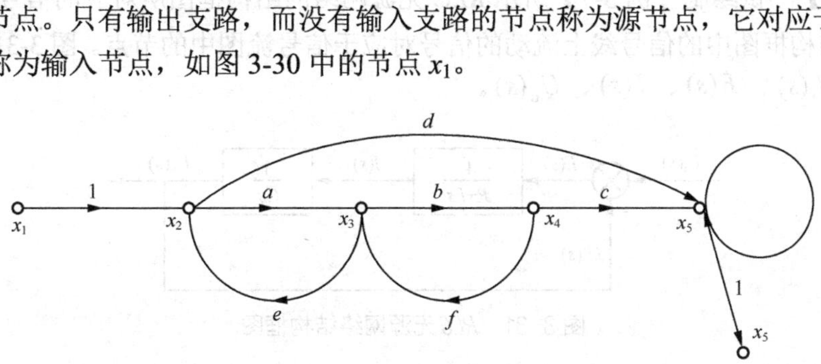

图 3-30　典型的信号流图

（2）阱节点。只有输入支路，而没有输出支路的节点称为阱节点，它对应于系统的输出信号，故也称为输出节点，如图 3-29 中的节点 x_4。

（3）混合节点。既有输入支路又有输出支路的节点称为混合节点，如图 3-30 中的节点 x_2、x_3、x_4、x_5。若从混合节点引出一条具有单位增益的支路，可将混合节点变为阱节点，成为系统的输出变量，如图 3-30 中用单位增益支路引出的节点 x_5。

（4）前向通道。信号从输入节点到输出节点传递时，每个节点只通过一次的通道，称为前向通道。前向通道上各支路增益的乘积，称为前向通道总增益，一般用 p_k 表示。在图 3-30 中，从源点 x_1 到阱节点 x_5 共有两条前向通道：一条是 $x_1 \to x_2 \to x_3 \to x_4 \to x_5$，其前向通道的总增益 $p_1=abc$；另一条是 $x_1 \to x_2 \to x_5$，其前向通道的总增益 $p_2=d$。

（5）回路。起点和终点在同一节点，而且信号通过每一个节点不多于一次的闭合通道称为单独回路，简称回路。回路中所有支路增益的乘积叫回路增益，用 L_a 表示。在图 3-30 中，共有 3 个回路：第一个是起于节点 x_2，经过节点 x_3 最后回到节点 x_2 的回路，其回路增益 $L_1=ae$；第二个是起于节点 x_3，经过节点 x_4 最后回到节点 x_3 的回路，其回路增益 $L_2=bf$；第三个是起于节点 x_5 并回到节点 x_5 的自回路，所谓自回路就是只与一个节点相交的回路，其回路增益是 g。

（6）不接触回路。回路之间没有公共节点时，这种回路称为不接触回路。在信号流图中可以有两个或者两个以上不接触的回路。在图 3-30 中，有两对不接触的回路：一对是 $x_2 \to x_3 \to x_2$ 和 $x_5 \to x_5$；另外一对是 $x_3 \to x_4 \to x_3$ 和 $x_5 \to x_5$。

2．信号流图的绘制

信号流图可以根据系统的微分方程绘制，也可以从系统的结构框图中得到。

（1）由系统微分方程绘制信号流图。列出系统微分方程以后，首先利用拉氏变换将微分方程转换为 s 域的代数方程；然后对系统的每个变量指定一个节点，根据系统中的因果关系，将对应的节点按从左到右顺序排列；最后绘制出有关的支路，并标出各支路的增益，将各节点正确连接就可以得到系统的信号流图。

（2）由系统结构框图绘制信号流图。从系统结构框图绘制信号流图时，只需在结构框图的信号线上用小圆圈标示出传递的信号，便得到节点；用标有传递函数的线段代替结构图中的方框，便得到支路，于是，结构图也就变为相应的信号流图了。

【例 3-10】 试绘制【例 3-7】所示 *RLC* 无源网络的结构框图所对应的信号流图。

解：在结构框图中的信号线上流动的信号对应于信号流图中的节点。图 3-31 中有 4 个不同的信号：$U_i(s)$、$E(s)$、$I(s)$、$U_o(s)$。

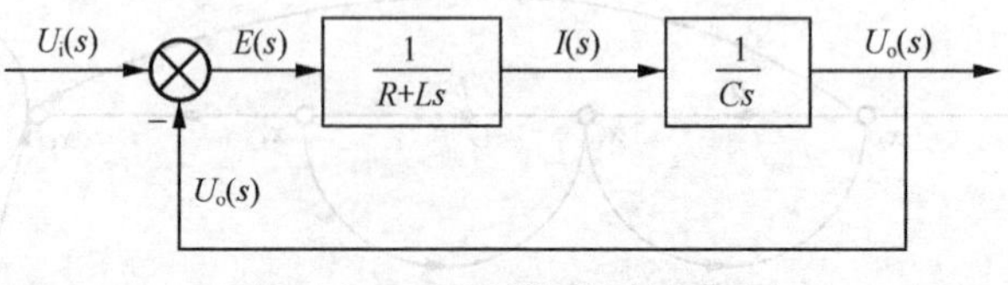

图 3-31　*RLC* 无源网络结构框图

按照从左到右的顺序，画出上面的 4 个信号对应的节点，按结构图中信号的传递关系；将结构图中的传递函数标注在对应的信号流图支路旁边。如果结构框图的输出信号为负，则信号流图中对应的增益也应该加一个负号，如图 3-32 所示。

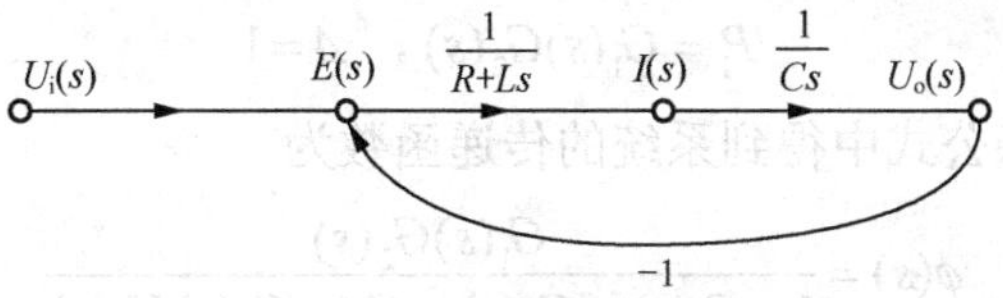

图 3-32 RLC 无源网络的信号流图

3.4.2 梅森公式

从一个复杂的系统信号流图上，通过化简可以求出系统的传递函数，通过结构框图的等效变换也可以求出系统的传递函数，但是这两个过程毕竟很麻烦。控制工程中常应用梅森（Mason）公式直接求取从输入节点到输出节点的传递函数，而不需要简化信号流图。由于系统结构框图与信号流图之间有对应关系，因此，梅森公式也可直接应用于系统动态结构图。

梅森公式为

$$\phi(s)=\frac{1}{\Delta}\sum_{k=1}^{n}P_k\Delta_k$$

式中：$\phi(s)$为总增益；n 为从输入节点到输出节点的前向通道总数；P_k 为从输入节点到输出节点的第 k 条前向通道的总增益；Δ_k 为第 k 条前向通道特征式的余因子，其值为 Δ 中除去与第 k 条前向通道相接触回路的传递函数所在项的剩余部分；Δ 为信号流图的特征式

$$\Delta=1-\sum L_a+\sum L_bL_c-\sum L_dL_eL_f+\cdots$$

式中：$\sum L_a$ 为所有单独回路增益之和；$\sum L_bL_c$ 为每两个互不接触回路增益乘积之和；$\sum L_dL_eL_f$ 为每三个互不接触回路增益乘积之和。

下面举例说明如何应用梅森公式求取系统的传递函数。

【例 3-11】 用梅森公式求【例 3-8】系统的传递函数。

解：如图 3-33 所示的系统有 3 个回路，各回路的传递函数分别为

$$L_1=-G_1(s)，\ L_2=-G_2(s)，\ L_3=-G_1(s)G_2(s)H_1(s)$$

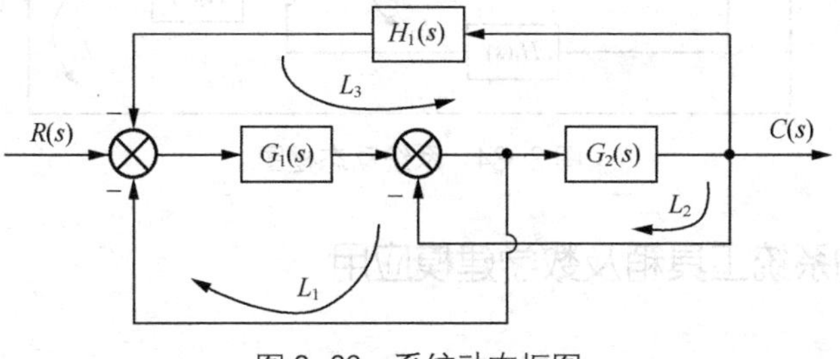

图 3-33 系统动态框图

图 3-33 中没有两两互不相接触的回路，所以 $\sum L_bL_c=0$，该系统中也没有三个互不相接触的回路，所以 $\sum L_dL_eL_f=0$，因此系统的特征式 Δ 为

$$\Delta=1-\sum_{k=1}^{3}L_a=1+G_1(s)+G_2(s)+G_1(s)G_2(s)H_1(s)$$

图 3-33 中系统的前向通道有一条，与三个回路都接触，所以

$$P_1 = G_1(s)G_2(s)\text{，}\quad \Delta = 1$$

将以上各式代入梅森公式中得到系统的传递函数为

$$\phi(s) = \frac{G_1(s)G_2(s)}{1 + G_1(s) + G_2(s) + G_1(s)G_2(s)H_1(s)}$$

【例 3-12】 用梅森公式求【例 3-9】系统的传递函数。

解：如图 3-34 所示的系统有 5 个回路，各回路的传递函数分别为

$$L_1 = -G_1(s)G_2(s)G_3(s)\,, L_2 = -G_1(s)G_2(s)H_1(s)\,, L_3 = -G_2(s)G_3(s)H_2(s)\,,$$
$$L_4 = -G_4(s)H_2(s)\,, L_5 = -G_1(s)G_4(s)$$

图 3-34 中没有两两互不相接触的回路，所以 $\sum L_b L_c = 0$，该系统中也没有三个互不相接触的回路，所以 $\sum L_d L_e L_f = 0$，因此系统的特征式 Δ 为

$$\Delta = 1 - \sum_{k=1}^{5} L_a = 1 + G_1(s)G_2(s)G_3(s) + G_1(s)G_2(s)H_1(s) + G_2(s)G_3(s)H_2(s) + G_4(s)H_2(s) + G_1(s)G_4(s)$$

图 3-34 中系统的前向通道有两条，与三个回路都接触，所以

$$P_1 = G_1(s)G_2(s)G_3(s)\text{，}\quad \Delta_1 = 1$$
$$P_2 = G_1(s)G_4(s)\text{，}\quad \Delta_2 = 1$$

将以上各式代入梅森公式中得到系统的传递函数为

$$\phi(s) = \frac{G_1(s)[G_2(s)G_3(s) + G_4(s)]}{1 + [G_2(s)G_3(s) + G_4(s)]H_2(s) + G_1(s)[G_2(s)H_1(s) + G_2(s)G_3(s) + G_4(s)]}$$

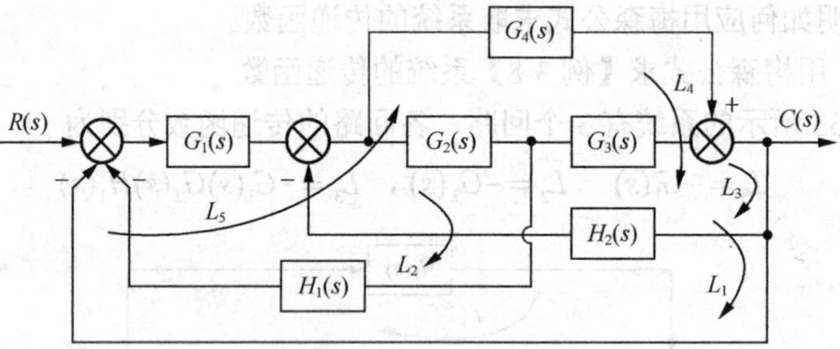

图 3-34 系统动态框图

3.5 Matlab 控制系统工具箱及数学建模应用

3.5.1 Matlab 控制系统工具箱简介

Matlab 包括各种工具箱（toolbox），这些功能丰富的工具箱将不同领域、不同方向的研究者吸引到 Matlab 的编程环境中来，成为 Matlab 的忠实使用者。Matlab 众多的工具箱大致分为两类：功能型工具箱和领域型工具箱。功能型工具箱主要用来扩充 Matlab 的符号计算功能、图形建模仿真功能、文字处理功能及与硬件交互功能，能用于多种学科。而领域型工具箱是专业性较强，专门应用于特定的领域，例如控制系统工具箱（Control System Toolbox）。

控制系统工具箱出现之初就以其简单清晰的界面与强大的功能得到设计人员的青睐，这也是 Matlab 在控制界得以迅速流行的重要原因。控制系统工具箱主要侧重于控制系统的计算机辅助分析及设计，其中包括了很多经典的设计方案，如极点配置法、线性二次型最优控制、根轨迹设计方法、伯德图设计方法。由于其中包含了大量的控制系统分析与设计的基本函数，所以很多其他控制箱都要求控制系统工具箱的支持。可以说掌握了控制系统工具箱是掌握 Matlab 工具箱的基础。

Matlab 控制工具箱的主要功能：

（1）为求解控制问题提供强有力的数学工具；

（2）为描述、建立多种形式的系统模型提供简单的函数调用；

（3）提供系统时域和频域的分析函数；

（4）通过对标准控制系统设计函数的引用完成系统设计；

（5）丰富的格式化输入/输出函数及特定曲线绘制函数。

控制系统工具箱位于 C:\Matlab7\toolbox\control，控制系统工具箱函数清单可以由联机帮助 help control 获得。

3.5.2 Matlab 控制系统工具箱在数学建模中的应用

前面主要介绍了线性定常系统的数学模型主要有微分方程、传递函数、结构框图等，下面介绍如何利用 Matlab 建立上述数学模型及和数学模型相关的一些知识。

1. 拉氏变换和反变换

前面介绍了拉氏变换和反变换。拉氏变换和反变换可以用函数 laplace()和 ilaplace()求解。

【例 3-13】 求 $f(t)=\frac{3}{2}-2\mathrm{e}^{-t}+\frac{1}{2}\mathrm{e}^{-2t}$ 的拉氏变换。

解：在 Matlab 命令窗口里面输入：

```
>> syms t
>> f=3/2-2*exp(-t)+1/2*exp(-2*t);
>> G=laplace(f)
```

运行结果为

```
G =
3/2/s-2/(1+s)+1/2/(s+2)
```

【例 3-14】 求 $G(s)=\frac{3}{2s}-\frac{2}{s+1}+\frac{1}{2(s+2)}$ 的拉氏反变换。

解：在 Matlab 命令窗口里面输入：

```
>> syms s t;
>> G=3/2/s-2/(s+1)+1/2/(s+2);
>> f=ilaplace(g)
>> f=ilaplace(G)
```

运行结果为

```
f =
3/2-2*exp(-t)+1/2*exp(-2*t)
```

2. 微分方程求解

微分方程求解函数的调用格式为

```
dsolve('方程1', '方程2',…)
```

函数格式说明：

（1）'方程 1'，'方程 2'为符号方程表达式，最多可进行 12 个微分方程的求解。

（2）默认自变量为't'，并可任意指定自变量'x'，'u'等，设置为最后一个表达式。

（3）微分方程的各阶导数项以大写字母“D”作为标识，后接数字阶数，再接变量名。例如 Dy、D2C 分别表示 $\frac{dy}{dt}$、$\frac{d^2y}{dt^2}$ 等。

（4）初始条件以符号代数方程给出，例如'y(a)=b'、'Dy(a)=b'等，其中 a、b 为常数。

【例 3-15】 已知微分方程为 $\frac{d^2y}{dt^2}+2\frac{dy}{dt}+2y=0$，初始条件为 $y(0)=1$，$\frac{dy(0)}{dt}=0$，求该方程的解。

解：在 Matlab 命令窗口里面输入：

```
>> y1=dsolve('D2y+2*Dy+2*y=0','y(0)=1','Dy(0)=0')
```

运行结果为

```
y1 =
exp(-t)*sin(t)+exp(-t)*cos(t)
```

3．连续系统的参数模型

（1）传递函数模型（Transfer Function, TF）。连续系统的传递函数如下

$$G(s)=\frac{Y(s)}{R(s)}=\frac{b_0s^m+b_1s^{m-1}+\cdots+b_{m-1}s+b_m}{a_0s^n+a_1s^{n-1}+\cdots+a_{n-1}s+a_n}$$

对线性定常系统，式中 s 的系数均为常数，且 a_0 不等于零，这时系统在 Matlab 中可以方便地由分子和分母系数构成的两个向量唯一地确定出来，这两个向量分别用 num 和 den 表示。

num=[$b_0,b_1,\cdots,b_{m-1},b_m$]

den=[$a_0,a_1,\cdots,a_{n-1},a_n$]

sys=tf(num,den)用于创建多项式模型。其中 num 表示分子多项式的系数，den 表示分母多项式的系数。

【例 3-16】 在 Matlab 中表示

$$G(s)=\frac{s^4+2s^2+5s+6}{3s^5+3s^4+s^3+7s^2+6s+6}$$

解：在 Matlab 命令窗口里面输入：

```
>> num=[1 0 2 5 6];
>> den=[3 3 1 7 6 6];
>> sys=tf(num,den)
```

运行结果为

```
Transfer function:
          s^4 + 2 s^2 + 5 s + 6
---------------------------------------
3 s^5 + 3 s^4 + s^3 + 7 s^2 + 6 s + 6
```

【例 3-17】 系统的传递函数为

$$G(s)=\frac{10s(s+2)}{(s+3)(s^2+6s+6)}$$

写出系统的 TF 模型。

解：在 Matlab 命令窗口里面输入：

```
>> num=conv([10 0],[1,2]);
>> den=conv([1 3],[1 6 6]);
>> sys=tf(num,den)
```

运行结果为

```
Transfer function:
   10 s^2 + 20 s
------------------------
s^3 + 9 s^2 + 24 s + 18
```

其中 conv()用于计算多项式的乘积，结果为多项式系数的降幂排列。

（2）零点极点增益模型（Zero/Pole/Gain, ZPK）。线性定常系统的传递函数 $G(s)$ 还可以表示成零点极点的形式：

$$G(s)=\frac{Y(s)}{R(s)}=\frac{b_0s^m+b_1s^{m-1}+\cdots+b_{m-1}s+b_m}{a_0s^n+a_1s^{n-1}+\cdots+a_{n-1}s+a_n}=K\frac{(s-z_1)(s-z_2)\cdots(s-z_m)}{(s-p_1)(s-p_2)\cdots(s-p_n)}$$

式中，K 为系统增益；z_i 为零点，i=1，2，…，m；p_j 为极点，j=1，2，…，n。

在 Matlab 中零点极点增益模型用[z,p,K]矢量组表示。

$\mathrm{z}=[\mathrm{z}_1,\mathrm{z}_2,\cdots,\mathrm{z}_{m-1},\mathrm{z}_m]$

$\mathrm{p}=[\mathrm{p}_1,\mathrm{p}_2,\cdots,\mathrm{p}_{n-1},\mathrm{p}_n]$

K=[k]

sys=zpk(z,p,k)用于创建零点极点增益模型。

【例 3-18】　系统的传递函数为

$$G(s)=\frac{4s(s+2)}{(s+3)(s+6)(s+8)}$$

写出其 ZPK 模型。

解：在 Matlab 命令窗口里面输入：

```
>> z=[0 -2];
>> p=[-3 -6 -8];
>> k=4;
>> sys=zpk(z,p,k)
```

运行结果为

```
Zero/pole/gain:
     4 s (s+2)
 -----------------
(s+3) (s+6) (s+8)
```

函数 tf2zp()可以把传递函数模型转化为零点极点增益模型。

函数调用格式为：[z,p,k]=tf2zp(num,den)

【例 3-19】　求【例 3-16】传递函数的零点、极点和增益。

$$G(s)=\frac{s^4+2s^2+5s+6}{3s^5+3s^4+s^3+7s^2+6s+6}$$

解：在 Matlab 命令窗口里面输入：

```
>> num=[1 0 2 5 6];
```

```
>> den=[3 3 1 7 6 6];
>> [z,p,k]=tf2zp(num,den)
```

运行结果为

```
z =
   0.9445 + 1.7932i
   0.9445 - 1.7932i
  -0.9445 + 0.7541i
  -0.9445 - 0.7541i
p =
  -1.5580
   0.7200 + 1.1014i
   0.7200 - 1.1014i
  -0.4411 + 0.7395i
  -0.4411 - 0.7395i
k =
    0.3333
```

函数 zp2tf()可以用来把零点极点增益模型转化为传递函数模型。

函数调用格式为：[num,den]=zp2tf(z,p,k)

【例 3-20】 把【例 3-18】的零点极点增益模型转化为传递函数模型。

$$G(s)=\frac{4s(s+2)}{(s+3)(s+6)(s+8)}$$

解：在 Matlab 命令窗口里面输入：

```
>> z=[0 -2]';
>> p=[-3 -6 -8]';
>> k=4;
>> [num,den]=zp2tf(z,p,k);
>> sys=tf(num,den)
```

运行结果为

```
Transfer function:
          4 s^2 + 8 s
--------------------------
s^3 + 17 s^2 + 90 s + 144
```

4. 系统模型的连接

可用函数 sys=series(sys1,sys2)来实现如图 3-35 所示系统（或者环节）的串联，求得其传递函数。

可用函数 sys=parallel(sys1,sys2)来实现如图 3-36 所示系统（或者环节）的并联，求得其传递函数。

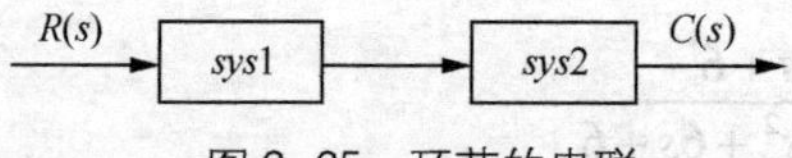

图 3-35 环节的串联

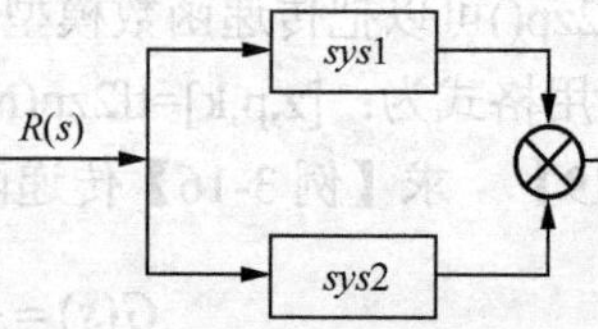

图 3-36 环节的并联

可用函数 sys=feedback(sys1,sys2,sign)来实现如图 3-37 所示系统（或者环节）的反馈连接形式，求得其传递函数。其中 sign 用来定义反馈的形式，如果为正反馈，则 sign=+1，如果为负反馈 sign=−1。默认值为负反馈。

可用函数 sys=cloop(sys1,sign)来实现单位反馈。

【例 3-21】　求如图 3-38 所示系统的传递函数。

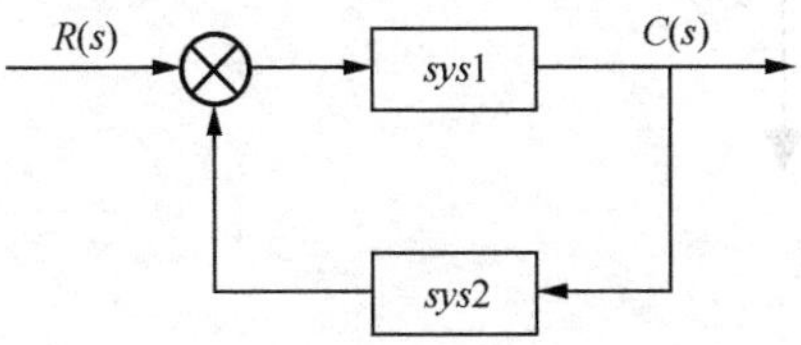

图 3-37　反馈连接形式

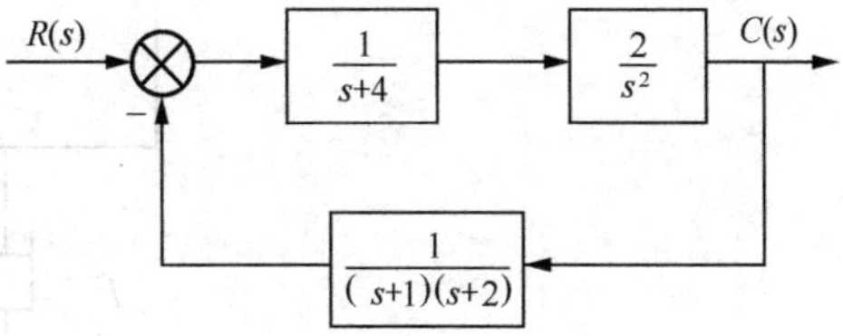

图 3-38　例 3-21 图

解：在 Matlab 命令窗口里面输入：

```
>> n1=1;
>> d1=[1 4];
>> n2=2;
>> d2=[1 0 0];
>> n3=1;
>> d3=conv([1 1],[1 2]);
>> sys1=tf(n1,d1);
>> sys2=tf(n2,d2);
>> syso=series(sys1,sys2);
>> sys3=tf(n3,d3);
>> sys=feedback(syso,sys3)
```

运行结果为

```
Transfer function:
          2 s^2 + 6 s + 4
--------------------------------
s^5 + 7 s^4 + 14 s^3 + 8 s^2 + 2
```

习　　题

1．求系统的微分方程，并写出对应的传递函数（见图 3-39，其中 F 为外力，k 为弹性系数，f 为阻尼系数，y 为位移量）。

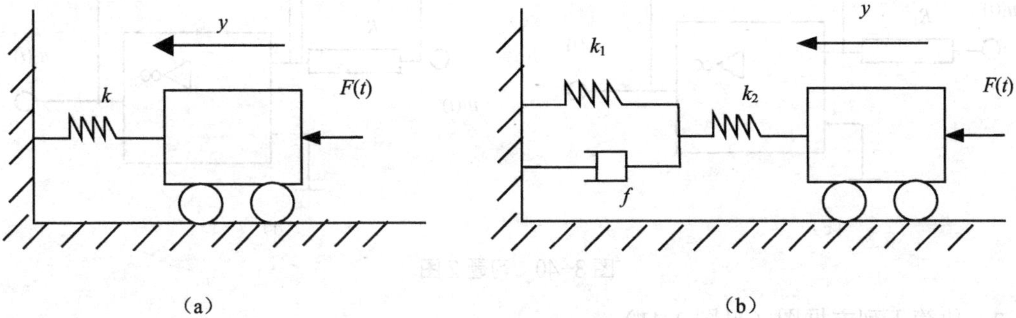

图 3-39　习题 1 图

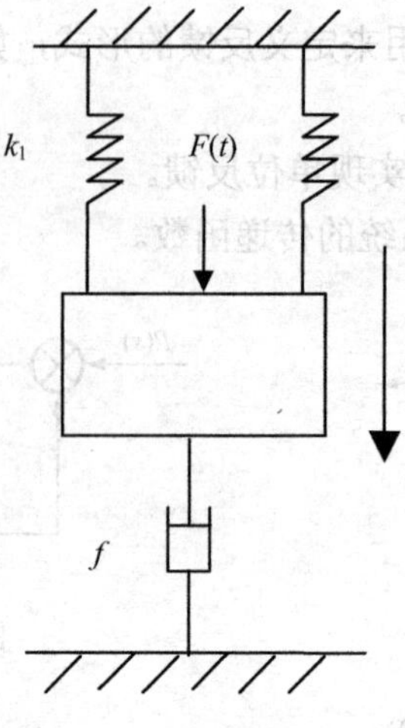

（c）

图 3-39　习题 1 图（续）

2．求下列系统的传递函数（见图 3-40，其中 u_1 为输入量，u_2 为输出量）。

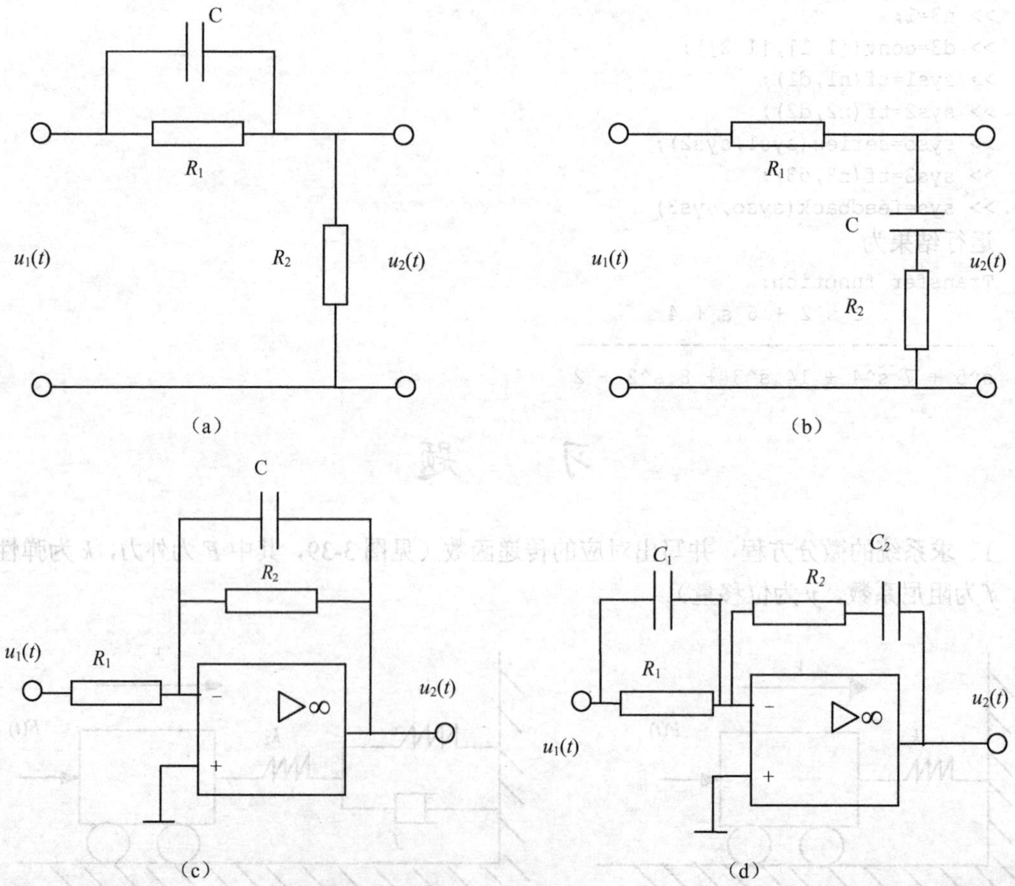

图 3-40　习题 2 图

3．化简下列方框图（见图 3-41）。

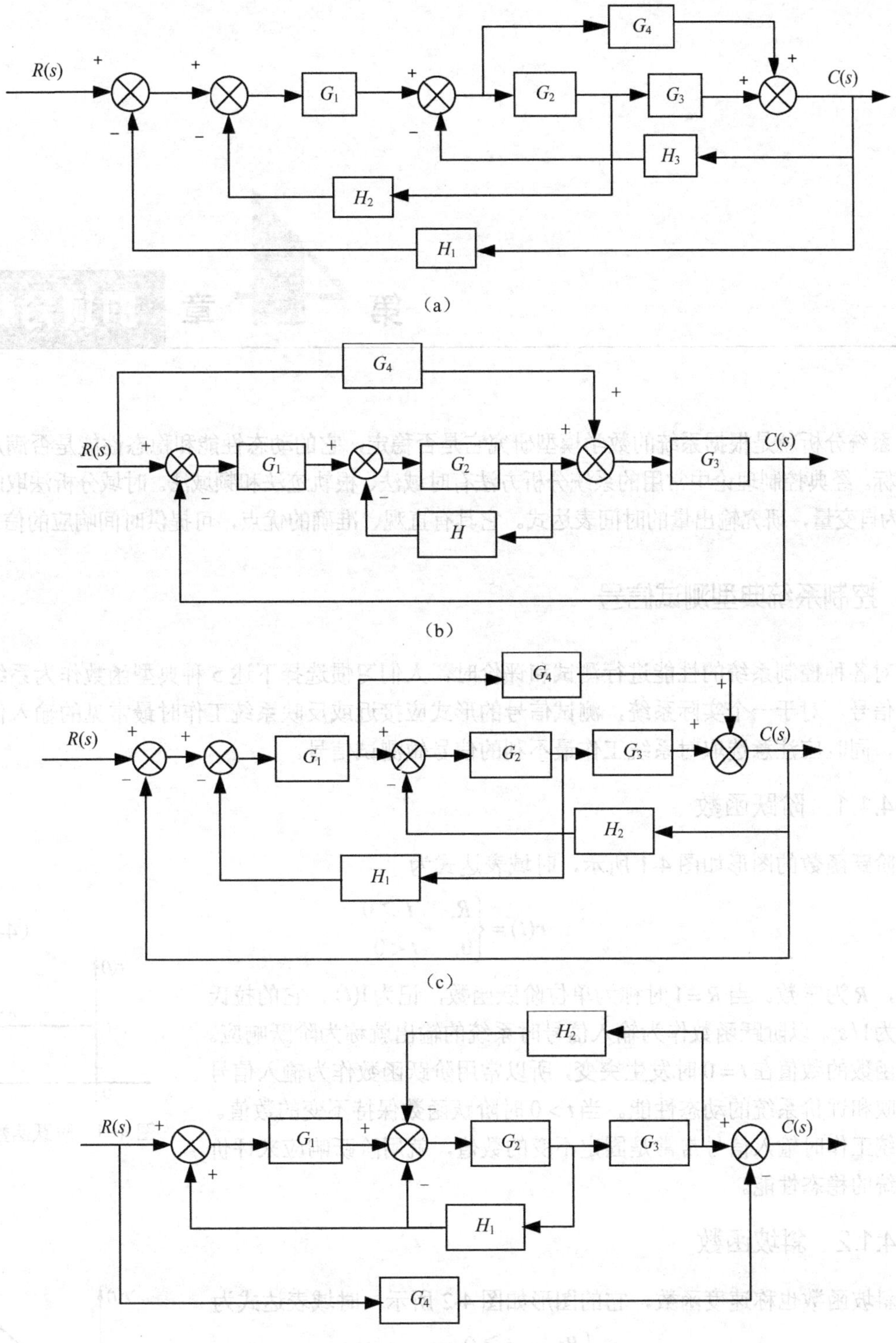

图 3-41　习题 3 图

第4章 时域分析

系统分析就是根据系统的数学模型研究它是否稳定，它的动态性能和稳态性能是否满足性能指标。经典控制理论中常用的系统分析方法有时域法、根轨迹法和频域法。时域分析法取时间 t 作为自变量，研究输出量的时间表达式。它具有直观、准确的优点，可提供时间响应的信息。

4.1 控制系统典型测试信号

对各种控制系统的性能进行测试和评价时，人们习惯选择下述 5 种典型函数作为系统的输入信号。对于一个实际系统，测试信号的形式应接近或反映系统工作时最常见的输入信号形式，同时应注意选取对系统工作最不利的信号做测试信号。

4.1.1 阶跃函数

阶跃函数的图形如图 4-1 所示，时域表达式为

$$r(t)=\begin{cases}R, & t\geqslant 0\\ 0, & t<0\end{cases} \tag{4-1}$$

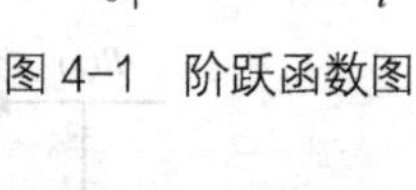

图 4-1 阶跃函数图

式中，R 为常数。当 $R=1$ 时称为单位阶跃函数，记为 $1(t)$，它的拉氏变换为 $1/s$。以阶跃函数作为输入信号时系统的输出就称为阶跃响应。阶跃函数的数值在 $t=0$ 时发生突变，所以常用阶跃函数作为输入信号来反映和评价系统的动态性能。当 $t>0$ 时阶跃函数保持不变的数值。若系统工作时输入信号常常是固定不变的数值，就用阶跃响应来评价该系统的稳态性能。

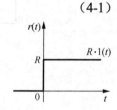

4.1.2 斜坡函数

斜坡函数也称速度函数，它的图形如图 4-2 所示，时域表达式为

$$r(t)=\begin{cases}Rt, & t\geqslant 0\\ 0, & t<0\end{cases} \tag{4-2}$$

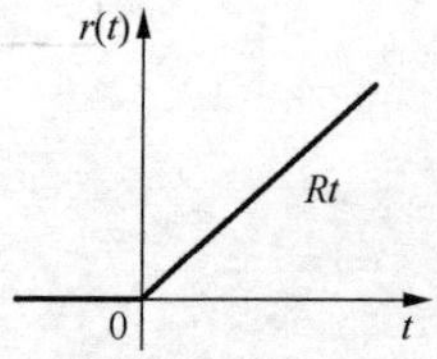

图 4-2 斜坡函数图

式中，R 是常数。因 $\mathrm{d}(Rt)/\mathrm{d}t=R$，所以斜坡函数代表匀速变化的信号。当 $R=1$ 时，$r(t)=t$，称为单位斜坡函数，它的拉氏变换式是 $1/s^2$。

4.1.3 加速度函数

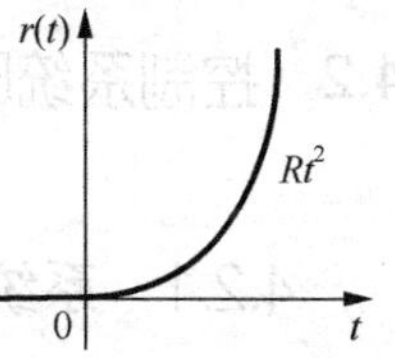

图 4-3 加速度函数图

加速度函数的图形如图 4-3 所示，时域表达式为

$$r(t)=\begin{cases}Rt^2, & t\geqslant 0\\ 0, & t<0\end{cases} \tag{4-3}$$

式中，R 是常数。因 $\mathrm{d}^2(Rt^2)/\mathrm{d}t^2=2R$，所以加速度函数代表匀加速变化的信号。当 $R=1/2$ 时，$r(t)=t^2/2$，称为单位加速度信号。它的拉氏变换是 $1/s^3$。

4.1.4 单位脉冲函数与单位冲激函数

单位脉冲函数的图形如图 4-4 所示，其表达式为

$$\delta_h(t)=\begin{cases}1/h, & 0\leqslant t\leqslant h\\ 0, & t<0,t>h\end{cases} \tag{4-4}$$

式中，h 称为脉冲宽度，脉冲的面积为1。当 h 很小时，$\delta_h(t)$ 表示一个短时间内的较大信号。

冲激函数过去称为脉冲函数。单位冲激函数又称 δ 函数，其定义为

$$\delta(t)=\lim_{h\to 0}\delta_h(t) \tag{4-5}$$

及

$$\int_{-\infty}^{+\infty}\delta(t)\mathrm{d}t=1 \tag{4-6}$$

单位冲激函数的图形如图 4-5 所示，用单位长度的有向线段表示。它的拉氏变换是常数 1。单位冲激函数有下述重要性质，若 $f(t)$ 为连续函数，则有

$$\int_{-\infty}^{+\infty}f(t)\delta(t)\mathrm{d}t=f(0) \tag{4-7}$$

$$\int_{-\infty}^{+\infty}f(t)\delta(t-t_0)\mathrm{d}t=f(t_0) \tag{4-8}$$

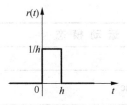

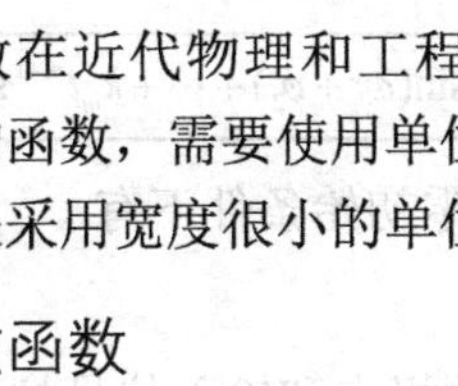

图 4-4 单位脉冲函数图

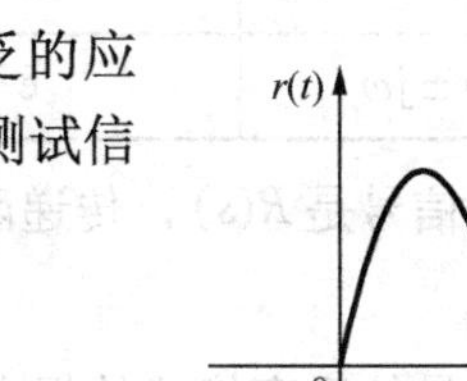

图 4-5 单位冲激函数图

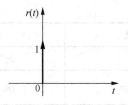

单位冲激函数在近代物理和工程技术中有着广泛的应用。它是理论上的函数，需要使用单位冲激函数作为测试信号时，实际上总是采用宽度很小的单位脉冲函数代替。

4.1.5 正弦函数

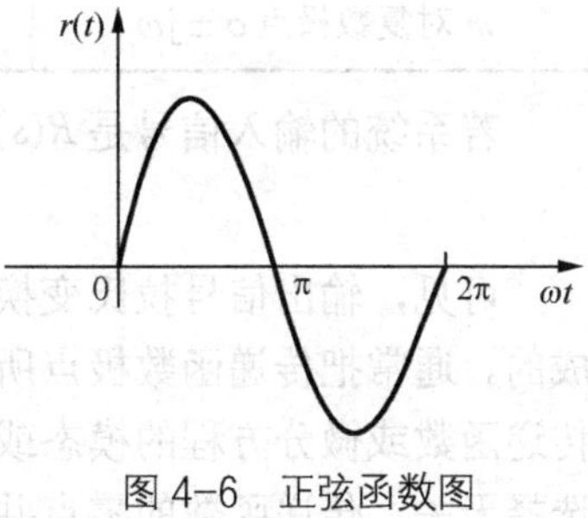

图 4-6 正弦函数图

正弦函数 $r(t)=A\sin\omega t$ 也是常用的典型输入信号。其中，A 称为振幅或幅值，ω 为角频率。正弦函数图形如图 4-6 所示。

4.2 控制系统时域响应及其性能指标

4.2.1 系统的时域响应

设系统的输入信号 $R(s)$ 与输出信号 $C(s)$ 之间的传递函数是 $G(s)$，则有

$$C(s)=G(s)R(s) \tag{4-9}$$

若输入信号是单位冲激函数 $\delta(t)$，即 $r(t)=\delta(t)$，则

$$R(s)=L[\delta(t)]=1 \tag{4-10}$$

$$C(s)=G(s) \tag{4-11}$$

$$c(t)=L^{-1}[G(s)]=g(t) \tag{4-12}$$

在零初始条件下，当系统的输入信号是单位冲激函数 $\delta(t)$ 时，系统的输出信号称为系统的单位冲激响应。由式（4-12）知，系统的单位冲激响应就是系统传递函数 $G(s)$ 的拉氏反变换 $g(t)$。同传递函数一样，单位冲激响应也是系统的数学模型。

对式（4-9）两边取拉氏反变换，并利用拉氏变换的卷积定理可得式（4-13），可见输出信号 $c(t)$ 等于单位冲激响应 $g(t)$ 与输入信号 $r(t)$ 的卷积。

$$c(t)=g(t)*r(t)=\int_0^t g(\tau)r(t-\tau)\mathrm{d}\tau=\int_0^t g(t-\tau)r(\tau)\mathrm{d}\tau \tag{4-13}$$

若系统输出信号的拉氏变换是 $C(s)$，则系统的时间响应 $c(t)$ 是

$$c(t)=L^{-1}[C(s)] \tag{4-14}$$

根据拉氏反变换中的部分分式法可知，有理分式 $C(s)$ 的每一个极点（分母多项式的根）都对应于 $c(t)$ 中的一个时间响应项，即运动模态，而 $c(t)$ 就是由 $C(s)$ 的所有极点所对应的时间响应项（运动模态）的线性组合。不同极点所对应的运动模态见表 4-1。

表 4-1　　极点与运动模态

极　点	运 动 模 态
实数单极点 σ	$k\mathrm{e}^{\sigma t}$
m 重实数极点 σ	$(k_1+k_2t+\cdots+k_mt^{m-1})\mathrm{e}^{\sigma t}$
一对复数极点 $\sigma\pm\mathrm{j}\omega$	$k\mathrm{e}^{\sigma t}\sin(\omega t+\phi)$
m 对复数极点 $\sigma\pm\mathrm{j}\omega$	$\mathrm{e}^{\sigma t}[k_1\sin(\omega t+\phi_1)+k_2t\sin(\omega t+\phi_2)+\cdots+k_mt^{m-1}\sin(\omega t+\phi_m)]$

若系统的输入信号是 $R(s)$，传递函数是 $G(s)$，则零初始条件下有

$$C(s)=G(s)R(s) \tag{4-15}$$

可见，输出信号拉氏变换式的极点是由传递函数的极点和输入信号拉氏变换式的极点组成的。通常把传递函数极点所对应的运动模态称为该系统的自由运动模态或振型，或称为该传递函数或微分方程的模态或振型。系统的自由运动模态与输入信号无关，也与输出信号的选择无关。传递函数的零点并不形成运动模态，但它们却影响各模态在响应中所占的比重，

因而也影响时间响应及其曲线形状。

系统的时间响应中，与传递函数极点对应的时间响应分量称为瞬（暂）态分量，与输入信号极点对应的时间响应分量称为稳态分量。

根据数学中拉普拉斯变换的微分性质和积分性质可以推导出线性定常系统的下述重要特性：系统对输入信号导数的响应，等于该系统对该输入信号响应的导数；系统对输入信号积分的响应，等于系统对该输入信号响应的积分，积分常数由零输出的初始条件确定。可见，一个系统的单位阶跃响应、单位冲激响应和单位斜坡响应中，只要知道一个，就可通过微分或积分运算求出另外两个。这是线性定常系统的一个重要特性，适用于任何线性定常系统，但不适用于线性时变系统和非线性系统。因此，研究线性定常系统的时间响应，不必对每种输入信号形式进行测定和计算，往往只取其中一种典型形式进行研究。

4.2.2 时间响应的性能指标

当系统的时间响应 $c(t)$ 中的瞬态分量较大而不能忽略时，称系统处于动态或过渡过程中，这时系统的特性称为动态性能。动态性能指标通常根据系统的阶跃响应曲线去定义。设系统阶跃响应曲线如图 4-7 所示，图中 $c(\infty)=\lim\limits_{t\to\infty}c(t)$ 称为稳态值。动态性能指标通常有以下几种。

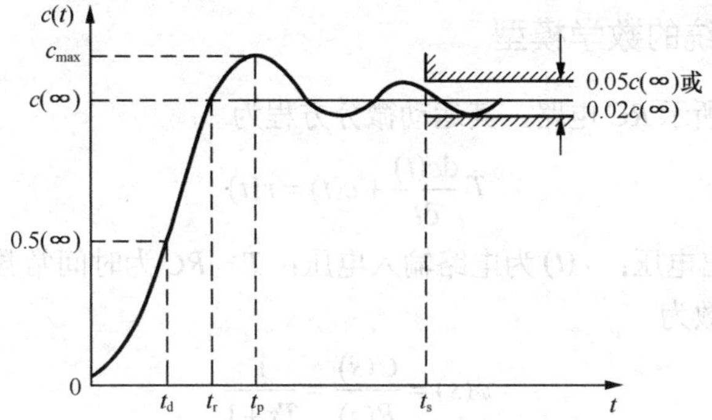

图 4-7 动态性能指标

1．上升时间 t_r

阶跃响应曲线从零第一次上升到稳态值所需的时间为上升时间。若阶跃响应曲线不超过稳态值（称为过阻尼系统），则定义阶跃响应曲线从稳态值的 10%上升到 90%所需的时间为上升时间。

2．峰值时间 t_p

阶跃响应曲线（超过稳态值）到达第 1 个峰值所需的时间称为峰值时间。

3．最大超调（量）σ_p

设阶跃响应曲线的最大值为 $c(t_p)$，则最大超调 σ_p 为

$$\sigma_p=\frac{c(t_p)-c(\infty)}{c(\infty)}\times 100\% \tag{4-16}$$

σ_p 大，称系统阻尼小。

4．过渡过程时间 t_s

阶跃响应曲线进入并保持在允许误差范围所对应的时间称为过渡过程时间，或称调节（整）时间。这个误差范围通常为稳态值的Δ倍，Δ称为误差带，Δ为5%或2%。

5．振荡次数 N

在$0 \leqslant t \leqslant t_s$内，阶跃响应曲线穿越其稳态值$c(\infty)$次数的一半称为振荡次数。

上述动态性能指标中，t_r和t_p反映系统的响应速度，σ_p和N反映系统的运行平稳性或阻尼程度，一般认为t_s能同时反映响应速度和阻尼程度。

当系统的时间响应$c(t)$中的瞬态分量很小可以忽略不计时，称系统处于稳态。通常当$t < t_s$时称系统处于动态，而$t > t_s$时称系统处于稳态。系统的稳态性能指标一般是指它在稳态时的误差。

4.3 一阶系统的时域分析

凡以一阶微分方程描述运动方程的控制系统，称为一阶系统。在工程实践中，一阶系统不乏其例。有些高阶系统的特性，常可用一阶系统的特性来近似表征。

4.3.1 一阶系统的数学模型

研究图4-8（a）所示RC电路，其运动微分方程为

$$T\frac{\mathrm{d}c(t)}{\mathrm{d}t}+c(t)=r(t) \tag{4-17}$$

式中，$c(t)$为电路输出电压；$r(t)$为电路输入电压；$T=RC$为时间常数。当该电路的初始条件为零时，其传递函数为

$$\phi(s)=\frac{C(s)}{R(s)}=\frac{1}{Ts+1} \tag{4-18}$$

相应的结构图如图4-8（b）所示。可以证明，室温调节系统、恒温箱以及水位调节系统的闭环传递函数形式与式（4-18）完全相同，仅时间常数含义有所区别。因此，式（4-17）或式（4-18）称为一阶系统的数学模型。在以下的分析和计算中，均假设系统初始条件为零。

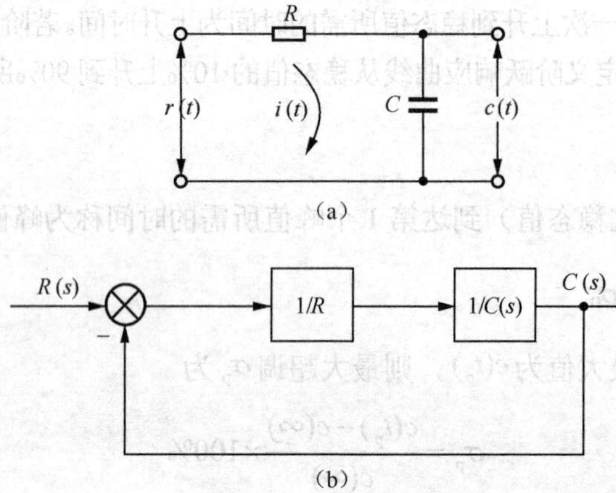

图4-8 一阶控制系统

应当指出，具有同一运动方程或传递函数的所有线性系统，对同一输入信号的响应是相同的。当然，对于不同形式或不同功能的一阶系统，其响应特性的数学表达式具有不同的物理意义。

4.3.2　一阶系统的单位阶跃响应

设一阶系统的输入信号为单位阶跃函数 $r(t)=1(t)$，则由式（4-18）可得一阶系统的单位阶跃响应为

$$c(t)=1-\mathrm{e}^{-t/T},\quad t\geqslant 0 \tag{4-19}$$

由式（4-19）可见，一阶系统的单位阶跃响应是一条初始值为零，以指数规律上升到终值 $c_{ss}=1$ 的曲线，如图 4-9 所示。

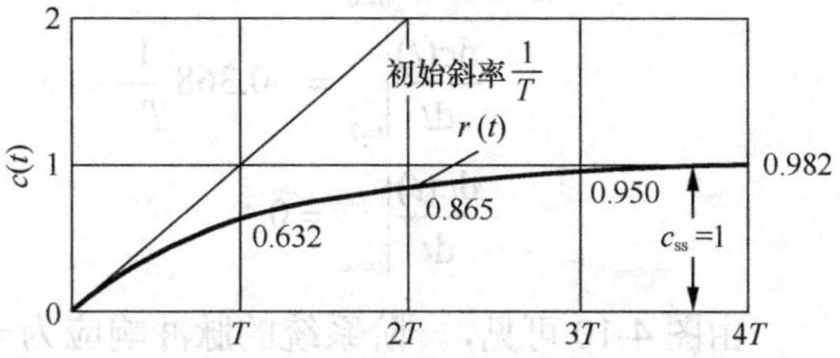

图 4-9　一阶系统的单位阶跃响应曲线

图 4-9 表明，一阶系统的单位阶跃响应为非周期响应，具备如下两个重要特点：

（1）可用时间常数 T 去度量系统输出量的数值。例如，当 $t=T$ 时，$c(T)=0.632$；而当 t 分别等于 $2T$，$3T$ 和 $4T$ 时，$c(t)$ 的数值将分别等于终值的 86.5%，95%和 98.2%。根据这一特点，可用实验方法测定一阶系统的时间常数，或判定所测系统是否属于一阶系统。

（2）响应曲线的斜率初始值为 $1/T$，并随时间的推移而下降。例如

$$\left.\frac{\mathrm{d}c(t)}{\mathrm{d}t}\right|_{t=0}=\frac{1}{T}$$

$$\left.\frac{\mathrm{d}c(t)}{\mathrm{d}t}\right|_{t=T}=0.368\frac{1}{T}$$

$$\left.\frac{\mathrm{d}c(t)}{\mathrm{d}t}\right|_{t=\infty}=0$$

从而使单位阶跃响应完成全部变化量所需的时间无限长，即有 $c(\infty)=1$。此外，初始斜率特性，也是常用的确定一阶系统时间常数的方法之一。

根据动态性能指标的定义，一阶系统的动态性能指标为

$$t_{\mathrm{r}}=2.20T$$

$$t_{\mathrm{s}}=3T(\varDelta=5\%)\text{ 或 }t_{\mathrm{s}}=4T(\varDelta=2\%)$$

显然，峰值时间 t_{p} 和超调量 $\sigma\%$ 都不存在。

由于时间常数 T 反映系统的惯性，所以一阶系统的惯性越小，其响应过程越快；反之，惯性越大，响应越慢。

4.3.3　一阶系统的单位脉冲响应

当输入信号为理想单位脉冲函数时，由于 $R(s)=1$，所以系统输出量的拉氏变换式与系统的传递函数相同，即

$$C(s)=\frac{1}{Ts+1} \tag{4-20}$$

这时系统的输出称为脉冲响应，其表达式为

$$c(t)=\frac{1}{T}\mathrm{e}^{-t/T},\quad t\geqslant 0 \tag{4-21}$$

如果令 t 分别等于 T, $2T$, $3T$ 和 $4T$，可以绘出一阶系统的单位脉冲响应曲线，如图 4-10 所示。

由式（4-21）可以算出响应曲线的各处斜率为

$$\left.\frac{\mathrm{d}c(t)}{\mathrm{d}t}\right|_{t=0}=-\frac{1}{T^2}$$

$$\left.\frac{\mathrm{d}c(t)}{\mathrm{d}t}\right|_{t=T}=-0.368\frac{1}{T^2}$$

$$\left.\frac{\mathrm{d}c(t)}{\mathrm{d}t}\right|_{t=\infty}=0$$

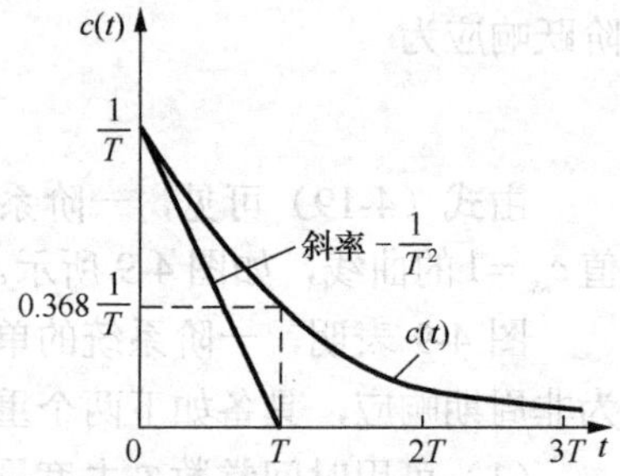

图 4-10　一阶系统的单位脉冲响应曲线

由图 4-10 可见，一阶系统的脉冲响应为一单调下降的指数曲线。若定义该指数曲线衰减到其初始的 5% 所需的时间为脉冲响应调节时间，则仍有 $t_s=3T$。故系统的惯性越小，响应过程的快速性越好。

在初始条件为零的情况下，一阶系统的闭环传递函数与脉冲响应函数之间，包含着相同的动态过程信息。这一特点同样适用于其他各阶线性定常系统，因此常以单位脉冲输入信号作用于系统，根据被测定系统的单位脉冲响应，可以求得被测系统的闭环传递函数。

鉴于工程上无法得到理想单位脉冲函数，因此常用具有一定脉宽 b 和有限幅度的矩形脉动函数来代替。为了得到近似度较高的脉冲响应函数，要求实际脉动函数的宽度 b 远小于系统的时间常数 T，一般规定 $b<0.1T$。

4.3.4 一阶系统的单位斜坡响应

设系统的输入信号为单位斜坡函数，则由式（4-18）可以求得一阶系统的单位斜坡响应为

$$c(t)=(t-T)+T\mathrm{e}^{-t/T},\quad t\geqslant 0 \tag{4-22}$$

式中，$(t-T)$ 为稳态分量；$T\mathrm{e}^{-t/T}$ 为瞬态分量。

式（4-22）表明：一阶系统的单位斜坡响应的稳态分量，是一个与输入斜坡函数的斜率相同但时间滞后 T 的斜坡函数，因此在位置上存在稳态跟踪误差，其值正好等于时间常数 T；一阶系统单位斜坡响应的瞬态分量为衰减非周期函数。

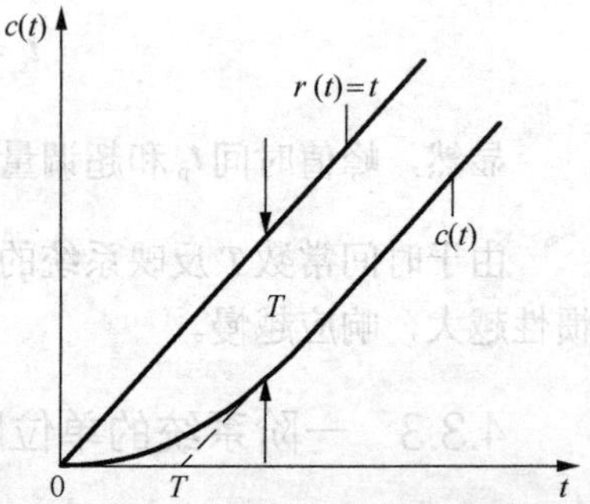

图 4-11　一阶系统单位斜坡响应曲线

根据式（4-22）绘出的一阶系统的单位斜坡响应曲线如图 4-11 所示。比较图 4-9 和图 4-11 可以发现一个现象：在阶跃响应曲线中，输出量和输入量之间的位置误差随时间而减小，最后趋于零，而在初始状态下，位置误差最大，响应曲线的初始斜率也最大；在斜坡响应曲线中，输出量和输入量之间的位置误差随时间而

增大，最后趋于常值T，惯性越小，跟踪的准确度越高，而在初始状态下，初始位置和初始斜率均为零，因为

$$\left.\frac{\mathrm{d}c(t)}{\mathrm{d}t}\right|_{t=0}=1-\mathrm{e}^{-t/T}\Big|_{t=0}=0 \tag{4-23}$$

显然，在初始状态下，输出速度和输入速度之间误差最大。

4.3.5 一阶系统的单位加速度响应

设系统的输入信号为单位加速度函数，则由式（4-18）可以求得一阶系统的单位加速度响应为

$$c(t)=\frac{1}{2}t^2-Tt+T^2(1-\mathrm{e}^{-t/T}),\quad t\geqslant 0 \tag{4-24}$$

因此系统的跟踪误差为

$$e(t)=r(t)-c(t)=Tt-T^2(1-\mathrm{e}^{-t/T}) \tag{4-25}$$

上式表明，跟踪误差随时间推移而增大，直至无限大。因此，一阶系统不能实现对加速度输入函数的跟踪。

一阶系统对上述典型输入信号的响应归纳于表 4-2 之中。由表 4-2 可见，单位脉冲函数与单位阶跃函数的一阶导数及单位斜坡函数的二阶导数的等价关系，对应有单位脉冲响应与单位阶跃响应的一阶导数及单位斜坡响应的二阶导数的等价关系。

表 4-2　　一阶系统对典型输入信号的输出响应

输 入 信 号	输 出 响 应
$1(t)$	$1-\mathrm{e}^{-t/T},\ t\geqslant 0$
$\delta(t)$	$\frac{1}{T}\mathrm{e}^{-t/T},\ t\geqslant 0$
t	$t-T+T\mathrm{e}^{-t/T},\ t\geqslant 0$
$\frac{1}{2}t^2$	$\frac{1}{2}t^2-Tt+T^2(1-\mathrm{e}^{-t/T}),\ t\geqslant 0$

4.4 二阶系统的时域分析

4.4.1 二阶系统的典型形式

输入信号为$r(t)$、输出信号为$c(t)$的二阶系统微分方程的典型形式为

$$\ddot{c}(t)+2\zeta\omega_n\dot{c}(t)+\omega_n^2c(t)=\omega_n^2r(t) \tag{4-26}$$

传递函数

$$\frac{C(s)}{R(s)}=\frac{\omega_n^2}{s^2+2\zeta\omega_n s+\omega_n^2} \tag{4-27}$$

式中，$\zeta>0$，$\omega_n>0$，ζ 称为阻尼比，ω_n 称为无阻尼自振角频率。

式（4-27）的传递函数的特点是，分子为常数（没有零点），且放大系数是 1。

图 4-12 和图 4-13 所示单位反馈的闭环系统就具有上述典型形式。其中，$\omega_n=\sqrt{\dfrac{K}{T}}$，$\zeta=\dfrac{1}{2\sqrt{KT}}$。

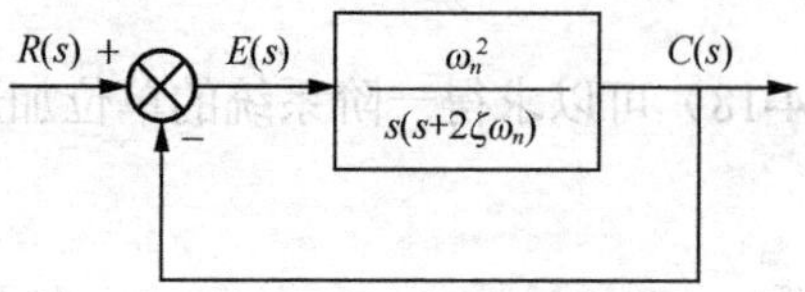

图 4-12　二阶系统

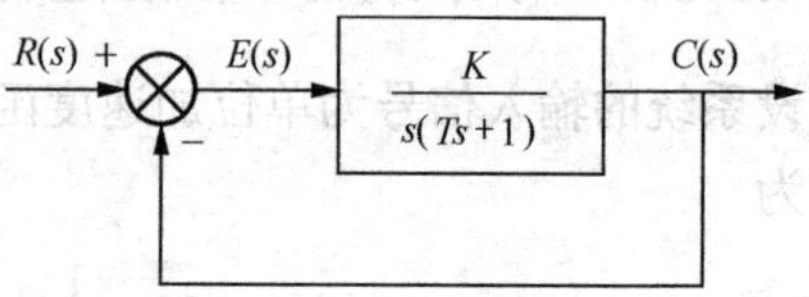

图 4-13　二阶系统

由式（4-27）求得二阶系统的特征方程

$$s^2+2\zeta\omega_n s+\omega_n^2=0 \tag{4-28}$$

由上式解得二阶系统的两个特征根（即极点）为

$$s_{1,2}=-\zeta\omega_n\pm\omega_n\sqrt{\zeta^2-1} \tag{4-29}$$

随着阻尼比 ζ 取值的不同，二阶系统的特征根（极点）也不相同。下面逐一加以说明。

1．欠阻尼（$0<\zeta<1$）

当 $0<\zeta<1$ 时，两个特征根为

$$s_{1,2}=-\zeta\omega_n\pm \mathrm{j}\omega_n\sqrt{1-\zeta^2}$$

是一对共轭复数根，如图 4-14（a）所示。

2．临界阻尼（$\zeta=1$）

当 $\zeta=1$ 时，特征方程有两个相同的负实根，即

$$s_{1,2}=-\omega_n$$

此时的 s_1、s_2 如图 4-14（b）所示。

3．过阻尼（$\zeta>1$）

当 $\zeta>1$ 时，两个特征根为

$$s_{1,2}=-\zeta\omega_n\pm\omega_n\sqrt{\zeta^2-1}$$

是两个不同的负实根，如图 4-14（c）所示。

4．无阻尼（$\zeta=0$）

当 $\zeta=0$ 时，属于欠阻尼的特殊情况，特征方程具有一对共轭纯虚根，即 $s_{1,2}=\pm \mathrm{j}\omega_n$，如图 4-14（d）所示。

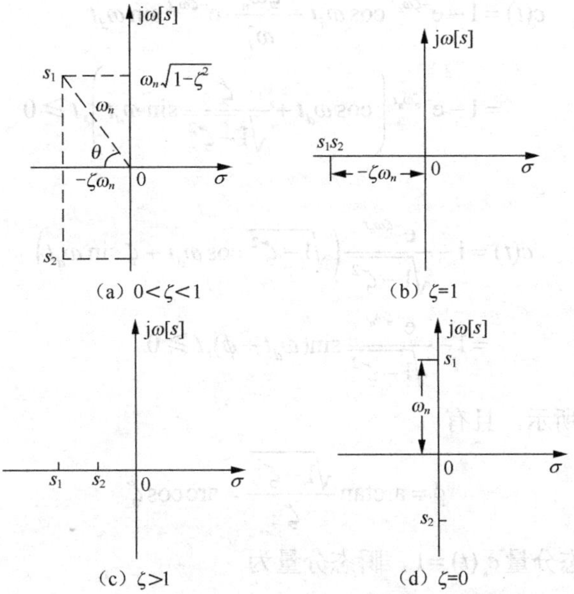

图 4-14　[s]平面上二阶系统的闭环极点分布

下面研究二阶系统的过渡过程。无特殊说明时，系统的初始条件为零。

4.4.2　二阶系统的单位阶跃响应

令 $r(t)=1(t)$，则有 $R(s)=\dfrac{1}{s}$，由式（4-27）求得二阶系统在单位阶跃函数作用下输出信号的拉氏变换

$$C(s)=\frac{\omega_n^2}{s^2+2\zeta\omega_n s+\omega_n^2}\cdot\frac{1}{s} \tag{4-30}$$

对上式进行拉氏反变换，便得二阶系统的单位阶跃响应是

$$c(t)=L^{-1}[C(s)]$$

1. 欠阻尼状态（0<ζ<1）

这时，式（4-30）可以展成如下的部分分式：

$$\begin{aligned}C(s)&=\frac{1}{s}-\frac{s+2\zeta\omega_n}{(s+\zeta\omega_n+\mathrm{j}\omega_d)(s+\zeta\omega_n-\mathrm{j}\omega_d)}\\&=\frac{1}{s}-\frac{s+\zeta\omega_n}{(s+\zeta\omega_n)^2+\omega_d^2}-\frac{\zeta\omega_n}{\omega_d}\cdot\frac{\omega_d}{(s+\zeta\omega_n)^2+\omega_d^2}\end{aligned} \tag{4-31}$$

式中，$\omega_d=\omega_n\sqrt{1-\zeta^2}$，称为有阻尼自振角频率。

对式（4-31）进行拉氏反变换，得

$$c(t)=1-e^{-\zeta\omega_n t}\cos\omega_d t-\frac{\zeta\omega_n}{\omega_d}\cdot e^{-\zeta\omega_n t}\sin\omega_d t$$
$$=1-e^{-\zeta\omega_n t}\left(\cos\omega_d t+\frac{\zeta}{\sqrt{1-\zeta^2}}\sin\omega_d t\right),t\geqslant 0 \tag{4-32}$$

上式还可改写为

$$c(t)=1-\frac{e^{-\zeta\omega_n t}}{\sqrt{1-\zeta^2}}\left(\sqrt{1-\zeta^2}\cos\omega_d t+\zeta\sin\omega_d t\right)$$
$$=1-\frac{e^{-\zeta\omega_n t}}{\sqrt{1-\zeta^2}}\sin(\omega_d t+\phi),t\geqslant 0 \tag{4-33}$$

式中ϕ如图4-15所示，且有

$$\phi=\arctan\frac{\sqrt{1-\zeta^2}}{\zeta}=\arccos\zeta \tag{4-34}$$

单位阶跃响应中，稳态分量$c_s(t)=1$，瞬态分量为

$$c_t(t)=-\frac{e^{-\zeta\omega_n t}}{\sqrt{1-\zeta^2}}\sin(\omega_d t+\phi) \tag{4-35}$$

由式（4-33）可知，$0<\zeta<1$时的单位阶跃响应是衰减的正弦振荡曲线，如图4-16所示。衰减速度取决于特征根实部绝对值$\zeta\omega_n$的大小，振荡的角频率是特征根虚部的绝对值，即有阻尼自振角频率ω_d，振荡周期为

$$T_d=\frac{2\pi}{\omega_d}=\frac{2\pi}{\omega_n\sqrt{1-\zeta^2}} \tag{4-36}$$

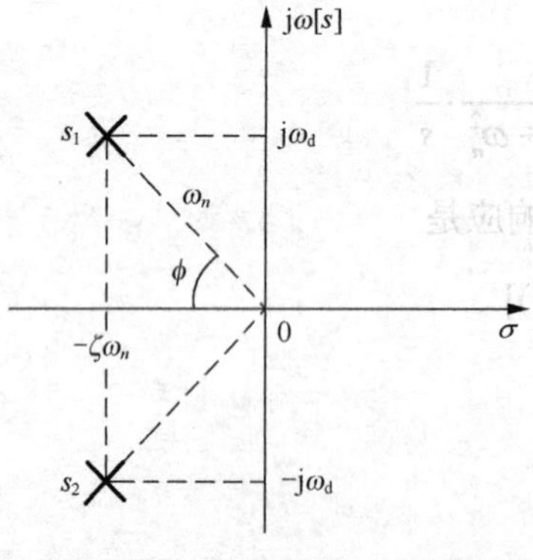

图4-15　二阶系统极点及ϕ角

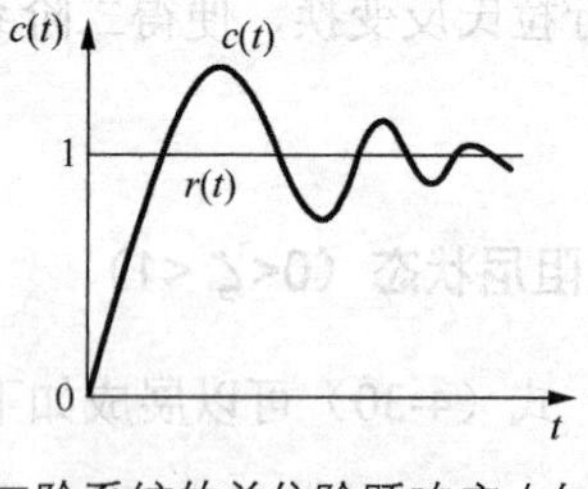

图4-16　二阶系统的单位阶跃响应（欠阻尼状态）

2．无阻尼状态（$\zeta=0$）

当$\zeta=0$时可求得

$$c(t)=1-\cos\omega_n t,\quad t\geqslant 0 \tag{4-37}$$

可见，无阻尼（$\zeta=0$）时二阶系统的阶跃响应是等幅正（余）弦振荡曲线，如图4-17所示。振荡角频率是ω_n。$\omega_d=\omega_n\sqrt{1-\zeta^2}$，故$\omega_d<\omega_n$，且随着$\zeta$值增大，$\omega_d$将减小。

3. 临界阻尼状态（$\zeta=1$）

这时，由式（4-30）可得

$$C(s)=\frac{\omega_n^2}{s(s+\omega_n)^2}=\frac{1}{s}-\frac{\omega_n}{(s+\omega_n)^2}-\frac{1}{s+\omega_n} \quad (4\text{-}38)$$

对上式进行拉氏反变换，得

$$c(t)=1-(\omega_n t+1)\mathrm{e}^{-\omega_n t},\quad t\geqslant 0 \quad (4\text{-}39)$$

二阶系统阻尼比$\zeta=1$时的单位阶跃响应是一条无超调的单调上升的曲线，如图 4-17 所示。

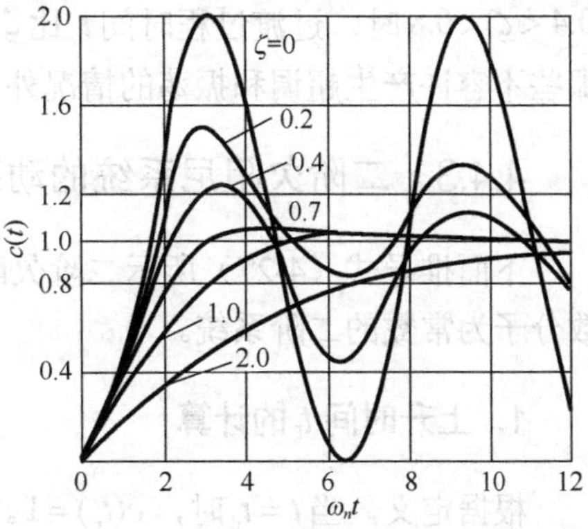

图 4-17　二阶系统的单位阶跃响应曲线

4. 过阻尼状态（$\zeta>1$）

这时二阶系统具有两个不相同的负实根，即

$$s_1=-(\zeta+\sqrt{\zeta^2-1})\omega_n$$

$$s_2=-(\zeta-\sqrt{\zeta^2-1})\omega_n$$

式（4-30）可以写成

$$\begin{aligned}C(s)&=\frac{s_1 s_2}{(s-s_1)(s-s_2)}\cdot\frac{1}{s}=\frac{1}{s}+\frac{A_1}{s-s_1}+\frac{A_2}{s-s_2}\\&=\frac{1}{s}+\frac{1}{2\sqrt{\zeta^2-1}\left(\zeta+\sqrt{\zeta^2-1}\right)}\cdot\frac{1}{s+\zeta\omega_n+\omega_n\sqrt{\zeta^2-1}}\\&\quad-\frac{1}{2\sqrt{\zeta^2-1}\left(\zeta-\sqrt{\zeta^2-1}\right)}\cdot\frac{1}{s+\zeta\omega_n-\omega_n\sqrt{\zeta^2-1}}\end{aligned} \quad (4\text{-}40)$$

取上式的拉氏反变换，得

$$\begin{aligned}c(t)&=1+\frac{1}{2\sqrt{\zeta^2-1}\left(\zeta+\sqrt{\zeta^2-1}\right)}\mathrm{e}^{-(\zeta+\sqrt{\zeta^2-1})\omega_n t}\\&\quad-\frac{1}{2\sqrt{\zeta^2-1}\left(\zeta-\sqrt{\zeta^2-1}\right)}\mathrm{e}^{-(\zeta-\sqrt{\zeta^2-1})\omega_n t}\\&=1+\frac{\omega_n}{2\sqrt{\zeta^2-1}}\left(\frac{\mathrm{e}^{s_1 t}}{-s_1}-\frac{\mathrm{e}^{s_2 t}}{-s_2}\right),t\geqslant 0\end{aligned} \quad (4\text{-}41)$$

显然，这时系统的过渡过程$c(t)$包含着两个衰减的指数项，其过渡过程曲线如图 4-17 所示。此时的二阶系统就是两个一阶环节串联。分析还表明，当$\zeta\geqslant 2$时，两个极点s_1和s_2与虚轴的距离相差很大。与虚轴近的极点所对应的一阶环节的时间响应与原二阶系统非常相近。此时二阶系统可用该一阶系统代替。

不同阻尼比的二阶系统的单位阶跃响应曲线如图 4-17 所示。由该图可看出，随着阻尼比ζ的减小，阶跃响应的振荡程度加重。$\zeta=0$时是等幅振荡。当$\zeta\geqslant 1$时，阶跃响应是无振荡的单调上升曲线，其中以$\zeta=1$时的过渡过程时间t_s最短。在欠阻尼（$0<\zeta<1$）状态，当

$0.4<\zeta<0.8$时，过渡过程时间t_s比$\zeta=1$时更短，振荡也不严重。因此在控制工程中，除了那些不容许产生超调和振荡的情况外，通常希望二阶系统工作在$0.4<\zeta<0.8$的欠阻尼状态。

4.4.3 二阶欠阻尼系统的动态性能指标

下面推导式（4-27）所示二阶欠阻尼系统的动态性能指标计算公式。它们适用于传递函数分子为常数的二阶系统。

1．上升时间t_r的计算

根据定义，当$t=t_r$时，$c(t_r)=1$。由式（4-32）得

$$c(t_r)=1-e^{-\zeta\omega_n t_r}\left(\cos\omega_d t_r+\frac{\zeta}{\sqrt{1-\zeta^2}}\sin\omega_d t_r\right)=1$$

即$e^{-\zeta\omega_n t_r}\left(\cos\omega_d t_r+\frac{\zeta}{\sqrt{1-\zeta^2}}\sin\omega_d t_r\right)=0$，因为$e^{-\zeta\omega_n t_r}\neq 0$，所以

$$\cos\omega_d t_r+\frac{\zeta}{\sqrt{1-\zeta^2}}\sin\omega_d t_r=0 \quad 或 \quad \tan\omega_d t_r=\frac{\omega_n\sqrt{1-\zeta^2}}{-\zeta\omega_n}=\frac{\omega_d}{-\zeta\omega_n}$$

由图4-15得，$\tan\omega_d t_r=\tan(\pi-\varphi)$，因此，上升时间为

$$t_r=\frac{\pi-\phi}{\omega_d}=\frac{\pi-\phi}{\omega_n\sqrt{1-\zeta^2}} \tag{4-42}$$

2．峰值时间t_p的计算

将式（4-33）对时间求导，并令其等于零，即$\left.\frac{dc(t)}{dt}\right|_{t=t_p}=0$，得

$$\frac{\zeta\omega_n e^{-\zeta\omega_n t_p}}{\sqrt{1-\zeta^2}}\sin(\omega_d t_p+\phi)-\frac{\omega_d e^{-\zeta\omega_n t_p}}{\sqrt{1-\zeta^2}}\cos(\omega_d t_p+\phi)=0$$

整理得

$$\sin(\omega_d t_p+\phi)=\frac{\sqrt{1-\zeta^2}}{\zeta}\cos(\omega_d t_p+\phi)$$

将上式变换为$\tan(\omega_d t_p+\phi)=\tan\phi$。所以，$\omega_d t_p=0,\pi,2\pi,3\pi,\cdots$。由于峰值时间$t_p$是过渡过程$c(t)$达到第一个峰值所对应的时间，故取$\omega_d t_p=\pi$，考虑到式（4-36），有

$$t_p=\frac{\pi}{\omega_d}=\frac{\pi}{\omega_n\sqrt{1-\zeta^2}}=\frac{1}{2}T_d \tag{4-43}$$

3．最大超调σ_p的计算

由定义及式（4-32）可得

$$\sigma_p=\frac{c(t_p)-c(\infty)}{c(\infty)}\times100\%=-e^{-\zeta\omega_n t_p}\left(\cos\omega_d t_p+\frac{\zeta}{\sqrt{1-\zeta^2}}\sin\omega_d t_p\right)\times100\%$$

$$=-e^{-\zeta\omega_n t_p}\left(\cos\pi+\frac{\zeta}{\sqrt{1-\zeta^2}}\sin\pi\right)\times100\%=e^{-\zeta\omega_n t_p}\times100\%$$

即

$$\sigma_p=e^{-\zeta\pi/\sqrt{1-\zeta^2}}\times100\%=e^{-\pi\cot\phi} \tag{4-44}$$

4．过渡过程时间 t_s 的计算

由式(4-33)可知，二阶欠阻尼系统单位阶跃响应曲线 $c(t)$ 位于一对曲线 $1\pm\frac{e^{-\zeta\omega_n t}}{\sqrt{1-\zeta^2}}$ 之内，这对曲线就称为响应曲线的包络线。可见，可以采用包络线代替实际响应曲线估算过渡过程时间 t_s，所得结果一般略偏大。若允许误差带是 $\varDelta$，可认为 t_s 就是包络线衰减到 $\varDelta$ 区域所需的时间，则有

$$\frac{e^{-\zeta\omega_n t_s}}{\sqrt{1-\zeta^2}}=\varDelta$$

解得

$$t_s=\frac{1}{\zeta\omega_n}\left(\ln\frac{1}{\varDelta}+\ln\frac{1}{\sqrt{1-\zeta^2}}\right) \tag{4-45}$$

若取 $\varDelta=5\%$，并忽略 $\ln\frac{1}{\sqrt{1-\zeta^2}}$ （$0<\zeta<0.9$）时，则得

$$t_s\approx\frac{3}{\zeta\omega_n} \tag{4-46}$$

若取 $\varDelta=2\%$，并忽略 $\ln\frac{1}{\sqrt{1-\zeta^2}}$，则得

$$t_s\approx\frac{4}{\zeta\omega_n} \tag{4-47}$$

5．振荡次数 N 的计算

根据振荡次数的定义，有

$$N=\frac{t_s}{T_d}=\frac{t_s}{2t_p} \tag{4-48}$$

当 $\varDelta=2\%$ 时，$t_s\approx\frac{4}{\zeta\omega_n}$，则有

$$N=\frac{2\sqrt{1-\zeta^2}}{\pi\zeta} \tag{4-49}$$

当$\Delta = 5\%$时，$t_s \approx \dfrac{3}{\zeta\omega_n}$，则有

$$N = \frac{1.5\sqrt{1-\zeta^2}}{\pi\zeta} \tag{4-50}$$

若已知σ_p，考虑到$\sigma_p = e^{-\pi\zeta/\sqrt{1-\zeta^2}}$，即

$$\ln\sigma_p = -\frac{\pi\zeta}{\sqrt{1-\zeta^2}} \tag{4-51}$$

求得振荡次数N与最大超调σ_p的关系为

$$N = \frac{-2}{\ln\sigma_p} \quad (\Delta = 2\%) \tag{4-52}$$

$$N = \frac{-1.5}{\ln\sigma_p} \quad (\Delta = 5\%) \tag{4-53}$$

由以上各式可知，σ_p与N只与阻尼比ζ有关，与ω_n无关。σ_p与ζ的关系曲线如图 4-18 所示。当$0.4 < \zeta < 0.8$时，$25\% > \sigma_p > 1.5\%$。由图 4-15 还可知，t_s及瞬态分量衰减速度取决于极点的实部，阻尼比ζ和σ_p取决于角ϕ。t_r、t_p、t_s与ζ及ω_n都有关。设计二阶系统时，可以先根据对σ_p的要求求出ζ，再根据对t_s等指标的要求确定ω_n。

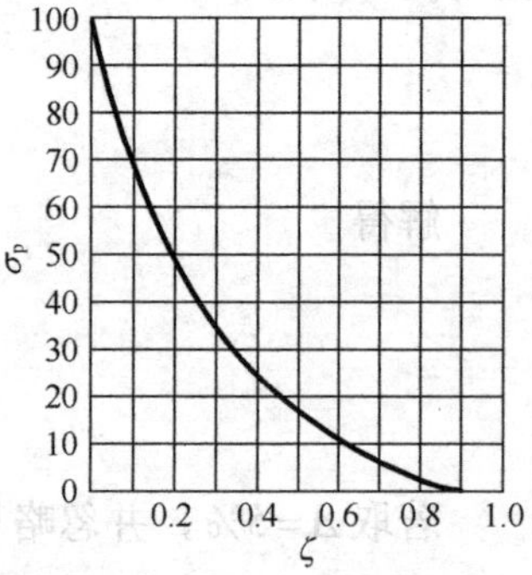

图 4-18　σ_p与ζ的关系曲线

4.4.4　二阶系统时域分析计算举例

【例 4-1】　二阶系统如图 4-12 所示，其中$\zeta = 0.6$，$\omega_n = 5\ \text{rad/s}$。当$r(t) = 1(t)$时，求性能指标$t_r$、$t_p$、$t_s$、$\sigma_p$和$N$的数值。

解： $\sqrt{1-\zeta^2} = \sqrt{1-0.6^2} = 0.8$，$\omega_d = \omega_n\sqrt{1-\zeta^2} = 5\times 0.8 = 4$

$$\zeta\omega_n = 0.6\times 5 = 3,\quad \phi = \arctan\frac{\sqrt{1-\zeta^2}}{\zeta} = \arctan\frac{0.8}{0.6} = 0.93\ \text{rad}$$

$$t_r = \frac{\pi-\phi}{\omega_d} = \frac{\pi - 0.93}{4} = 0.55\ \text{s},\quad t_p = \frac{\pi}{\omega_d} = \frac{3.14}{4} = 0.785\ \text{s}$$

$$\sigma_p = e^{-\frac{\pi\zeta}{\sqrt{1-\zeta^2}}}\times 100\% = e^{-\frac{3.14\times 0.6}{0.8}}\times 100\% = 9.5\%$$

$$t_s \approx \frac{3}{\zeta\omega_n} = 1\ \text{s}\ (\Delta = 5\%),\quad t_s \approx \frac{4}{\zeta\omega_n} = 1.33\ \text{s}\ (\Delta = 2\%)$$

根据式（4-49）及式（4-50）有

$$N = \frac{t_s}{2t_p} = \frac{1.33}{2\times 0.785} = 0.8\quad (\Delta = 2\%)$$

$$N=\frac{t_s}{2t_p}=\frac{1}{2\times0.785}=0.6\quad(\varDelta=5\%)$$

【例 4-2】 设一个带速度反馈的伺服系统，其框图如图 4-19 所示。要求系统的性能指标为 $\sigma_p=20\%$，$t_p=1\text{s}$。试确定系统的 K 值和 K_A 值，并计算性能指标 t_r、t_s 及 N 的值。

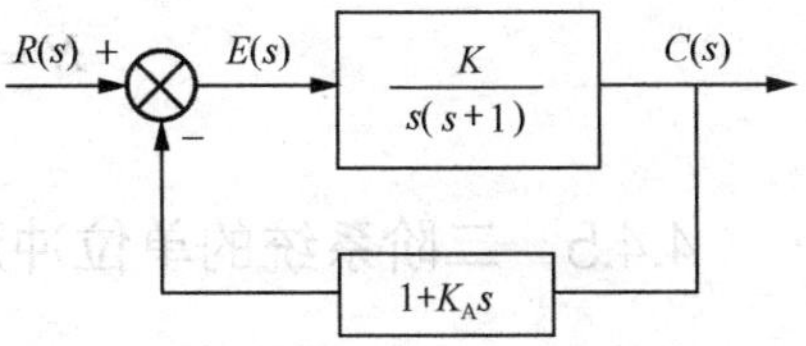

图 4-19 控制系统框图

解：首先，根据要求的 σ_p 求取相应的阻尼比 ζ，

由 $\sigma_p=e^{-\frac{\pi\zeta}{\sqrt{1-\zeta^2}}}$ 可得 $\frac{\pi\zeta}{\sqrt{1-\zeta^2}}=\ln\frac{1}{\sigma_p}=\ln\frac{1}{0.2}=1.61$

解得 $\zeta=0.456$

其次，由已知条件 $t_p=1\text{s}$ 及已求出的 $\zeta=0.456$ 求无阻尼自振角频率 ω_n，即

$$t_p=\frac{\pi}{\omega_n\sqrt{1-\zeta^2}}$$

解得

$$\omega_n=\frac{\pi}{t_p\sqrt{1-\zeta^2}}=3.53\ \text{rad/s}$$

将此二阶系统的闭环传递函数与典型形式进行比较，求 K 及 K_A 值。由图 4-19 得

$$\frac{C(s)}{R(s)}=\frac{K}{s^2+(1+KK_A)s+K}=\frac{\omega_n^2}{s^2+2\zeta\omega_n s+\omega_n^2}$$

比较上式两端，得

$$\omega_n^2=K,\quad 2\zeta\omega_n=1+KK_A$$

所以

$$K=\omega_n^2=3.53^2=12.5$$

$$K_A=\frac{2\zeta\omega_n-1}{K}=0.178$$

最后计算 t_r、t_s 及 N

$$t_r=\frac{\pi-\varphi}{\omega_n\sqrt{1-\zeta^2}}$$

式中

$$\varphi=\arctan\frac{\sqrt{1-\zeta^2}}{\zeta}=1.1\ \text{rad}$$

解得

$$t_r=0.65\ \text{s}$$

$$t_s=\frac{3}{\zeta\omega_n}=1.86\ \text{s}\quad(\varDelta=5\%)$$

$$N=\frac{t_s}{2t_p}=0.93\ 次\quad(\varDelta=5\%)$$

$$t_{\mathrm{s}}=\frac{4}{\zeta\omega_n}=2.48\ \mathrm{s} \qquad (\varDelta=2\%)$$

$$N=\frac{t_{\mathrm{s}}}{2t_{\mathrm{p}}}=1.2\ 次 \qquad (\varDelta=2\%)$$

4.4.5 二阶系统的单位冲激响应

令 $r(t)=\delta(t)$，则有 $R(s)=1$。因此，对于具有式（4-27）的传递函数的二阶系统，输出信号的拉氏变换式为

$$C(s)=\frac{\omega_n^2}{s^2+2\zeta\omega_n s+\omega_n^2}$$

取上式的拉氏反变换，或者通过单位阶跃响应对时间求导数，就可得到下列各种情况下的单位冲激响应。

欠阻尼（$0<\zeta<1$）时的单位冲激响应为

$$g(t)=c(t)=\frac{\omega_n}{\sqrt{1-\zeta^2}}\mathrm{e}^{-\zeta\omega_n t}\sin\omega_n\sqrt{1-\zeta^2}t, \qquad t\geqslant 0 \tag{4-54}$$

无阻尼（$\zeta=0$）时的单位冲激响应为

$$g(t)=c(t)=\omega_n\sin\omega_n t, t\geqslant 0 \tag{4-55}$$

临界阻尼（$\zeta=1$）时的单位冲激响应为

$$g(t)=c(t)=\omega_n^2 t\mathrm{e}^{-\omega_n t}, t\geqslant 0 \tag{4-56}$$

过阻尼（$\zeta>1$）时的单位冲激响应为

$$g(t)=c(t)=\frac{\omega_n}{2\sqrt{\zeta^2-1}}\left[\mathrm{e}^{-(\zeta-\sqrt{\zeta^2-1})\omega_n t}-\mathrm{e}^{-(\zeta+\sqrt{\zeta^2-1})\omega_n t}\right], \qquad t\geqslant 0 \tag{4-57}$$

4.4.6 二阶系统的单位斜坡响应

令 $r(t)=t$，则有 $R(s)=\frac{1}{s^2}$，单位斜坡响应的拉氏变换式为

$$C(s)=\frac{\omega_n^2}{s^2+2\zeta\omega_n s+\omega_n^2}\cdot\frac{1}{s} \tag{4-58}$$

1. 欠阻尼（0<ζ<1）时的单位斜坡响应

这时式（4-58）可以展成如下的部分分式

$$C(s)=\frac{1}{s^2}-\frac{\frac{2\zeta}{\omega_n}}{s}+\frac{\frac{2\zeta}{\omega_n}(s+\zeta\omega_n)+(2\zeta^2-1)}{s^2+2\zeta\omega_n s+\omega_n^2}$$

取上式的拉氏反变换得

$$c(t)=t-\frac{2\zeta}{\omega_n}+\mathrm{e}^{-\zeta\omega_n t}\left[\frac{2\zeta}{\omega_n}\cos\omega_d t+\frac{2\zeta^2-1}{\omega_n\sqrt{1-\zeta^2}}\sin\omega_d t\right]$$

$$=t-\frac{2\zeta}{\omega_n}+\frac{\mathrm{e}^{-\zeta\omega_n t}}{\omega_n\sqrt{1-\zeta^2}}\sin\left[\omega_d t+\arctan\frac{2\zeta\sqrt{1-\zeta^2}}{2\zeta^2-1}\right],\quad t\geqslant 0 \tag{4-59}$$

式中

$$\omega_d=\omega_n\sqrt{1-\zeta^2}$$

$$\arctan\frac{2\zeta\sqrt{1-\zeta^2}}{2\zeta^2-1}=2\arctan\frac{\sqrt{1-\zeta^2}}{\zeta}=2\phi$$

2. 临界阻尼（ζ=1）时的单位斜坡响应

对于临界阻尼情况，式（4-58）可以展成如下的部分分式

$$C(s)=\frac{1}{s^2}-\frac{\frac{2}{\omega_n}}{s}+\frac{1}{(s+\omega_n)^2}+\frac{\frac{2}{\omega_n}}{s+\omega_n}$$

对上式取拉氏反变换得

$$c(t)=t-\frac{2}{\omega_n}+\frac{2}{\omega_n}\left(1+\frac{\omega_n}{2}t\right)\mathrm{e}^{-\omega_n t},\qquad t\geqslant 0 \tag{4-60}$$

3. 过阻尼（ζ>1）时的单位斜坡响应

$$c(t)=t-\frac{2\zeta}{\omega_n}-\frac{2\zeta^2-1-2\zeta\sqrt{\zeta^2-1}}{2\omega_n\sqrt{\zeta^2-1}}\mathrm{e}^{-(\zeta+\sqrt{\zeta^2-1})\omega_n t}$$

$$+\frac{2\zeta^2-1+2\zeta\sqrt{\zeta^2-1}}{2\omega_n\sqrt{\zeta^2-1}}\mathrm{e}^{-(\zeta-\sqrt{\zeta^2-1})\omega_n t},\qquad t\geqslant 0 \tag{4-61}$$

4.5 高阶系统的时域分析

高于二阶的系统称为高阶系统。严格说，大多数系统都是高阶系统。对于高阶系统进行理论上的定量分析一般是复杂而又困难的。数字仿真是分析高阶系统时间响应最有效的方法。这里仅对高阶系统时间响应进行简要的说明。

高阶系统的时间响应也可分为稳态分量和瞬态分量两大部分。稳态分量时间响应项由输入信号拉氏变换式的极点决定，即由输入信号决定，它们与输入信号的形式相同或相似。瞬态分量就是系统的自由运动模态，它们的形式由传递函数极点决定，和一阶系统、二阶系统瞬态分量的形式是一样的。

关于时间响应的瞬态分量，有以下结论：

（1）瞬态分量的各个运动模态衰减的快慢，取决于对应的极点和虚轴的距离，离虚轴越远的极点对应的运动模态衰减得越快。

（2）各模态所对应的系数和初相角取决于零、极点的分布。若某一极点越靠近零点，且

远离其他极点和原点，则相应的系数越小。若一对零、极点相距很近，该极点对应的系数就非常小。若某一极点远离零点，它越靠近原点或其他极点，则相应的系数越大。

（3）系统的零点和极点共同决定了系统响应曲线的形状。对系数很小的运动模态或远离虚轴衰减很快的运动模态可以忽略，这时高阶系统就近似为较低阶的系统。

（4）高阶系统中离虚轴最近的极点，如果它与虚轴的距离比其他极点的距离的1/5还小，并且该极点附近没有零点，则可以认为系统的响应主要由该极点决定。这种对系统响应起主导作用的极点称为系统的主导极点。非主导极点所对应的时间响应在上升时间t_r之前能基本衰减完毕，只影响$0-t_r$一段的响应曲线，对过渡过程时间t_s等性能指标基本无影响。主导极点可以是一个实数，更常常是一对共轭复数。具有一对共轭复数主导极点的高阶系统可当作二阶系统来分析。

（5）非零初始条件下高阶系统的响应同样可以认为是由两部分组成：零初始条件下输入信号产生的响应，与零输入时由非零初始条件引起的响应。其中纯粹由初始条件引起的响应又称零输入响应，它是系统所有的运动模态的线性组合。

4.6 Matlab 在时域分析中的应用

Matlab 提供了线性定常系统的各种时间响应函数和各种动态性能分析函数，如表 4-3 所示。下面对表 4-3 部分函数进行详细介绍。

表 4-3 时域分析函数及功能

函 数 名 称	功　　能
step	计算并绘制线性定常系统阶跃响应
stepplot	绘制系统的阶跃响应并返回句柄图形
impulse	计算并绘制连续时间系统脉冲响应
impulseplot	绘制系统的脉冲响应并返回句柄图形
initial	计算并绘制连续时间系统零输入响应
initialplot	绘制系统的零输入响应并返回句柄图形
lsim	仿真线性定常连续模型对任意输入的响应
gensig	产生输入信号
lsimplot	绘制系统对任意输入的响应并返回句柄图形

4.6.1 函数 step()

功能：求线性定常系统（单输入单输出或多输入多输出）的单位阶跃响应（多输入多输出系统需要对每一个输入通道施加独立的阶跃输入指令）。其格式如表 4-4 所示。

表 4-4 函数 step()格式

函 数 名 称	功　　能
step(sys)	%绘制系统 sys 的单位阶跃响应曲线
step(sys, T)	%时间量 T 由用户指定

续表

函数名称	功　能
step(sys1, sys2, …, sysN)	%在一个图形窗口中同时绘制 N 个 sys1, sys2, …, sys N 的单位阶跃响应曲线
step(sys1, sys2, …, sysN,T)	%时间量 T 由用户指定
[y,t]=step(sys)	%求系统 sys 单位阶跃响应的数据值，包括输出向量 y 及相应时间向量 t
[y,t,x]=step(sys)	%求系统 sys 单位阶跃响应的数据值，包括输出向量 y、状态向量 x 及相应时间向量 t

其中：线性定常系统 sys1, sys2, …, sysN 可以为连续时间传递函数、零极点增益及状态空间等模型形式。

【例 4-3】 已知典型二阶系统的传递函数为 $\phi(s)=\dfrac{\omega_n^2}{s^2+2\zeta\omega_n s+\omega_n^2}$，绘制阻尼比 $\zeta=0.1$，0.2，0.707，1.0，2.0 时系统的单位阶跃响应曲线。

解：在 Matlab 命令窗口中输入：

```
>>wn=6;
kosi=[0.1,0.2,0.707,1.0,2.0];
hold on;
for kos=kosi
num=wn.^2;
den=[1,2*kos*wn,wn.^2];
step(num,den)
end
```

运行后得到系统的单位阶跃响应曲线如图 4-20 所示。

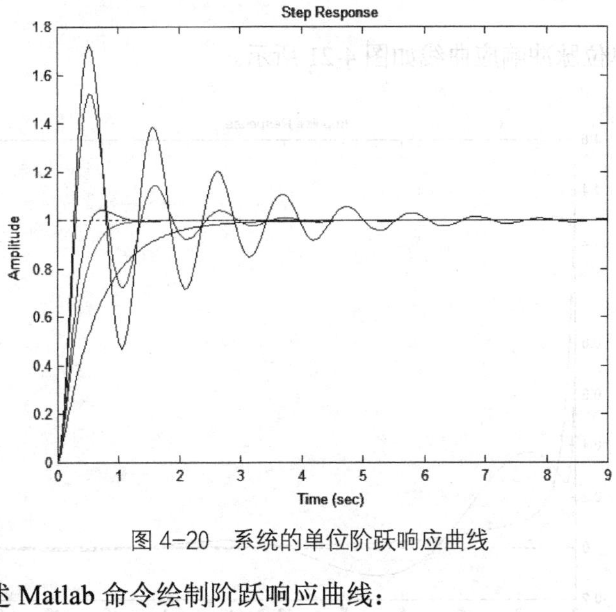

图 4-20　系统的单位阶跃响应曲线

也可以应用下述 Matlab 命令绘制阶跃响应曲线：

```
>>step(tf(num,den))
```

运行后同样可得到如图 4-20 所示的曲线。

4.6.2 函数 impulse()

功能：求线性定常系统的单位脉冲响应。其格式如表 4-5 所示。

表 4-5 函数 impulse()格式

函数名称	功能
impulse(sys)	%绘制系统的脉冲响应曲线
impulse(sys, T)	%响应时间 T 由用户指定
impulse(sys1, sys2, …, sysN)	%在同一个图形窗口中绘制 N 个系统 sys1, sys2,…, sysN 的单位脉冲响应曲线
impulse(sys1, sys2, …, sysN, T)	%响应时间 T 由用户指定
[y,t]=impulse(sys)	%求系统 sys 单位脉冲响应的数据值，包括输出向量 y 及相应时间向量 t
[y,t,x]=impulse(sys)	%求状态空间模型 sys 单位脉冲响应的数据值，包括输出向量 y，状态向量 x 及相应时间向量 t

其中：线性定常系统 sys1, sys2,…, sysN 可以为传递函数、零极点增益及状态空间等模型形式。

【例 4-4】 已知两个线性定常连续系统的传递函数分别为 $G_1(s)=\dfrac{s^2+2s+4}{s^3+10s^2+5s+4}$ 和 $G_2(s)=\dfrac{3s+2}{2s^2+7s+2}$。绘制它们的脉冲响应曲线。

解：在 Matlab 命令窗口中输入：

```
>>G1=tf([1 2 4],[1 10 5 4]);
G2=tf([3 2],[2 7 2]);
impulse(G1,G2)
```

运行后得到的单位脉冲响应曲线如图 4-21 所示。

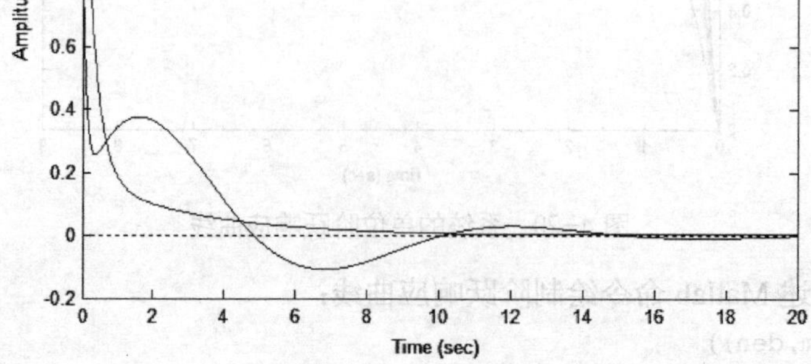

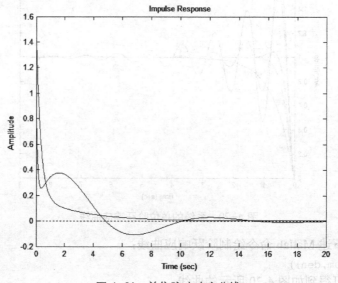

图 4-21 单位脉冲响应曲线

4.6.3 函数 gensig()

功能：产生用于函数 lism()的试验输入信号。其格式如表 4-6 所示。

表 4-6 函数 gensig()格式

函数名称	功能
[u,t]= gensig (type, tau)	%产生以 tau（单位为秒）为周期并由 type 确定形式的标量信号 u；t 为由采样周期组成的矢量；矢量 u 为这些采用周期点的信号值
[u, t]= gensig (type, tau, Tf, Ts)	%Tf 指定信号的持续时间，Ts 为采样周期 t 之间的间隔

其中：由 type 定义的信号形式包括“sin”正弦波，“square”方波，“pulse”周期性脉冲。

【例 4-5】 用函数 gensig()产生周期为 5 s，持续时间为 30 s，每 0.1 s 采样一次的正弦波。

解：在 Matlab 命令窗口中输入：

```
>>[u,t]=gensig('sin',5,30,0.1);
plot(t,u);
axis([0 30 -2 2])
```

运行后得到的波形如图 4-22 所示。

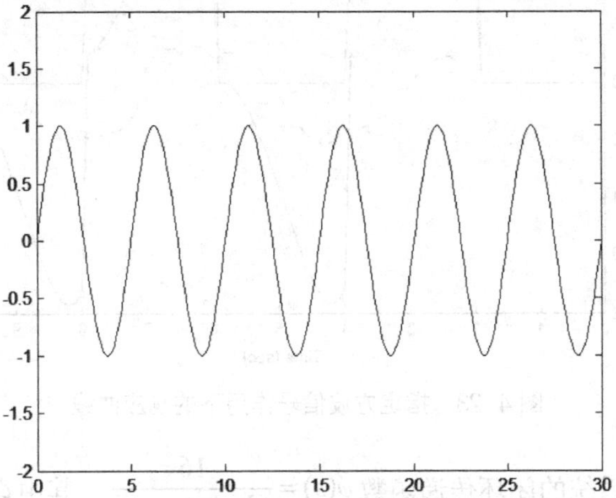

图 4-22 正弦波信号

4.6.4 函数 lsim()

功能：求线性定常系统在任意输入信号作用下的时间响应。其格式如表 4-7 所示。

表 4-7 函数 lsim()格式

函数名称	功能
lsim(sys,u,t)	%绘制系统 sys 的时间响应曲线，输入信号由 u 和 t 定义，其含义见函数 gensig()返回值
lsim(sys,u,t,x0)	%绘制系统在给定输入信号和初始条件 x0 同时作用下的响应曲线
lsim(sys1,sys2,…, sysN, u, t)	%绘制 N 个系统的时间响应曲线
lsim(sys1,sys2,…, sysN, u, t, x0)	%绘制 N 个系统在给定信号和初始条件 x0 同时作用下的响应曲线
[y,t,x]=lsim(sys,u,t,x0)	%y,t,x 的含义同函数 step()

其中：u 和 t 由函数 gensig()产生，用来描述输入信号特性，t 为时间区间，u 为输入向量，其行数应与输入信号个数相等。

【例 4-6】 已知线性定常系统的传递函数分别为$G_1(s)=\dfrac{2s^2+5s+1}{s^2+2s+3}$和$G_2(s)=\dfrac{s-1}{s^2+s+5}$。求其在指定方波信号作用下的响应。

解：在 Matlab 命令窗口中输入：

```
>>[u,t]=gensig('square',4,10,0.1);
G1=tf([2 5 1],[1 2 3]);
G2=tf([1 -1],[1 1 5]);
lsim(G1,G2,'-.',u,t)
```

运行后得到的响应曲线如图 4-23 所示。

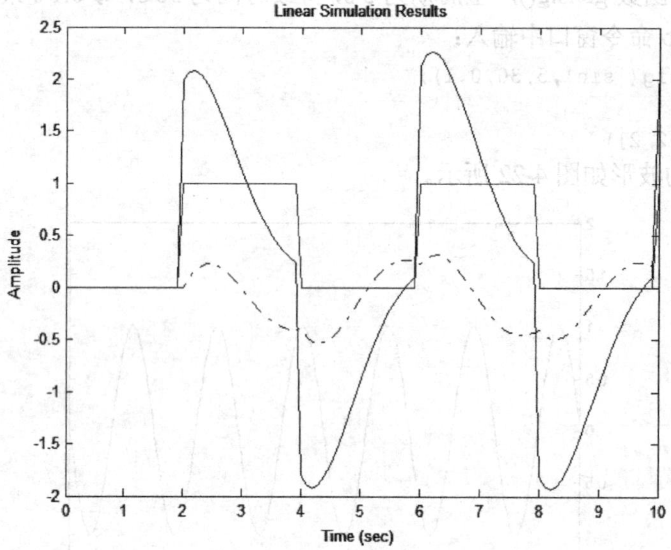

图 4-23 指定方波信号作用下的响应曲线

【例 4-7】 已知系统的闭环传递函数$\phi(s)=\dfrac{16}{s^2+8\zeta s+16}$，其中$\zeta=0.707$，求二阶系统的单位脉冲响应、单位阶跃响应和单位斜坡响应。

解：在 Matlab 命令窗口中输入：

```
zeta=0.707;
num=[16];
den=[1 8*zeta 16];
sys=tf(num, den);
p=roots(den)
t=0:0.01:3;
figure(1)
impulse(sys, t); grid
xlabel('t'); ylabel('c(t)');title('impulse response');
figure(2)
step(sys,t);grid
xlabel('t'); ylabel('c(t)');title('step response');
```

```
figure(3)
u=t;
lsim(sys,u,t,0);grid
xlabel('t'); ylabel('c(t)');title('ramp response');
```

在 Matlab 中运行上述文本后，得系统特征根为 $-2.8280 \pm j2.8289$ ，系统稳定。系统的单位脉冲响应、单位阶跃响应、单位斜坡响应分别如图 4-24、图 4-25 和图 4-26 所示。在 Matlab 运行得到的图 4-25 中，点击鼠标右键可得系统超调量为 $\sigma\% = 4.33\%$ ，上升时间 $t_r = 0.537$ ，调节时间 $t_s = 1.49$ （ $\Delta = 2\%$ ）。

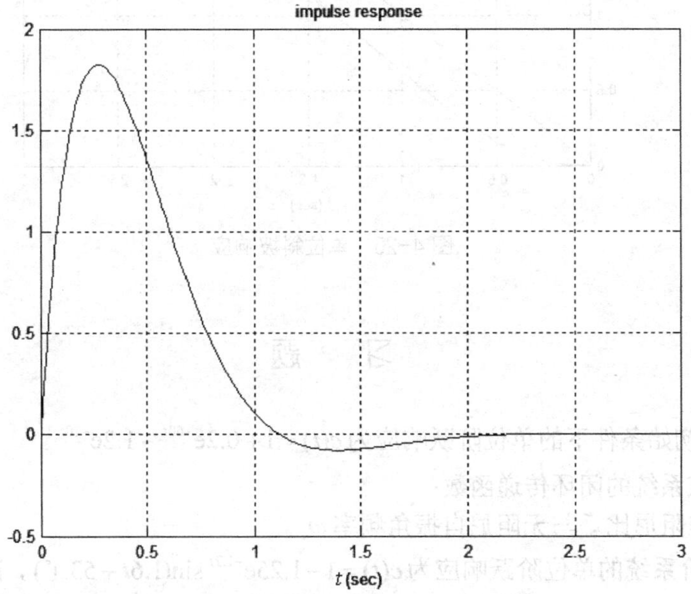

图 4-24　单位脉冲响应

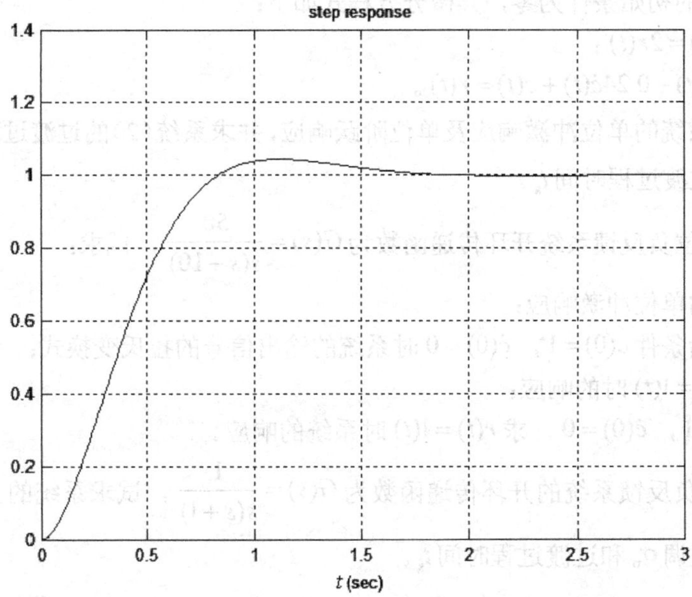

图 4-25　单位阶跃响应

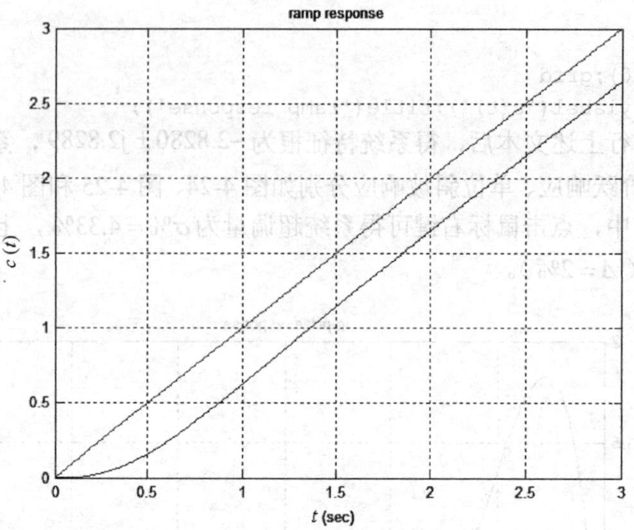

图 4-26　单位斜坡响应

习　题

1．系统零初始条件下的单位阶跃响应为 $c(t)=1+0.2\mathrm{e}^{-60t}-1.2\mathrm{e}^{-10t}$ 。

（1）试求该系统的闭环传递函数；

（2）试确定阻尼比 ζ 与无阻尼自振角频率 ω_n 。

2．典型二阶系统的单位阶跃响应为 $c(t)=1-1.25\mathrm{e}^{-1.2t}\sin(1.6t+53.1^\circ)$，试求系统的最大超调 σ_p 、峰值时间 t_p 、过渡过程时间 t_s 。

3．设系统的初始条件为零，其微分方程式如下：

（1） $0.2\dot{c}(t)=2r(t)$ ；

（2） $0.04\ddot{c}(t)+0.24\dot{c}(t)+c(t)=r(t)$ 。

试求两个系统的单位冲激响应及单位阶跃响应，并求系统（2）的过渡过程及最大超调 σ_p 、峰值时间 t_p 、过渡过程时间 t_s 。

4．已知单位负反馈系统开环传递函数为 $G(s)=\dfrac{50}{s(s+10)}$ ，试求：

（1）系统的单位冲激响应；

（2）当初始条件 $c(0)=1$ ， $\dot{c}(0)=0$ 时系统的输出信号的拉氏变换式；

（3）当 $r(t)=1(t)$ 时的响应；

（4） $c(0)=1$ ， $\dot{c}(0)=0$ ，求 $r(t)=1(t)$ 时系统的响应。

5．设单位负反馈系统的开环传递函数为 $G(s)=\dfrac{1}{s(s+1)}$ ，试求系统的上升时间 t_r 、峰值时间 t_p 、最大超调 σ_p 和过渡过程时间 t_s 。

6．设系统的闭环传递函数为$\dfrac{C(s)}{R(s)}=\dfrac{\omega_n^2}{s^2+2\zeta\omega_n s+\omega_n^2}$，为使系统阶跃响应有 5% 的最大超调和 2 s 的过渡过程时间，试求ζ和ω_n。

7．设单位负反馈系统的开环传递函数为$G(s)=\dfrac{0.4s+1}{s(s+0.6)}$，试求系统在单位阶跃输入下的动态性能。

8．设单位反馈系统的开环传递函数为$G(s)=\dfrac{K}{s(s+a)}$，若要求系统的阶跃响应的瞬态性能指标为$\sigma_p=10\%$，$t_s=2$（$\Delta=5\%$），试确定参数K和a的值。

9．设控制系统如图 4-27 所示。其中：(a) 为无速度反馈系统，(b) 为带速度反馈系统，试确定系统阻尼比为 0.5 时K_t的值，并比较系统 (a) 和 (b) 阶跃响应的瞬态性能指标。

10．设图 4-28 是简化的飞行控制系统结构图，试选择参数K_1和K_t，使系统的$\omega_n=6$，$\zeta=1$。

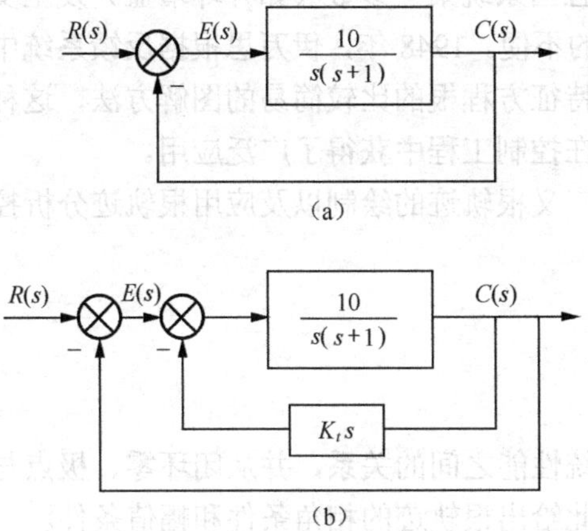

图 4-27 控制系统

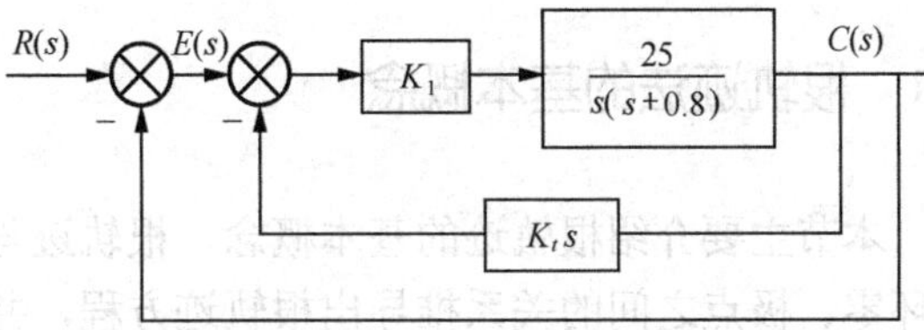

图 4-28 飞行控制系统

第5章 根轨迹法

在时域分析中已经看到，控制系统的性能取决于系统的闭环传递函数，因此，可以根据系统闭环传递函数的零、极点研究控制系统性能。但对于高阶系统，采用解析法求取系统的闭环特征方程根（闭环极点）通常是比较困难的，且当系统某一参数（如开环增益）发生变化时，又需要重新计算，这就给系统分析带来很大的不便。1948 年，伊万思根据反馈系统中开、闭环传递函数间的内在联系，提出了求解闭环特征方程根的比较简易的图解方法，这种方法称为根轨迹法。因为根轨迹法直观形象，所以在控制工程中获得了广泛应用。

本章介绍根轨迹的概念，绘制根轨迹的法则，广义根轨迹的绘制以及应用根轨迹分析控制系统性能等方面的内容。

5.1 根轨迹法的基本概念

本节主要介绍根轨迹的基本概念，根轨迹与系统性能之间的关系，并从闭环零、极点与开环零、极点之间的关系推导出根轨迹方程，并由此给出根轨迹的相角条件和幅值条件。

5.1.1 根轨迹的基本概念

根轨迹是当开环系统某一参数（如根轨迹增益 K^*）从零变化到无穷时，闭环特征方程的根在 s 平面上移动的轨迹。根轨迹增益 K^* 是首 1 形式开环传递函数对应的系数。

在介绍图解法之前，先用直接求根的方法来说明根轨迹的含义。

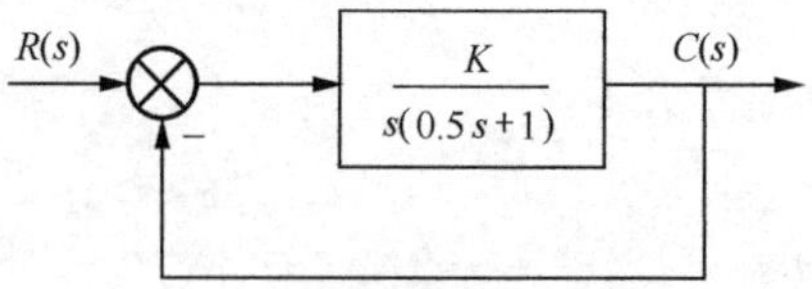

图 5-1 控制系统结构图

控制系统如图 5-1 所示。其开环传递函数为

$$G(s)=\frac{K}{s(0.5s+1)}=\frac{K^*}{s(s+2)}$$

根轨迹增益 $K^*=2K$ 。闭环传递函数为

$$\Phi(s)=\frac{C(s)}{R(s)}=\frac{K^*}{s^2+2s+K^*}$$

闭环特征方程为

$$s^2+2s+K^*=0$$

特征根为

$$\lambda_1=-1+\sqrt{1-K^*}\ ,\ \lambda_2=-1-\sqrt{1-K^*}$$

当系统参数 K^*（或 K）从零变化到无穷大时，闭环极点的变化情况见表 5-1。

利用计算结果在 s 平面上描点并用平滑曲线将其连接，便得到 K（或 K^*）从零变化到无穷大时闭环极点在 s 平面上移动的轨迹，即根轨迹，如图 5-2 所示。图中，根轨迹用粗实线表示，箭头表示 K（或 K^*）增大时两条根轨迹移动的方向。

表 5-1　K^*、K=0～∞ 时图 5-1 系统的特征根

K^*	K	λ_1	λ_2
0	0	0	−2
0.5	0.25	−0.3	−1.7
1	0.5	−1	−1
2	1	−1+j	−1−j
5	2.5	−1+j2	−1−j2
⋮	⋮	⋮	⋮
∞	∞	−1+j∞	−1−j∞

根轨迹图直观地表示了参数 K（或 K^*）变化时，闭环极点变化的情况，全面地描述了参数 K 对闭环极点分布的影响。

5.1.2 根轨迹与系统性能

依据根轨迹图（见图 5-2），就能分析系统性能随参数（如 K^*）变化的规律。

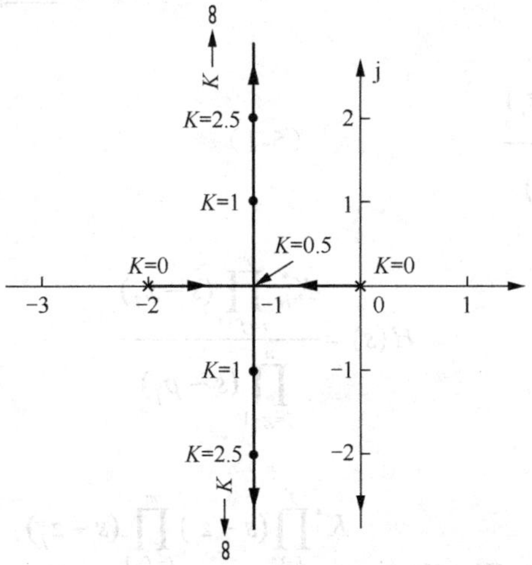

图 5-2　系统根轨迹图

1. 稳定性

开环增益从零变到无穷大时，图 5-2 所示的根轨迹全部落在左半 s 平面，因此，当 K>0

时，图 5-1 所示系统是稳定的；如果系统根轨迹越过虚轴进入右半 s 平面，则在相应 K 值下系统是不稳定的；根轨迹与虚轴交点处的 K 值，就是临界开环增益。

2．稳态性能

由图 5-2 可见，开环系统在坐标原点有一个极点，系统属于 I 型系统，因而根轨迹上的 K 值就等于静态误差系数 K_v。

当 $r(t)=1(t)$ 时，　　　　$e_{ss}=0$

当 $r(t)=t$ 时，　　　　$e_{ss}=1/K=2/K^*$

3．动态性能

由图 5-2 可见，当 $0<K<0.5$ 时，闭环特征根为实根，系统呈现过阻尼状态，阶跃响应为单调上升过程。

当 $K=0.5$ 时，闭环特征根为二重实根，系统呈现临界阻尼状态，阶跃响应仍为单调过程，但响应速度较 $0<K<0.5$ 时为快。

当 $K>0.5$ 时，闭环特征根为一对共轭复根，系统呈现欠阻尼状态，阶跃响应为振荡衰减过程，且随 K 增加，阻尼比减小，超调量增大，但 t_s 基本不变。

上述分析表明，根轨迹与系统性能之间有着密切的联系，利用根轨迹可以分析当系统参数（K）增大时系统动态性能的变化趋势。用解析的方法逐点描画、绘制系统的根轨迹是很麻烦的。我们希望有简便的图解方法，可以根据已知的开环零、极点迅速地绘出闭环系统的根轨迹。为此，需要研究闭环零、极点与开环零、极点之间的关系。

5.1.3　闭环零、极点与开环零、极点之间的关系

控制系统的一般结构如图 5-3 所示，相应开环传递函数为 $G(s)H(s)$。假设

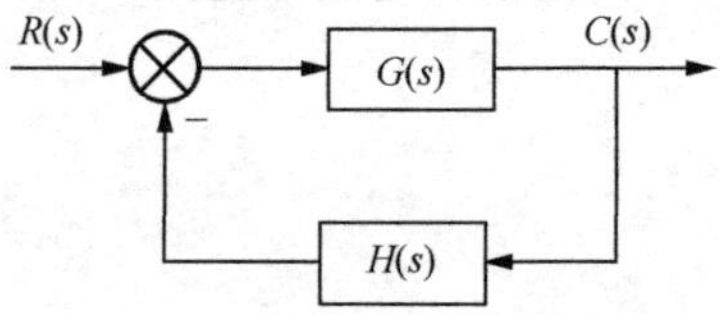

图 5-3　系统结构图

$$G(s)=\frac{K_G^*\prod_{i=1}^{f}(s-z_i)}{\prod_{i=1}^{g}(s-p_i)} \tag{5-1}$$

$$H(s)=\frac{K_H^*\prod_{j=f+1}^{m}(s-z_j)}{\prod_{j=g+1}^{n}(s-p_j)} \tag{5-2}$$

因此

$$G(s)H(s)=\frac{K^*\prod_{i=1}^{f}(s-z_i)\prod_{j=f+1}^{m}(s-z_j)}{\prod_{i=1}^{g}(s-p_i)\prod_{j=g+1}^{n}(s-p_j)} \tag{5-3}$$

式中，$K^*=K_G^*K_H^*$ 为系统根轨迹增益。对于 m 个零点、n 个极点的开环系统，其开环传递函数可表示为

$$G(s)H(s)=\frac{K^*\prod_{i=1}^{m}(s-z_i)}{\prod_{j=1}^{n}(s-p_j)} \tag{5-4}$$

式中，z_i 表示开环零点，p_j 表示开环极点。系统闭环传递函数为

$$\Phi(s)=\frac{G(s)}{1+G(s)H(s)}=\frac{K_G^*\prod_{i=1}^{f}(s-z_i)\prod_{j=g+1}^{n}(s-p_j)}{\prod_{j=1}^{n}(s-p_j)+K^*\prod_{i=1}^{m}(s-z_i)} \tag{5-5}$$

由式（5-5）可见：

（1）闭环零点由前向通路传递函数 $G(s)$ 的零点和反馈通路传递函数 $H(s)$ 的极点组成。对于单位反馈系统 $H(s)=1$，闭环零点就是开环零点。闭环零点不随 K^* 变化，不必专门讨论之。

（2）闭环极点与开环零点、开环极点以及根轨迹增益 K^* 均有关。闭环极点随 K^* 而变化，所以研究闭环极点随 K^* 的变化规律是必要的。

根轨迹法的任务在于，由已知的开环零、极点的分布及根轨迹增益，通过图解法找出闭环极点。一旦闭环极点确定后，再补上闭环零点，系统性能便可以确定。

5.1.4 根轨迹方程

闭环控制系统一般可用图 5-3 所示的结构图来描述。开环传递函数可表示为

$$G(s)H(s)=\frac{K^*\prod_{i=1}^{m}(s-z_i)}{\prod_{j=1}^{n}(s-p_j)}$$

系统的闭环传递函数为

$$\Phi(s)=\frac{G(s)}{1+G(s)H(s)} \tag{5-6}$$

系统的闭环特征方程为

$$1+G(s)H(s)=0 \tag{5-7}$$

即

$$G(s)H(s)=\frac{K^*\prod_{i=1}^{m}(s-z_i)}{\prod_{j=1}^{n}(s-p_j)}=-1 \tag{5-8}$$

显然，在 s 平面上凡是满足式（5-8）的点，都是根轨迹上的点。式（5-8）称为根轨迹方程。式（5-8）可以用幅值条件和相角条件来表示。

幅值条件：$$|G(s)H(s)|=K^*\frac{\prod_{i=1}^{m}|(s-z_i)|}{\prod_{j=1}^{n}|(s-p_j)|}=1 \tag{5-9}$$

相角条件：$\angle G(s)H(s)=\sum_{i=1}^{m}\angle(s-z_i)-\sum_{j=1}^{n}\angle(s-p_j)$

$$=\sum_{i=1}^{m}\varphi_i-\sum_{j=1}^{n}\theta_j=(2k+1)\pi \qquad k=0,\ \pm1,\ \pm2,\cdots \tag{5-10}$$

式中，$\sum\varphi_i$、$\sum\theta_j$ 分别代表所有开环零点、极点到根轨迹上某一点的向量相角之和。

比较式（5-9）和式（5-10）可以看出，幅值条件式（5-9）与根轨迹增益 K^* 有关，而相角条件式（5-10）却与 K^* 无关。所以，s 平面上的某个点，只要满足相角条件，则该点必在根轨迹上。至于该点所对应的 K^* 值，可由幅值条件得出。这意味着：在 s 平面上满足相角条件的点，必定也同时满足幅值条件。因此，相角条件是确定根轨迹 s 平面上一点是否在根轨迹上的充分必要条件。

【例 5-1】 设开环传递函数为

$$G(s)H(s)=\frac{K^*(s-z_1)}{s(s-p_2)(s-p_3)}$$

其零、极点分布如图 5-4 所示，判断 s 平面上某点是否是根轨迹上的点。

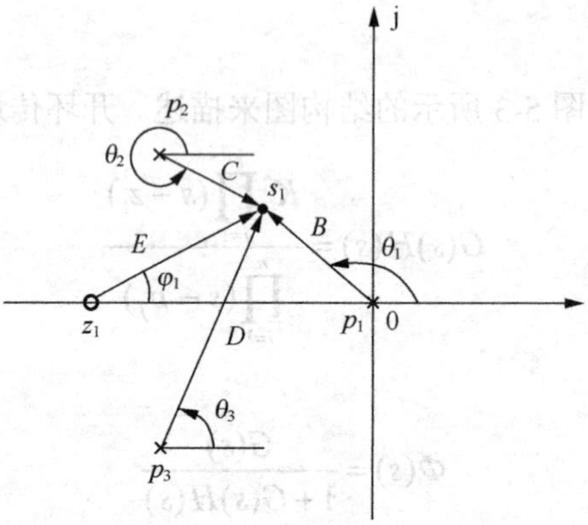

图 5-4 系统开环零极点分布图

解：在 s 平面上任取一点 s_1，画出所有开环零、极点到点 s_1 的向量，若在该点处相角条件

$$\sum_{i=1}^{m}\varphi_i-\sum_{j=1}^{n}\theta_j=\varphi_1-(\theta_1+\theta_2+\theta_3)=(2k+1)\pi$$

成立，则 s_1 为根轨迹上的一个点。该点对应的根轨迹增益 K^* 可根据幅值条件计算如下：

$$K^*=\frac{\prod_{j=1}^{n}\left|(s_1-p_j)\right|}{\prod_{i=1}^{m}\left|(s_1-z_i)\right|}=\frac{BCD}{E}$$

式中，B，C，D 分别表示各开环极点到 s_1 点的向量幅值，E 表示开环零点到 s_1 点的向量幅值。

应用相角条件，可以重复上述过程找到 s 平面上所有的闭环极点。但这种方法并不实用。实际绘制根轨迹是应用以根轨迹方程为基础建立起来的相应法则进行的。

5.2 绘制根轨迹的基本法则

本节讨论根轨迹增益 K^*（或开环增益 K）变化时绘制根轨迹的法则。熟练地掌握这些法则，可以帮助我们方便快速地绘制系统的根轨迹，这对于分析和设计系统是非常有益的。

法则 1 根轨迹的起点和终点：根轨迹起始于开环极点，终止于开环零点；如果开环零点个数 m 少于开环极点个数 n，则有 $(n-m)$ 条根轨迹终止于无穷远处。

根轨迹的起点、终点分别是指根轨迹增益 $K^*=0$ 和 $K^*\to\infty$ 时的根轨迹点。将幅值条件式（5-9）改写为

$$K^*=\frac{\prod_{j=1}^{n}|(s-p_j)|}{\prod_{i=1}^{m}|(s-z_i)|}=\frac{s^{n-m}\prod_{j=1}^{n}\left|1-\frac{p_j}{s}\right|}{\prod_{i=1}^{m}\left|1-\frac{z_i}{s}\right|} \tag{5-11}$$

可见，当 $s=p_j$ 时，$K^*=0$；当 $s=z_i$ 时，$K^*\to\infty$；当 $|s|\to\infty$ 且 $n\geqslant m$ 时，$K^*\to\infty$。

法则 2 根轨迹的分支数、对称性和连续性：根轨迹的分支数与开环零点数 m、开环极点数 n 中的大者相等，根轨迹连续并且对称于实轴。

根轨迹是开环系统某一参数从零变到无穷时，闭环极点在 s 平面上的变化轨迹。因此，根轨迹的分支数必与闭环特征方程根的数目一致，即根轨迹分支数等于系统的阶数。实际系统都存在惯性，反映在传递函数上必有 $n\geqslant m$。所以一般讲，根轨迹分支数就等于开环极点数。

实际系统的特征方程都是实系数方程，依代数定理特征根必为实数或共轭复数。因此根轨迹必然对称于实轴。

由对称性，只需画出 s 平面上半部和实轴上的根轨迹，下半部的根轨迹即可对称画出。

特征方程中的某些系数是根轨迹增益 K^* 的函数，K^* 从零连续变到无穷时，特征方程的系数是连续变化的，因而特征根的变化也必然是连续的，故根轨迹具有连续性。

法则 3 实轴上的根轨迹：实轴上的某一区域，若其右边开环实数零、极点个数之和为奇数，则该区域必是根轨迹。

设系统开环零、极点分布如图 5-5 所示。图中，s_0 是实轴上的点，$\varphi_i(i=1,2,3)$ 是各开环零点到 s_0 点向量的相角，$\theta_j(j=1,2,3,4)$ 是各开环极点到 s_0 点向量的相角。由图 5-5 可见，复数共轭极点到实轴上任意一点（包括 s_0 点）的向量之相角和为 2π。对复数共轭零点，情况同样如此。因此，在确定实轴上的根轨迹时，可以不考虑开环复数零、极点的影响。图 5-5 中，s_0 点左边的开环实数零、极点到 s_0 点的向量之相角均为零，而 s_0 点右边开环实数零、极点到 s_0 点的向量之相角均为 π，故只有落在 s_0 右方实轴上的开环实数零、极点，才有可能对 s_0 的相角条件造成影响，且这些开环零、极点提供的相角均为 π。如果令 $\sum\varphi_i$ 代表 s_0 点之右所有开环实数零点到 s_0 点的向量相角之和，$\sum\theta_j$ 代表 s_0 点之右所有开环实数极点到 s_0 点的向量相角之和，那么，s_0 点位于根轨迹上的充分必要条件是下列相角条件成立：

$$\sum_{i=1}^{m_0}\varphi_i - \sum_{j=1}^{n_0}\theta_j = (2k+1)\pi, \qquad k = 0, \pm 1, \pm 2, \cdots$$

由于π与−π表示的方向相同，于是等效有

$$\sum_{i=1}^{m_0}\varphi_i + \sum_{j=1}^{n_0}\theta_j = (2k+1)\pi, \qquad k = 0, \pm 1, \pm 2, \cdots$$

式中，m_0、n_0 分别表示在 s_0 右侧实轴上的开环零点和极点个数。

式中，$(2k+1)$ 为奇数。于是本法则得证。

不难判断，图 5-5 实轴上，区段 $[p_1, z_1]$，$[p_4, z_2]$ 以及 $(-\infty, z_3]$ 均为实轴上的根轨迹。

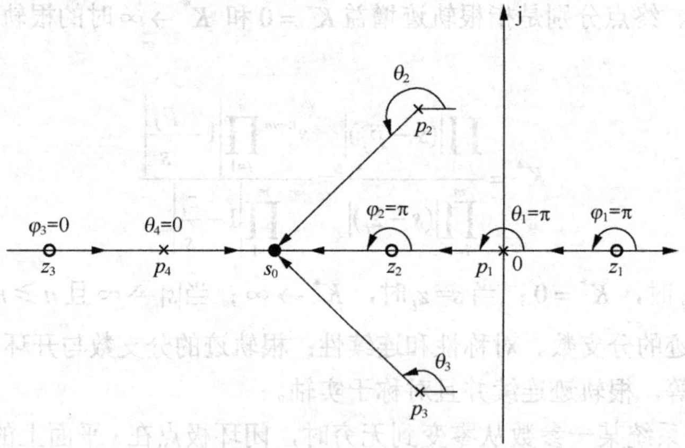

图 5-5　实轴上的根轨迹

法则 4　根轨迹的渐近线：当系统开环极点个数 n 大于开环零点个数 m 时，有 $n-m$ 条根轨迹分支沿着与实轴夹角为 φ_a、交点为 σ_a 的一组渐近线趋向于无穷远处，且有

$$\begin{cases} \varphi_a = \dfrac{(2k+1)\pi}{n-m} \\ \sigma_a = \dfrac{\sum_{j=1}^{n} p_j - \sum_{i=1}^{m} z_i}{n-m} \end{cases}, \qquad k=0,\pm 1,\pm 2,\cdots,n-m-1 \tag{5-12}$$

证明：渐近线就是 $s\to\infty$ 时的根轨迹，因此渐近线也一定对称于实轴。根轨迹方程式（5-8）可写成

$$G(s)H(s) = \frac{K^*\prod_{i=1}^{m}(s-z_i)}{\prod_{j=1}^{n}(s-p_j)} = K^*\frac{s^m + b_{m-1}s^{m-1} + \cdots + b_1 s + b_0}{s^n + a_{n-1}s^{n-1} + \cdots + a_1 s + a_0} = -1 \tag{5-13}$$

式中，$b_{m-1} = \sum_{i=1}^{m}(-z_i)$，$a_{n-1} = \sum_{j=1}^{n}(-p_j)$ 分别为系统开环零点之和与开环极点之和。

当 $K^* \to \infty$ 时，由于 $n > m$，应有 $s \to \infty$。式（5-13）可近似表示为

$$s^{n-m}\left(1+\frac{a_{n-1}-b_{m-1}}{s+b_{m-1}}\right)=-K^*$$

即有
$$s^{n-m}\left(1+\frac{a_{n-1}-b_{m-1}}{s}\right)=-K^*$$

或
$$s\left(1+\frac{a_{n-1}-b_{m-1}}{s}\right)^{\frac{1}{n-m}}=\left(-K^*\right)^{\frac{1}{n-m}}$$

将上式左端用牛顿二项式定理展开，并取线性项近似，有

$$s\left(1+\frac{a_{n-1}-b_{m-1}}{(n-m)s}\right)=\left(-K^*\right)^{\frac{1}{n-m}}$$

令
$$\sigma=\frac{a_{n-1}-b_{m-1}}{n-m}$$

有
$$s=-\sigma+\left(-K^*\right)^{\frac{1}{n-m}}$$

以 $-1=1\times e^{j(2k+1)\pi}$，$k=0,\pm1,\pm2,\cdots$ 代入上式，有

$$s=-\sigma+\left(K^*\right)^{\frac{1}{n-m}}e^{j\pi\frac{2k+1}{n-m}}$$

这就是当 $s\to\infty$ 时根轨迹的渐近线方程。它表明渐近线与实轴的交点坐标为

$$\sigma_a=-\sigma=\frac{\sum_{j=1}^{n}p_j-\sum_{i=1}^{m}z_i}{n-m}$$

渐近线与实轴夹角为

$$\varphi_a=\frac{(2k+1)\pi}{n-m},\qquad k=0,\pm1,\pm2,\cdots$$

本法则得证。

【例 5-2】 单位反馈系统开环传递函数为

$$G(s)=\frac{K^*(s+1)}{s(s+4)(s^2+2s+2)}$$

试根据已知的基本法则，绘制根轨迹的渐近线。

解： 将开环零、极点标在 s 平面上，如图 5-6 所示。根据法则，系统有 4 条根轨迹分支，且有 $n-m=3$ 条根轨迹趋于无穷远处，其渐近线与实轴的交点及夹角为

$$\begin{cases}\sigma_a=\dfrac{-4-1+j1-1-j1+1}{4-1}=-\dfrac{5}{3}\\[2mm]\varphi_a=\dfrac{(2k+1)\pi}{4-1}=\pm\dfrac{\pi}{3},\pi\end{cases}$$

三条渐近线如图 5-6 所示。

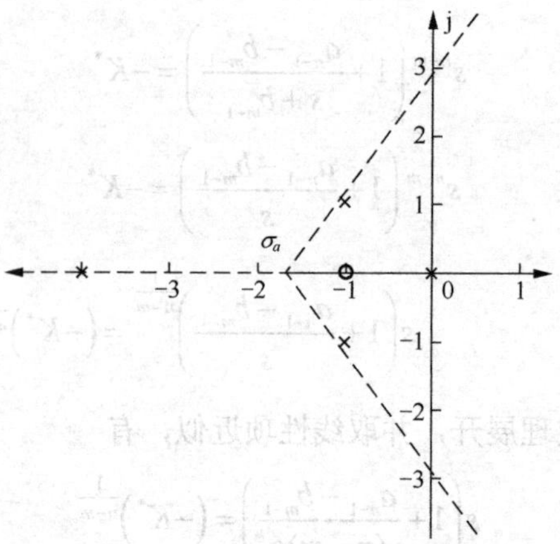

图 5-6 开环零极点及渐近线图

法则 5 根轨迹的分离点：两条或两条以上根轨迹分支在 s 平面上相遇又分离的点，称为根轨迹的分离点，分离点的坐标 d 是方程

$$\sum_{j=1}^{n}\frac{1}{d-p_j}=\sum_{i=1}^{m}\frac{1}{d-z_i} \tag{5-14}$$

的解。

证明：由根轨迹方程（5-8），有

$$1+\frac{K^*\prod_{i=1}^{m}(s-z_i)}{\prod_{j=1}^{n}(s-p_j)}=0$$

所以，闭环特征方程为

$$D(s)=\prod_{j=1}^{n}(s-p_j)+K^*\prod_{i=1}^{m}(s-z_i)=0$$

或

$$\prod_{j=1}^{n}(s-p_j)=-K^*\prod_{i=1}^{m}(s-z_i) \tag{5-15}$$

根轨迹在 s 平面相遇，说明闭环特征方程有重根出现。设重根为 d，根据代数中重根条件，有

$$\dot{D}(s)=\frac{\mathrm{d}}{\mathrm{d}s}\left[\prod_{j=1}^{n}(s-p_j)+K^*\prod_{i=1}^{m}(s-z_i)\right]=0$$

或

$$\frac{\mathrm{d}}{\mathrm{d}s}\prod_{j=1}^{n}(s-p_j)=-K^*\frac{\mathrm{d}}{\mathrm{d}s}\prod_{i=1}^{m}(s-z_i) \tag{5-16}$$

将式（5-16）、式（5-15）等号两端对应相除，得

$$\frac{\frac{\mathrm{d}}{\mathrm{d}s}\prod_{j=1}^{n}(s-p_j)}{\prod_{j=1}^{n}(s-p_j)}=\frac{\frac{\mathrm{d}}{\mathrm{d}s}\prod_{i=1}^{m}(s-z_i)}{\prod_{i=1}^{m}(s-z_i)}$$

$$\frac{\mathrm{d}\ln\prod_{j=1}^{n}(s-p_j)}{\mathrm{d}s}=\frac{\mathrm{d}\ln\prod_{i=1}^{m}(s-z_i)}{\mathrm{d}s} \tag{5-17}$$

有

$$\sum_{j=1}^{n}\frac{\mathrm{d}\ln(s-p_j)}{\mathrm{d}s}=\sum_{i=1}^{m}\frac{\mathrm{d}\ln(s-z_i)}{\mathrm{d}s}$$

于是有

$$\sum_{j=1}^{n}\frac{1}{s-p_j}=\sum_{i=1}^{m}\frac{1}{s-z_i}$$

从上式解出的s中，经检验可得分离点d。本法则得证。

【例 5-3】 控制系统开环传递函数为

$$G(s)H(s)=\frac{K^*(s+2)}{s(s+1)(s+4)}$$

试概略绘制系统根轨迹。

解：将系统开环零、极点标于s平面，如图5-7所示。

根据法则，系统有3条根轨迹分支，且有$n-m=2$条根轨迹趋于无穷远处。根轨迹绘制如下：

（1）实轴上的根轨迹：根据法则3，实轴上的根轨迹区段为

$$[-4,-2]，[-1,0]$$

（2）渐近线：根据法则4，根轨迹的渐近线与实轴交点和夹角为

$$\begin{cases}\sigma_a=\dfrac{-1-4+2}{3-1}=-\dfrac{3}{2}\\ \varphi_a=\dfrac{(2k+1)\pi}{3-1}=\pm\dfrac{\pi}{2}\end{cases}$$

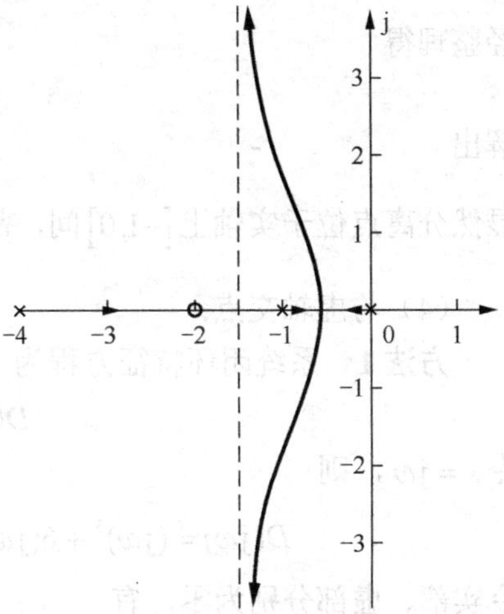

图5-7 根轨迹图

（3）分离点：根据法则5，分离点坐标为

$$\frac{1}{d}+\frac{1}{d+1}+\frac{1}{d+4}=\frac{1}{d+2}$$

经整理得

$$(d+4)(d^2+4d+2)=0$$

故$d_1=-4$，$d_2=-3.414$，$d_3=-0.586$，显然分离点位于实轴上$[-1,0]$间，故取$d=-0.586$。

根据上述讨论，可绘制出系统根轨迹如图5-7所示。

法则6 根轨迹与虚轴的交点：若根轨迹与虚轴相交，意味着闭环特征方程出现纯虚根。故可在闭环特征方程中令$s=\mathrm{j}\omega$，然后分别令方程的实部和虚部均为零，从中求得交点的坐标值及其相应的K^*值。此外，根轨迹与虚轴相交表明系统在相应K^*值下处于临界稳定状态，故亦可用劳斯稳定判据去求出交点的坐标值及其相应的K^*值。此处的根轨迹增益称为临界根

轨迹增益。

【例 5-4】 某单位反馈系统开环传递函数为

$$G(s)=\frac{K^*}{s(s+1)(s+5)}$$

试概略绘制系统根轨迹。

解：根轨迹绘制如下：

（1）实轴上的根轨迹： $(-\infty,-5]$，$[-1,0]$

（2）渐近线： $\begin{cases}\sigma_a=\dfrac{-1-5}{3}=-2\\ \varphi_a=\dfrac{(2k+1)\pi}{3}=\pm\dfrac{\pi}{3},\pi\end{cases}$

（3）分离点： $\dfrac{1}{d}+\dfrac{1}{d+1}+\dfrac{1}{d+5}=0$

经整理得

$$3d^2+12d+5=0$$

解出 $d_1=-3.5$，$d_2=-0.47$

显然分离点位于实轴上 $[-1,0]$ 间，故取 $d=-0.47$。

（4）与虚轴交点：

方法 1 系统闭环特征方程为

$$D(s)=s^3+6s^2+5s+K^*=0$$

令 $s=\mathrm{j}\omega$，则

$$D(\mathrm{j}\omega)=(\mathrm{j}\omega)^3+6(\mathrm{j}\omega)^2+5(\mathrm{j}\omega)+K^*=-\mathrm{j}\omega^3-6\omega^2+\mathrm{j}5\omega+K^*=0$$

令实部、虚部分别为零，有

$$\begin{cases}K^*-6\omega^2=0\\ 5\omega-\omega^3=0\end{cases}$$

解得 $\begin{cases}\omega=0\\ K^*=0\end{cases}$，$\begin{cases}\omega=\pm\sqrt{5}\\ K^*=30\end{cases}$

显然第一组解是根轨迹的起点，故舍去。根轨迹与虚轴的交点为 $s=\pm\mathrm{j}\sqrt{5}$，对应的根轨迹增益 $K^*=30$。

方法 2 用劳斯稳定判据求根轨迹与虚轴的交点。列劳斯表为

s^3	1	5
s^2	6	K^*
s^1	$(30-K^*)/6$	0
s^0	K^*	

当 $K^*=30$ 时，s^1 行元素全为零，系统存在共轭虚根。共轭虚根可由 s^2 行的辅助方程求得

$$F(s)=6s^2+K^*\Big|_{K^*=30}=0$$

得 $s=\pm\mathrm{j}\sqrt{5}$ 为根轨迹与虚轴的交点。根据上述讨论，可绘制出系统根轨迹如图 5-8 所示。

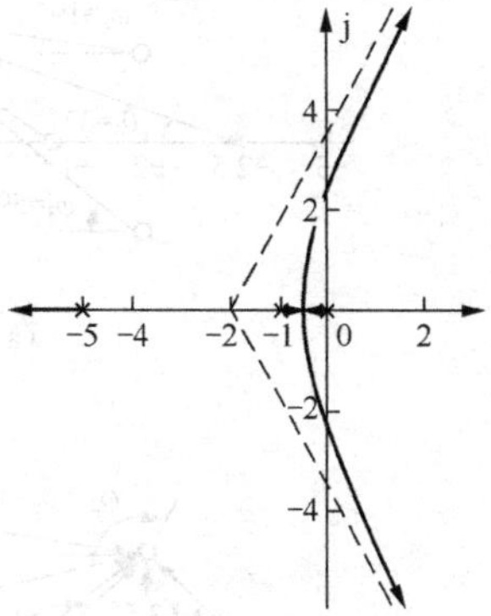

图 5-8 根轨迹图

法则 7 根轨迹的起始角和终止角：根轨迹离开开环复数极点处的切线与正实轴的夹角，称为起始角，以 θ_{p_i} 表示；根轨迹进入开环复数零点处的切线与正实轴的夹角，称为终止角，以 φ_{z_i} 表示。起始角、终止角可直接利用相角条件求出。

【例 5-5】 设系统开环传递函数为

$$G(s)=\frac{K^*(s+1.5)(s+2+\mathrm{j})(s+2-\mathrm{j})}{s(s+2.5)(s+0.5+\mathrm{j}1.5)(s+0.5-\mathrm{j}1.5)}$$

试概略绘制系统根轨迹。

解：将开环零、极点标于 s 平面上，绘制根轨迹步骤如下：

（1）实轴上的根轨迹：

$$[-1.5,0]，(-\infty,-2.5]$$

（2）起始角和终止角：先求起始角。设 s 是由 p_2 出发的根轨迹分支对应 $K^*=\varepsilon$ 时的一点，s 到 p_2 的距离无限小，则矢量 $\overline{p_2 s}$ 的相角即为起始角。作各开环零、极点到 s 的向量。由于除 p_2 之外，其余开环零、极点指向 s 的矢量与指向 p_2 的矢量等价，所以它们指向 p_2 的矢量等价于指向 s 的矢量。根据开环零、极点坐标可以算出各矢量的相角。由相角条件式（5-10）得

$$\sum_{i=1}^{m}\varphi_i-\sum_{j=1}^{n}\theta_j=(\varphi_1+\varphi_2+\varphi_3)-(\theta_{p_2}+\theta_1+\theta_2+\theta_4)=(2k+1)\pi$$

解得起始角 $\theta_{p_2}=79^\circ$（见图 5-9）。

同理，作各开环零、极点到复数零点（$-2+\mathrm{j}$）的向量，可算出复数零点（$-2+\mathrm{j}$）处的终止角 $\varphi_2=145^\circ$（见图 5-9）。作出系统的根轨迹如图 5-10 所示。

法则 8 根之和：当系统开环传递函数 $G(s)H(s)$ 的分子、分母阶次差（$n-m$）大于等于 2 时，系统闭环极点之和等于系统开环极点之和。

$$\sum_{i=1}^{n}\lambda_i=\sum_{i=1}^{n}p_i，\ n-m\geqslant 2$$

式中，$\lambda_1,\lambda_2,\cdots,\lambda_n$ 为系统的闭环极点（特征根），$p_1,p_2,\cdots,p_n$ 为系统的开环极点。

证明：设系统开环传递函数为

$$G(s)H(s)=\frac{K^*(s-z_1)(s-z_2)\cdots(s-z_m)}{(s-p_1)(s-p_2)\cdots(s-p_n)}$$

$$=\frac{K^*s^m+b_{m-1}K^*s^{m-1}+\cdots+K^*b_0}{s^n+a_{n-1}s^{n-1}+a_2s^{n-2}+\cdots+a_0}$$

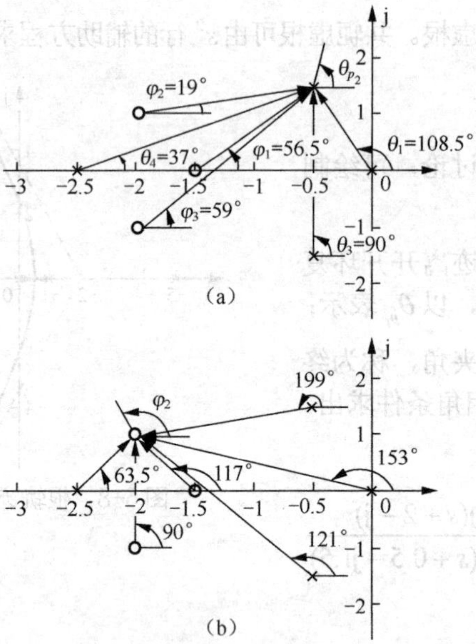

图 5-9　根轨迹的起始角和终止角

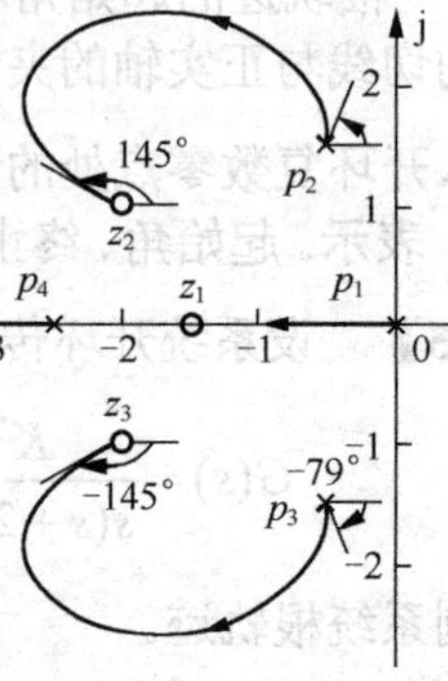

图 5-10　根轨迹图

式中
$$a_{n-1}=\sum_{i=1}^{n}(-p_i) \tag{5-18}$$

设 $n-m=2$，即 $m=n-2$，系统闭环特征式为

$$\begin{aligned}D(s)&=(s^n+a_{n-1}s^{n-1}+a_{n-2}s^{n-2}+\cdots+a_0)+(K^*s^m+K^*b_{m-1}s^{m-1}+\cdots+K^*b_0)\\&=s^n+a_{n-1}s^{n-1}+(a_{n-2}+K^*)s^{n-2}+\cdots+(a_0+K^*b_0)\\&=(s-\lambda_1)(s-\lambda_2)\cdots(s-\lambda_n)\end{aligned}$$

另外，根据闭环系统 n 个闭环特征根 λ_1、λ_2、…、λ_n 可得系统闭环特征式为

$$D(s)=s^n+\sum_{i=1}^{n}(-\lambda_i)s^{n-1}+\cdots+\prod_{i=1}^{n}(-\lambda_i) \tag{5-19}$$

可见，当 $n-m\geqslant 2$ 时，特征方程第二项系数与 K^* 无关。比较系数并考虑式（5-18）有

$$\sum_{i=1}^{n}(-\lambda_i)=\sum_{i=1}^{n}(-p_i)=a_{n-1} \tag{5-20}$$

式（5-20）表明，当 $n-m\geqslant 2$ 时，随着 K^* 的增大，若一部分极点总体向右移动，则另一部分极点必然总体上向左移动，且左、右移动的距离增量之和为 0。

利用根之和法则可以确定闭环极点的位置，判定分离点所在范围。

【例 5-6】　某单位反馈系统开环传递函数为

$$G(s)=\frac{K^*}{s(s+1)(s+2)}$$

试概略绘制系统根轨迹，并求临界根轨迹增益及该增益对应的三个闭环极点。

解： 系统有 3 条根轨迹分支，且有 $n-m$=3 条根轨迹趋于无穷远处。绘制根轨迹步骤如下：

（1）轴上的根轨迹： $(-\infty,-2]$，$[-1,0]$

（2）渐近线：

$$\begin{cases}\sigma_a=\dfrac{-1-2}{3}=-1\\ \varphi_a=\dfrac{(2k+1)\pi}{3}=\pm\dfrac{\pi}{3},\pi\end{cases}$$

（3）分离点：

$$\frac{1}{d}+\frac{1}{d+1}+\frac{1}{d+2}=0$$

经整理得 $$3d^2+6d+2=0$$

故 $$d_1=-1.577\text{，}\quad d_2=-0.423$$

显然分离点位于实轴上$[-1,0]$间，故取$d=-0.423$。

由于满足$n-m\geqslant 2$，闭环根之和为常数，当K^*增大时，两支根轨迹向右移动的速度慢于一支向左的根轨迹速度，因此分离点$|d|<0.5$是合理的。

（4）与虚轴交点：系统闭环特征方程为

$$D(s)=s^3+3s^2+2s+K^*=0$$

令$s=\mathrm{j}\omega$，则

$$D(\mathrm{j}\omega)=(\mathrm{j}\omega)^3+3(\mathrm{j}\omega)^2+2(\mathrm{j}\omega)+K^*$$
$$=-\mathrm{j}\omega^3-3\omega^2+\mathrm{j}2\omega+K^*=0$$

令实部、虚部分别为零，有

$$\begin{cases}K^*-3\omega^2=0\\ 2\omega-\omega^3=0\end{cases}$$

解得 $$\begin{cases}\omega=0\\ K^*=0\end{cases},\quad\begin{cases}\omega=\pm\sqrt{2}\\ K^*=6\end{cases}$$

显然第一组解是根轨迹的起点，故舍去。根轨迹与虚轴的交点为$\lambda_{1,2}=\pm\mathrm{j}\sqrt{2}$，对应的根轨迹增益为$K^*=6$，因为当$0<K^*<6$时系统稳定，故$K^*=6$为临界根轨迹增益，根轨迹与虚轴的交点为对应的两个闭环极点，第三个闭环极点可由根之和法则求得

$$0-1-2=\lambda_1+\lambda_2+\lambda_3=\lambda_1+\mathrm{j}\sqrt{2}-\mathrm{j}\sqrt{2}$$
$$\lambda_3=-3$$

系统根轨迹如图5-11所示。

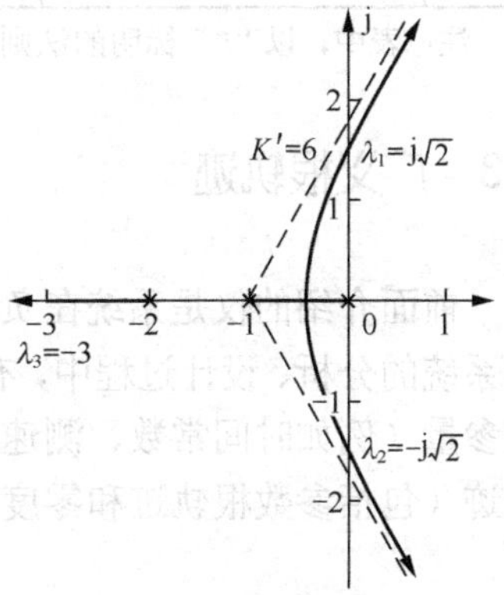

图5-11 根轨迹图

根据以上绘制根轨迹的法则，不难绘出系统的根轨迹。

具体绘制某一根轨迹时，这 8 条法则并不一定全部用到，要根据具体情况确定应选用的法则。为了便于查阅，将这些法则统一归纳在表 5-2 之中。

表 5-2　　绘制根轨迹的基本法则

序号	内　容	法　则
1	根轨迹的起点和终点	根轨迹起始于开环极点，终止于开环零点
2	根轨迹的分支数、对称性和连续性	根轨迹的分支数与开环零点数 m 和开环极点数 n 中的大者相等，根轨迹是连续的，并且对称于实轴
3	实轴上的根轨迹	实轴上的某一区域，若其右端开环实数零、极点个数之和为奇数，则该区域必是 180°根轨迹； * 实轴上的某一区域，若其右端开环实数零、极点个数之和为偶数，则该区域必是 0°根轨迹
4	根轨迹的渐近线	渐近线与实轴的交点：$\sigma_a=\dfrac{\sum_{j=1}^{n}p_j-\sum_{i=1}^{m}z_i}{n-m}$ 渐近线与实轴夹角：$\begin{cases}\varphi_a=\dfrac{(2k+1)\pi}{n-m} & (180^\circ\text{根轨迹})\\ {}^*\varphi_a=\dfrac{2k\pi}{n-m} & (0^\circ\text{根轨迹})\end{cases}$ 其中 $k=0,\pm1,\pm2,\cdots$
5	根轨迹的分离点	分离点的坐标 d 是方程 $\sum_{j=1}^{n}\dfrac{1}{d-p_j}=\sum_{i=1}^{m}\dfrac{1}{d-z_i}$ 的解
6	根轨迹与虚轴的交点	根轨迹与虚轴交点坐标 ω 及其对应的 K^* 值可用劳斯稳定判据确定，也可令闭环特征方程中 $s=\mathrm{j}\omega$ 的，然后分别令其实部和虚部为零求得
7	根轨迹的起始角和终止角	$\sum_{i=1}^{m}\varphi_i-\sum_{j=1}^{n}\theta_j=(2k+1)\pi$　（$k=0,\pm1,\pm2,\cdots$） $^*\sum_{i=1}^{m}\varphi_i-\sum_{j=1}^{n}\theta_j=2k\pi$　（$k=0,\pm1,\pm2,\cdots$）
8	根之和	$\sum_{i=1}^{n}\lambda_i=\sum_{i=1}^{n}p_i$　（$n-m\geqslant2$）

注：表中，以“*”标明的法则是绘制 0°根轨迹的法则（与绘制常规根轨迹的法则不同），其余法则不变

5.3 广义根轨迹

前面介绍的仅是系统在负反馈条件下根轨迹增益 K^* 变化时的根轨迹绘制方法。在实际工程系统的分析、设计过程中，有时需要分析正反馈条件下或除系统的根轨迹增益 K^* 以外的其他参量（例如时间常数、测速机反馈系数等）变化对系统性能的影响。这种情形下绘制的根轨迹（包括参数根轨迹和零度根轨迹），称为广义根轨迹。

5.3.1 参数根轨迹

除根轨迹增益 K^*（或开环增益 K）以外的其他参量从零变化到无穷大时绘制的根轨迹称为参数根轨迹。

绘制参数根轨迹的法则与绘制常规根轨迹的法则完全相同。只需要在绘制参数根轨迹之前，引入"等效开环传递函数"，将绘制参数根轨迹的问题化为绘制 K^* 变化时根轨迹的形式来处理。下面举例说明参数根轨迹的绘制方法。

【例 5-7】 单位反馈系统开环传递函数为

$$G(s)=\frac{\frac{1}{4}(s+a)}{s^2(s+1)}$$

试绘制 $a=0\to\infty$ 时的根轨迹。

解：系统的闭环特征方程为

$$D(s)=s^3+s^2+\frac{1}{4}s+\frac{1}{4}a=0$$

构造等效开环传递函数，把含有可变参数的项放在分子上，即

$$G^*(s)=\frac{\frac{1}{4}a}{s\left(s^2+s+\frac{1}{4}\right)}=\frac{\frac{1}{4}a}{s\left(s+\frac{1}{2}\right)^2}$$

由于等效开环传递函数对应的闭环特征方程与原系统闭环特征方程相同，所以称 $G^*(s)$ 为等效开环传递函数，而借助于 $G^*(s)$ 的形式，可以利用常规根轨迹的绘制方法绘制系统的根轨迹。但必须明确，等效开环传递函数 $G^*(s)$ 对应的闭环零点与原系统的闭环零点并不一致。在确定系统闭环零点，估算系统动态性能时，必须回到原系统开环传递函数进行分析。

等效开环传递函数有 3 个开环极点：$p_1=0$，$p_2=p_3=-1/2$；系统有 3 条根轨迹，均趋于无穷远处。

（1）实轴上的根轨迹：$\left[-\frac{1}{2},0\right]$，$\left(-\infty,-\frac{1}{2}\right]$

（2）渐近线：

$$\begin{cases}\sigma_a=\dfrac{-\frac{1}{2}-\frac{1}{2}}{3}=-\dfrac{1}{3}\\[2ex]\varphi_a=\dfrac{(2k+1)\pi}{3}=\pm\dfrac{\pi}{3},\pi\end{cases}$$

（3）分离点：

$$\frac{1}{d}+\frac{1}{d+\frac{1}{2}}+\frac{1}{d+\frac{1}{2}}=0$$

解得

$$d=-\frac{1}{6}$$

由模值条件得分离点处的a值：

$$\frac{a_d}{4}=|d|\left|d+\frac{1}{2}\right|^2=\frac{1}{54}$$

$$a_d=\frac{2}{27}$$

（4）与虚轴的交点：将$s=\mathrm{j}\omega$代入闭环特征方程式，得

$$\begin{aligned}D(\mathrm{j}\omega)&=(\mathrm{j}\omega)^3+(\mathrm{j}\omega)^2+\frac{1}{4}(\mathrm{j}\omega)+\frac{a}{4}\\&=(-\omega^2+\frac{a}{4})+\mathrm{j}(-\omega^3+\frac{1}{4}\omega)\\&=0\end{aligned}$$

则有

$$\begin{cases}\mathrm{Re}\left[D(\mathrm{j}\omega)\right]=-\omega^2+\dfrac{a}{4}=0\\ \mathrm{Im}\left[D(\mathrm{j}\omega)\right]=-\omega^3+\dfrac{1}{4}\omega=0\end{cases}$$

解得

$$\begin{cases}\omega=\pm\dfrac{1}{2}\\ a=1\end{cases}$$

系统根轨迹如图 5-12 所示。从根轨迹图中可以看出参数a变化对系统性能的影响：

（1）当$0<a\leqslant 2/27$时，闭环极点落在实轴上，系统阶跃响应为单调过程。

（2）当$2/27<a<1$时，离虚轴近的一对复数闭环极点逐渐向虚轴靠近，系统阶跃响应为振荡收敛过程。

（3）当$a>1$时，有闭环极点落在右半s平面，系统不稳定，阶跃响应振荡发散。

从原系统开环传递函数可见：$s=-a$是系统的一个闭环零点，其位置是变化的；计算系统性能必须考虑其影响。

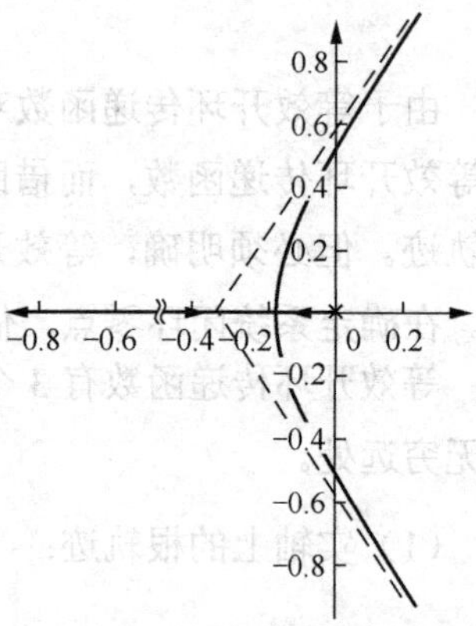

图 5-12　根轨迹图

5.3.2　零度根轨迹

在负反馈条件下根轨迹方程为$G(s)H(s)=-1$，相角条件为$\angle G(s)H(s)=(2k+1)\pi$，$k=0,\pm1,\pm2,\cdots$，因此称相应的常规根轨迹为$180^\circ$根轨迹；在正反馈条件下，当系统特征方程为$D(s)=1-G(s)H(s)=0$时，此时根轨迹方程为$G(s)H(s)=1$，相角条件为$\angle G(s)H(s)=2k\pi$，$k=0,\pm1,\pm2,\cdots$，相应绘制的根轨迹称为零度（或$0^\circ$）根轨迹。

0°根轨迹绘制法则，与 180°根轨迹的绘制法则不同。若系统开环传递函数$G(s)H(s)$表达式如式（5-4），则0°根轨迹方程为

$$\frac{K^*\prod_{i=1}^{m}(s-z_i)}{\prod_{j=1}^{n}(s-p_j)}=1 \tag{5-21}$$

相应有

幅值条件：

$$|G(s)H(s)| = K^* \frac{\prod_{i=1}^{m}|(s-z_i)|}{\prod_{j=1}^{n}|(s-p_j)|} = 1 \tag{5-22}$$

相角条件：

$$\angle G(s)H(s) = \sum_{i=1}^{m}\angle(s-z_i) - \sum_{j=1}^{n}\angle(s-p_j)$$

$$= \sum_{i=1}^{m}\varphi_i - \sum_{j=1}^{n}\theta_j = 2k\pi\,,\qquad k = 0, \pm 1, \pm 2, \cdots \tag{5-23}$$

0° 根轨迹的幅值条件与 180° 根轨迹幅值条件一致，而二者相角条件不同。因此，绘制 180° 根轨迹法则中与相角条件无关的法则可直接用来绘制 0° 根轨迹，而与相角条件有关的法则 3、法则 4、法则 7 需要相应修改。需作调整的法则有：

法则 3* 实轴上的根轨迹：实轴上的某一区域，若其右边开环实数零、极点个数之和为偶数，则该区域必是根轨迹。

法则 4* 根轨迹的渐近线与实轴夹角应改为

$$\varphi_a = \frac{2k\pi}{n-m}\,,\qquad k = 0, \pm 1, \pm 2, \cdots$$

法则 7* 根轨迹的出射角和入射角用式（5-23）计算。

除上述三个法则外，其他法则不变。为了便于使用，也将绘制 0° 根轨迹法则归纳于表 5-2 中，与 180° 根轨迹不同的绘制法则以星号（*）标明。

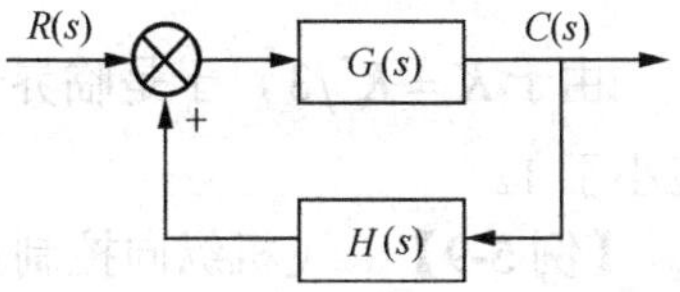

图 5-13 系统结构图

【例 5-8】 设系统结构图如图 5-13 所示，其中

$$G(s) = \frac{K^*(s+2)}{(s+3)(s^2+2s+2)}\,,\quad H(s) = 1$$

试绘制根轨迹。

解：系统为正反馈，应绘制 0° 根轨迹。系统开环传递函数为

$$G(s)H(s) = \frac{K^*(s+2)}{(s+3)(s^2+2s+2)}$$

根轨迹绘制如下：

（1）实轴上的根轨迹： $(-\infty, -3]$，$[-2, \infty)$

（2）渐近线：
$$\begin{cases} \sigma_a = \dfrac{-3-1+\mathrm{j}1-1-\mathrm{j}1+2}{3-1} = -1 \\ \varphi_a = \dfrac{2k\pi}{3-1} = 0^\circ, 180^\circ \end{cases}$$

（3）分离点：
$$\frac{1}{d+3}+\frac{1}{d+1-\mathrm{j}}+\frac{1}{d+1+\mathrm{j}}=\frac{1}{d+2}$$
经整理得
$$(d+0.8)(d^2+4.7d+6.24)=0$$
显然分离点位于实轴上，故取 $d=-0.8$。

（4）起始角：根据绘制 0° 根轨迹的法则 7，对应极点 $p_1=-1+\mathrm{j}$，根轨迹的起始角为
$$\theta_{p_1}=0^\circ+45^\circ-(90^\circ+26.6^\circ)=-71.6^\circ$$
根据对称性，根轨迹从 $p_2=-1-\mathrm{j}$ 的起始角为 $\theta_{p_2}=71.6^\circ$。系统根轨迹如图 5-14 所示。

（5）临界开环增益：由图 5-14 可见，坐标原点对应的根轨迹增益为临界值，可由模值条件求得
$$K_c^*=\frac{|0-(-1+\mathrm{j})|\cdot|0-(-1-\mathrm{j})|\cdot|0-(-3)|}{|0-(-2)|}=3$$

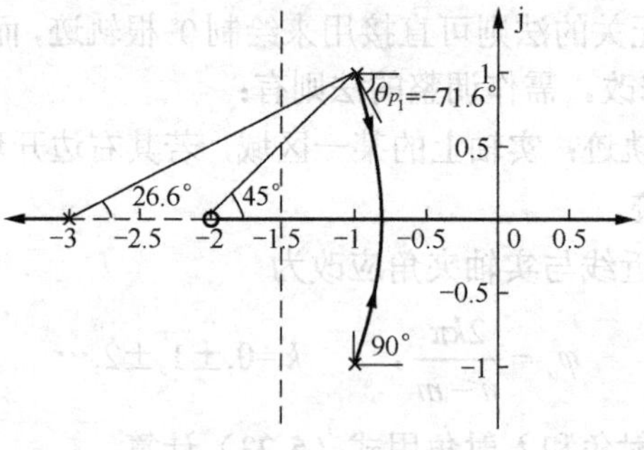

图 5-14　根轨迹图

由于 $K=K^*/3$，于是临界开环增益 $K_c=1$。因此，为了使该正反馈系统稳定，开环增益应小于 1。

【例 5-9】　飞机纵向控制系统结构图如图 5-15（a）所示，设开环传递函数为
$$G(s)H(s)=\frac{-K(s^2+2s-1.25)}{s(s^2+3s+15)}$$
试绘制系统的根轨迹图。

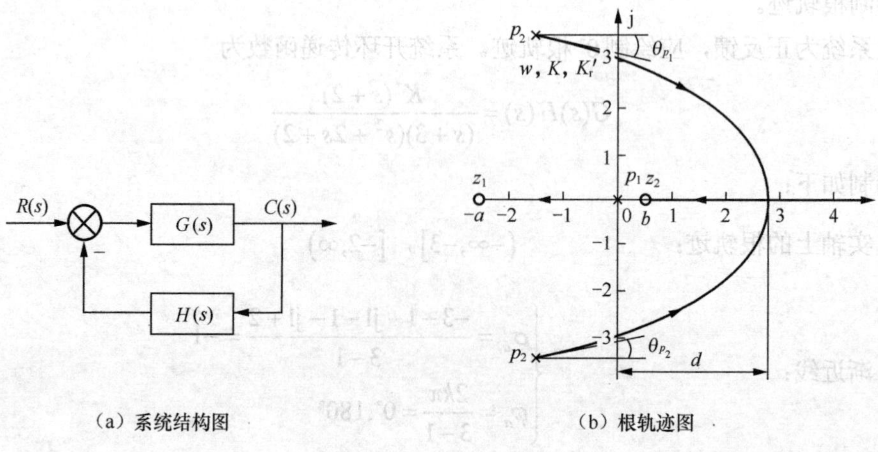

图 5-15　例 5-9 图

解：系统的特征方程为$1+G(s)H(s)=0$，系统根轨迹为$G(s)H(s)=-1$。

$$G(s)H(s)=-K^*\frac{(s^2+2s-1.25)}{s(s^2+3s+15)}=-1$$

有
$$K^*\frac{(s+2.5)(s-0.5)}{s(s+1.5\pm \mathrm{j}3.357)}=1$$

可见，应该画0°根轨迹。

（1）实轴上的根轨迹为 $[-2.5,0]$，$[0.5,\infty)$

（2）起始角：利用0°根轨迹相角条件，得

$$\varphi_1+\varphi_2-(\theta_1+\theta_2+\theta_3)=2k\pi$$

即
$$74.35°+119.26°-(112.79°+\theta_2+90°)=0°$$

可解出
$$\theta_2=-9.18°$$

（3）与虚轴交点：系统特征方程为

$$D(s)=s^3+(3-K^*)s^2+(15-2K^*)s+1.25K^*=0$$

令
$$\begin{cases}\mathrm{Im}[D(\mathrm{j}\omega)]=-\omega^3+(15-2K^*)\omega=0\\ \mathrm{Re}[D(\mathrm{j}\omega)]=-(3-K^*)\omega^2+1.25K^*=0\end{cases}$$

联立解出
$$\begin{cases}K^*=2.657\\ \omega=3.112\end{cases}$$

与虚轴交点为 $(0,\pm \mathrm{j}3.112)$

5.4 利用根轨迹分析系统性能

利用根轨迹，可以定性分析当系统某一参数变化时系统动态性能的变化趋势，在给定该参数值时可以确定相应的闭环极点，再加上闭环零点，可得到相应零、极点形式的闭环传递函数。本节讨论如何利用根轨迹分析、估算系统性能，同时分析附加开环零、极点对根轨迹及系统性能的影响。

5.4.1 利用闭环主导极点估算系统的性能指标

如果高阶系统闭环极点满足具有闭环主导极点的分布规律，就可以忽略非主导极点及偶极子的影响，把高阶系统简化为阶数较低的系统，近似估算系统性能指标。

【例5-10】 已知单位反馈系统的开环传递函数为

$$G(s)=\frac{K}{s(s+1)(0.5s+1)}$$

试用根轨迹法确定系统在稳定欠阻尼状态下的开环增益K的范围，并计算阻尼比$\xi=0.5$的K值以及相应的闭环极点，估算此时系统的动态性能指标。

解：将开环传递函数写成零、极点形式，得

$$G(s)=\frac{2K}{s(s+1)(s+2)}=\frac{K^*}{s(s+1)(s+2)}$$

式中，$K^*=2K$ 为根轨迹增益。

（1）将开环零、极点在 s 平面上标出；

（2）$n=3$，有 3 条根轨迹分支，3 条根轨迹均趋向于无穷远处；

（3）实轴上的根轨迹区段为 $(-\infty,-2]$，$[-1,0]$

（4）渐近线：

$$\begin{cases}\sigma_a=\dfrac{-1-2}{3}=-1\\ \varphi_a=\dfrac{(2k+1)\pi}{3}=\pm\dfrac{\pi}{3},\pi\end{cases}$$

（5）分离点：

$$\frac{1}{d}+\frac{1}{d+1}+\frac{1}{d+2}=0$$

整理得

$$3d^2+6d+2=0$$

解得

$$d_1=-1.577\text{，}\ d_2=-0.432$$

显然分离点为 $d=-0.432$，由幅值条件可求得分离点处的 K^* 值：

$$K_d^*=|d|\cdot|d+1|\cdot|d+2|=0.4$$

（6）与虚轴的交点：闭环特征方程式为

$$D(s)=s^3+3s^2+2s+K^*=0$$

令

$$\begin{cases}\mathrm{Re}[D(\mathrm{j}\omega)]=-3\omega^2+K^*=0\\ \mathrm{Im}[D(\mathrm{j}\omega)]=-\omega^3+2\omega=0\end{cases}$$

解得

$$\begin{cases}\omega=\pm\sqrt{2}\\ K^*=6\end{cases}$$

系统根轨迹如图 5-16 所示。从根轨迹图上可以看出稳定欠阻尼状态的根轨迹增益的范围为 $0.4<K^*<6$，相应开环增益范围为 $0.2<K<3$。

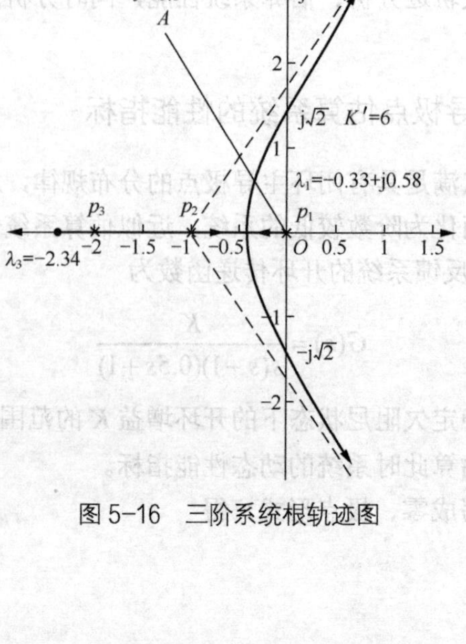

图 5-16　三阶系统根轨迹图

为了确定满足阻尼比 $\xi=0.5$ 条件时系统的 3 个闭环极点，首先作出 $\xi=0.5$ 的等阻尼线 OA，它与负实轴夹角为

$$\beta=\arccos\xi=60^{\circ}$$

如图 5-16 所示。等阻尼线 OA 与根轨迹的交点即为相应的闭环极点，可设相应两个复数闭环极点分别为

$$\lambda_1=-\xi\omega_n+\mathrm{j}\omega_n\sqrt{1-\xi^2}=-0.5\omega_n+\mathrm{j}0.866\omega_n$$
$$\lambda_2=-\xi\omega_n-\mathrm{j}\omega_n\sqrt{1-\xi^2}=-0.5\omega_n-\mathrm{j}0.866\omega_n$$

闭环特征方程式为

$$\begin{aligned}D(s)&=(s-\lambda_1)(s-\lambda_2)(s-\lambda_3)\\&=s^3+(\omega_n-\lambda_3)s^2+(\omega_n^2-\lambda_3\omega_n)s-\lambda_3\omega_n^2\\&=s^3+3s^2+2s+K^*\\&=0\end{aligned}$$

比较系数有 $\begin{cases}\omega_n-\lambda_3=3\\\omega_n^2-\lambda_3\omega_n=2\\-\lambda_3\omega_n^2=K^*\end{cases}$

解得 $\begin{cases}\omega_n=\dfrac{2}{3}\\\lambda_3=-2.33\\K^*=1.04\end{cases}$

故 $\xi=0.5$ 时的 K 值以及相应的闭环极点为

$$K=K^*/2=0.52$$
$$\lambda_1=-0.33+\mathrm{j}0.58,\quad \lambda_2=-0.33-\mathrm{j}0.58,\quad \lambda_3=-2.33$$

在所求得的 3 个闭环极点中，λ_3 至虚轴的距离与 λ_1（或 λ_2）至虚轴的距离之比为

$$\frac{2.34}{0.33}\approx 7\ (倍)$$

可见，λ_1、λ_2 是系统的主导闭环极点。于是，可由 λ_1、λ_2 所构成的二阶系统来估算原三阶系统的动态性能指标。原系统闭环增益为 1，因此相应的二阶系统闭环传递函数为

$$\Phi_2(s)=\frac{0.33^2+0.58^2}{(s+0.33-\mathrm{j}0.58)(s+0.33+\mathrm{j}0.58)}=\frac{0.667^2}{s^2+0.667s+0.667^2}$$

将 $\begin{cases}\omega_n=0.667\\\xi=0.5\end{cases}$ 代入公式得

$$\sigma\%=\mathrm{e}^{-\xi\pi/\sqrt{1-\xi^2}}=\mathrm{e}^{-0.5\times3.14/\sqrt{1-0.5^2}}=16.3\%$$
$$t_s=\frac{3.5}{\xi\omega_n}=\frac{3.5}{0.5\times0.667}=10.5\ \mathrm{s}$$

原系统为I型系统，系统的静态速度误差系数计算为

$$K_v = \lim_{s\to 0} sG(s) = \lim_{s\to 0} s \cdot \frac{K}{s(s+1)(0.5s+1)} = K = 0.525$$

系统在单位斜坡信号作用下的稳态误差为

$$e_{ss} = \frac{1}{K_v} = \frac{1}{K} = 1.9$$

【例 5-11】 控制系统结构图如图 5-17（a）所示，试绘制系统根轨迹，并确定 $\xi = 0.5$ 时系统的开环增益 K 值及对应的闭环传递函数。

解：开环传递函数为

$$G(s)H(s) = \frac{K^*(s+4)}{s(s+2)(s+3)} \cdot \frac{s+2}{s+4} = \frac{K^*}{s(s+3)} \qquad \begin{cases} K = K^*/3 \\ v = 1 \end{cases}$$

根据法则，系统有 2 条根轨迹分支，均趋于无穷远处。

实轴上的根轨迹： $[-3,0]$

分离点： $\dfrac{1}{d} + \dfrac{1}{d+3} = 0$

解之得 $d = -3/2$

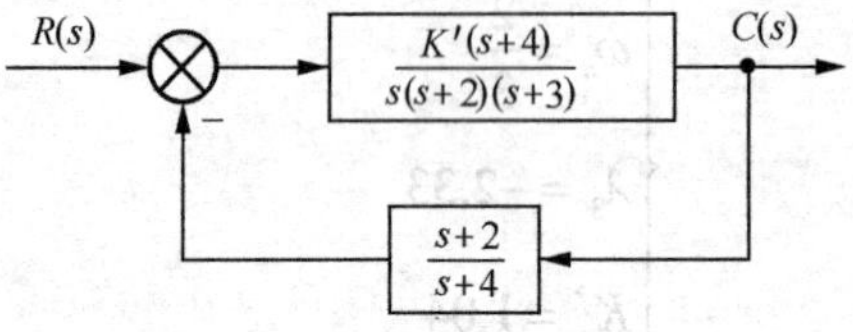

（a）

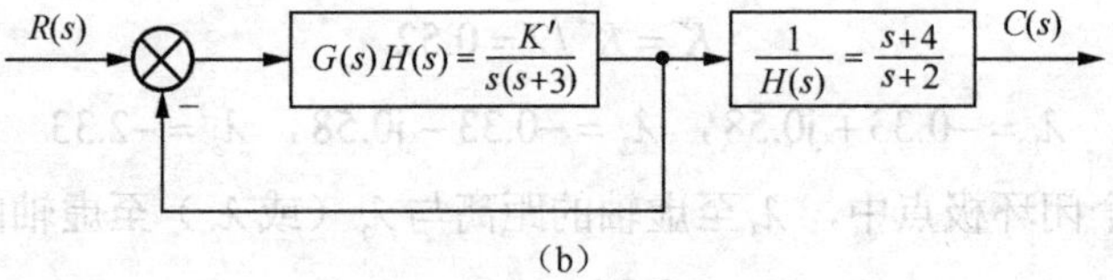

（b）

图 5-17 系统结构图

系统根轨迹如图 5-18 所示。

当 $\xi = 0.5$ 时，$\beta = 60^\circ$。作 $\beta = 60^\circ$ 直线与根轨迹交点坐标为

$$\lambda_1 = -\frac{3}{2} + \mathrm{j}\frac{3}{2}\tan 60^\circ = -\frac{3}{2} + \mathrm{j}\frac{3}{2}\sqrt{3}$$

$$K^* = \left|-\frac{3}{2} + \mathrm{j}\frac{3}{2}\sqrt{3}\right| \cdot \left|-\frac{3}{2} + \mathrm{j}\frac{3}{2}\sqrt{3} + 3\right| = 9$$

$$K = \frac{K^*}{3} = 3$$

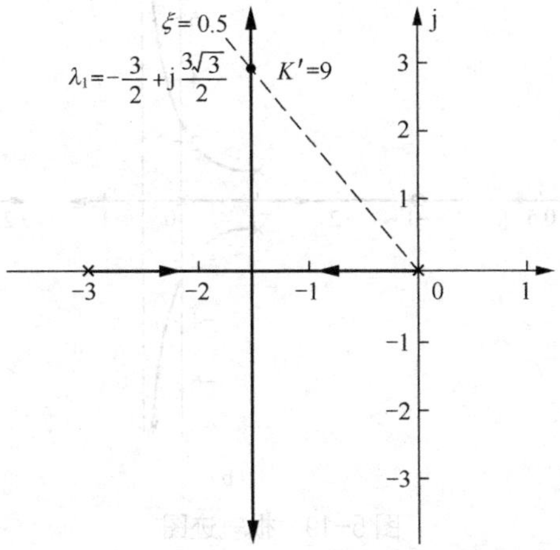

图 5-18 根轨迹图

闭环传递函数为

$$\Phi(s)=\frac{\dfrac{K^*(s+1)}{s(s+2)(s+3)}}{1+\dfrac{K^*}{s(s+3)}}=\frac{K^*(s+4)}{(s^2+3s+K^*)(s+2)}=\frac{9(s+4)}{(s^2+3s+9)(s+2)}$$

注意：本题中由于开环传递函数中出现了零、极点对消现象，两条根轨迹反映的只是随根轨迹增益 K^* 变化的两个闭环特征根。这时应导出 $\Phi(s)$，补回由于零、极点对消而丢失的闭环零、极点，然后再计算系统动态性能指标。

5.4.2 开环零、极点分布对系统性能的影响

开环零、极点的分布决定着系统根轨迹的形状。如果系统的性能不尽如人意，可以通过调整控制器的结构和参数，改变相应的开环零、极点的分布，调整根轨迹的形状，改善系统的性能。

1. 增加开环零点对根轨迹的影响

【例 5-12】 三个单位反馈系统的开环传递函数分别为

$$G_1(s)=\frac{K^*}{s(s^2+2s+2)},\quad G_2(s)=\frac{K^*(s+3)}{s(s^2+2s+2)},\quad G_3(s)=\frac{K^*(s+2)}{s(s^2+2s+2)}$$

试分别绘制三个系统的根轨迹。

解：三个系统的零、极点分布及根轨迹分别如图 5-19（a）、（b）、（c）所示。

从图 5-19 中可以看出，增加一个开环零点使系统的根轨迹向左偏移，提高了系统的稳定度，有利于改善系统的动态性能，而且开环负实零点离虚轴越近，这种作用越显著；若增加的开环零点和某个极点重合或距离很近时，构成偶极子，则二者作用相互抵消。因此，可以通过加入开环零点的方法，抵消有损于系统性能的极点。

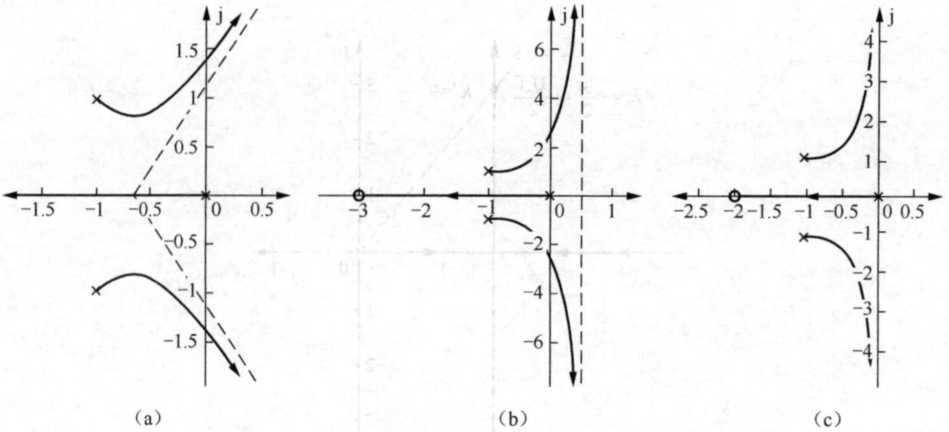

图 5-19　根轨迹图

2．增加开环极点对根轨迹的影响

【例 5-13】　三个单位反馈系统的开环传递函数分别为

$$G_1(s)=\frac{K^*}{s(s+1)},\quad G_2(s)=\frac{K^*}{s(s+1)(s+2)},\quad G_3(s)=\frac{K^*}{s^2(s+1)}$$

试分别绘制三个系统的根轨迹。

解：三个系统的零、极点分布及根轨迹分别如图 5-20（a）、（b）、（c）所示。

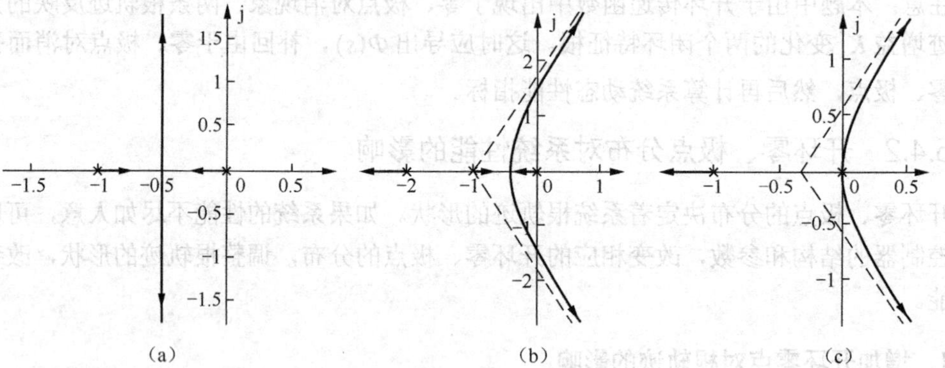

图 5-20　根轨迹图

从图 5-20 中可以看出，增加一个开环极点使系统的根轨迹向右偏移。这样，降低了系统的稳定度，不利于改善系统的动态性能，而且开环负实极点离虚轴越近，这种作用越显著。

【例 5-14】　三个系统的开环传递函数分别为

$$G(s)H_1(s)=\frac{K^*}{s(s+1)},\quad G(s)H_2(s)=\frac{K^*(s+2)}{s(s+1)(s+3)},\quad G(s)H_3(s)=\frac{K^*(s+3)}{s(s+1)(s+2)}$$

试分别绘制三个系统的根轨迹。

解：三个系统的零、极点分布及根轨迹分别如图 5-21（a）、（b）、（c）所示。

从图 5-21（b）中可以看出，当 $|z_c|<|p_c|$ 时，增加的开环零点靠近虚轴，起主导作用。此时，零点矢量幅角大于极点矢量幅角，即 $\angle(s-z_c)>\angle(s-p_c)$（$\varphi_c>\theta_c$）。这对零、极点为原

开环传递函数附加超前角 $+(\varphi_c-\theta_c)$，相当于附加开环零点的作用，使根轨迹向左偏移，改善了系统动态性能。当 $|z_c|>|p_c|$ 时，极点为原开环传递函数附加滞后角 $-(\varphi_c-\theta_c)$，相当于附加开环极点的作用，使根轨迹向右偏移。

因此，合理选择校正装置参数，设置相应的开环零、极点位置，可以改善系统动态性能。

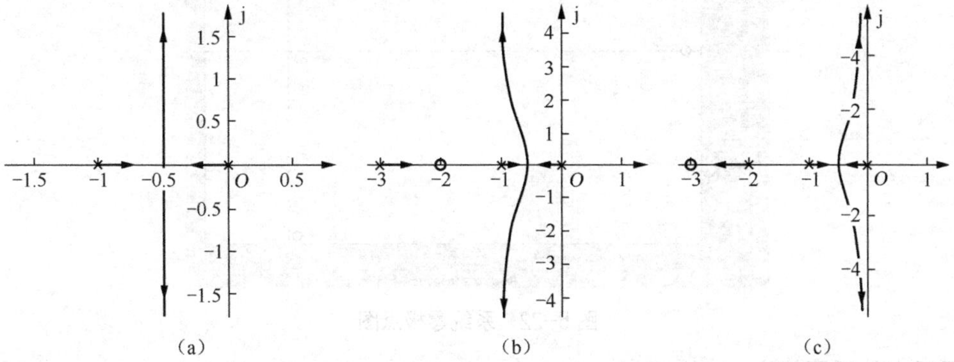

图 5-21 根轨迹图

5.5 Matlab 在根轨迹法中的应用

传统的根轨迹法是不直接求解特征方程的，它创造了一套很有效的方法——图解加计算的手工绘图法。但是，手绘根轨迹的步骤较为烦琐，而且所画根轨迹也仅为近似曲线，并不能够非常精确。而在 Matlab 软件中，根轨迹的绘制变得很容易，而且可以得到精确的曲线。

计算机绘制根轨迹大多采用直接求解特征方程的方法，也就是每改变一次增益 K，就求解一次特征方程。让 K 从零开始等间隔增大，只要 K 的取值足够多、足够密，相应解特征方程的根就在 s 平面上绘出根轨迹。

在 Matlab 中，有 3 个与根轨迹相关的函数：pzmap()、rlocus()和 rlocfind()。

5.5.1 pzmap()函数

此函数是用来绘制系统的零极点图。其调用格式为

```
pzmap(sys)              %绘制系统 sys 的零极点图
[p,z]= pzmap(sys)       %不绘制零极点图，而直接返回系统 sys 的零极点
```

【例 5-15】 设一个单位负反馈系统的传递函数为

$$G(s)=\frac{s^3+5s^2+3s+10}{s^4+3s^3+s^2+4s+5}$$

试绘制系统的零极点图，并返回零极点。

解：程序代码如下：

```
>> clear all
>> num=[1,5,3,10];
>> den=[1,3,1,4,5];
>> sys=tf(num,den);
>> pzmap(sys)
```

运行程序，得到系统的零极点图，如图 5-22 所示。

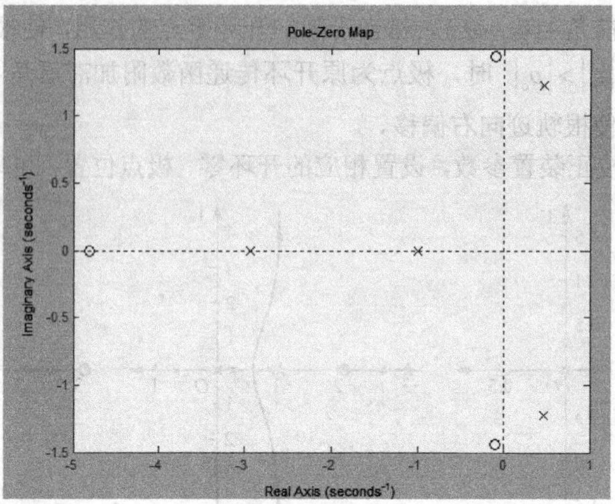

图 5-22 系统零极点图

零极点的返回值为

```
p =
  -2.9259 + 0.0000i
  0.4629 + 1.2225i
  0.4629 - 1.2225i
  -1.0000 + 0.0000i
z =
  -4.8086 + 0.0000i
  -0.0957 + 1.4389i
  -0.0957 - 1.4389i
```

5.5.2 rlocus()函数

该函数的功能是绘制系统的根轨迹图，其调用格式为

```
rlocus (sys)              %绘制系统 sys 的根轨迹（增益 K 由 0 取至无穷）
rlocus (sys,K)            %取系统的增益为 K，并绘制其根的分布（零极点分布）
[R,K] = rlocus (sys)      %不绘制图形，返回系统 sys 增益 K 由 0 取至无穷时的极点
R= rlocus (sys,K)         %不绘制图形，返回系统 sys 增益取 K 时所对应的极点
```

【例 5-16】 已经一单位负反馈系统的开环传递函数为

$$G(s)=\frac{K}{s(0.5s+3)(3s+2)}$$

试绘制系统的根轨迹，计算增益 K=2 时系统的极点。

解：程序代码如下：

```
>> clear all
>> num=1;
>> den=conv ( [1,0],conv ( [0.5,3],[3,2] )) ;
>> sys=tf (num,den) ;
>> rlocus (sys)
>>R= rlocus (sys,K)
```

运行程序，得到系统的根轨迹如图 5-23 所示。

当 K=2 时，返回值为

```
R =
  -6.0411 + 0.0000i
```

```
-0.3128 + 0.3505i
-0.3128 - 0.3505i
```

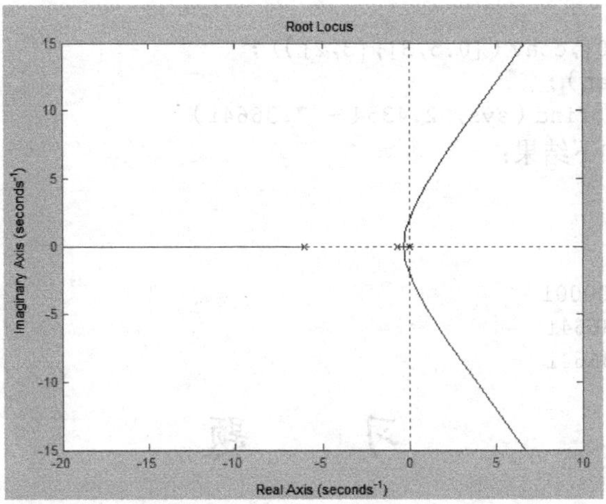

图 5-23　系统的根轨迹图

5.5.3　rlocfind()函数

该函数的功能是在给定一组根的情况下，找出增益的大小。其调用格式为

```
[K,POLES] = rlocfind(sys)        %计算给定极点 POLES 所对应的增益 K
[K,POLES] = rlocfind(SYS,P) %对指定根计算对应的增益 K 和根矢量 P
```

【例 5-17】　例 5-16 中系统，绘制根轨迹后，在根轨迹图上任选一点，计算该点的增益 k，以及所有极点的位置。

解：程序代码如下：

```
>> clear all
>> num=1;
>> den=conv([1,0],conv([0.5,3],[3,2]));
>> sys=tf(num,den);
>> rlocus(sys)
>> [k,poles]=rlocfind(sys)
```

运行程序，可得到如图 5-23 所示的根轨迹图。

根据 Matlab 的窗口提示：

```
Select a point in the graphics window
```

用鼠标在图上随意点击一下左键，选择一个点，可得以下结果：

```
selected_point =
   2.3578 + 7.4068i
k =
   1.0417e+03
poles =
-11.5374 + 0.0000i
   2.4354 + 7.3664i
   2.4354 - 7.3664i
```

由结果可知，所选的点为 2.3578 + 7.4068i，对应增益为 k=1.0417e+03，三个极点为–11.5374 + 0.0000i、2.4354 + 7.3664i、2.4354 - 7.3664i。

【例 5-18】　例 5-16 中系统，计算指定根为 2.4354 - 7.3664i 的增益和极点。

解：程序代码如下：

```
>> clear all
>> num=1;
>> den=conv([1,0],conv([0.5,3],[3,2]));
>> sys=tf(num,den);
>> [k,poles]=rlocfind(sys, 2.4354 - 7.3664i)
```

运行程序，得到如下结果：

```
k =
   1.0417e+03
poles =
  -11.5374 + 0.0000i
    2.4354 + 7.3664i
    2.4354 - 7.3664i
```

习　　题

1．系统的开环传递函数为

$$G(s)H(s)=\frac{K^*}{(s+1)(s+2)(s+4)}$$

试证明 $s_1=-1+\mathrm{j}\sqrt{3}$ 在根轨迹上，并求出相应的根轨迹增益 K^* 和开环增益 K。

2．已知单位反馈系统的开环传递函数 $G(s)=\dfrac{2s}{(s+4)(s+b)}$，试绘制参数 b 从零变化到无穷大时的根轨迹，并写出 s=−2 这一点对应的闭环传递函数。

3．已知单位反馈系统的开环传递函数，试概略绘出系统根轨迹。

（1）$G(s)=\dfrac{k}{s(0.2s+1)(0.5s+1)}$；

（2）$G(s)=\dfrac{k(s+1)}{s(2s+1)}$；

（3）$G(s)=\dfrac{k^*(s+5)}{s(s+2)(s+3)}$；

（4）$G(s)=\dfrac{k*(s+1)(s+2)}{s(s-1)}$。

4．已知单位反馈系统的开环传递函数为

$$G(s)=\frac{k}{s(0.02s+1)(0.01s+1)}$$

要求：（1）绘制系统的根轨迹；

（2）确定系统临界稳定时开环增益 k 的值；

（3）确定系统临界阻尼比时开环增益 k 的值。

5．已知系统的开环传递函数为 $G(s)H(s)=\dfrac{k^*}{s(s^2+8s+20)}$，要求绘制根轨迹并确定系统阶跃响应无超调时开环增益 k 的取值范围。

第 6 章 频域分析

频域分析法是一种图解分析法，是一种间接地研究控制系统性能的工程方法。它是根据系统的开环频率特性，分析和判断闭环系统的稳定性、动态性和稳态性能，因而可以避免繁杂的求解运算，计算量较小。

频域分析法研究系统的依据是频率特性，频率特性是控制系统的又一种数学模型，具有明确的物理意义，可用实验的方法来确定，因此，对于难以获得数学模型的系统来说，具有很重要的实际意义。频域分析法还能方便地分析系统参数变化对系统的影响，指出改善系统性能的途径。

建立在频率特性基础上的分析控制系统的频域法补缺了时域分析法中存在的不足，因而获得了广泛的应用。频域分析法具有以下特点：

（1）控制系统及其元部件的频率特性可以运用分析法或者实验法获得，并可用多种形式的曲线来表示，因而系统分析和控制器设计可以应用图解法进行。

（2）频率特性的物理意义明确。频域性能指标和时域性能指标之间有相应的对应关系。

（3）控制系统的频域设计可以兼顾动态响应和噪声抑制两方面的要求。

另外，频域分析还可以推广到研究某些非线性系统。

本章将介绍频率特性的基本概念、典型环节与开环系统的频率特性、频率域稳定判据、Matlab 在频率响应法中的应用、闭环系统的频率特性等内容。

6.1 频率特性的基本概念

6.1.1 *RC* 网络

频率特性又称频率响应，它是系统（或元件）对不同频率正弦输入信号的响应特性。下面我们以一个简单的 *RC* 网络为例，说明频率特性的概念，如图 6-1 所示的电路。其微分方程为

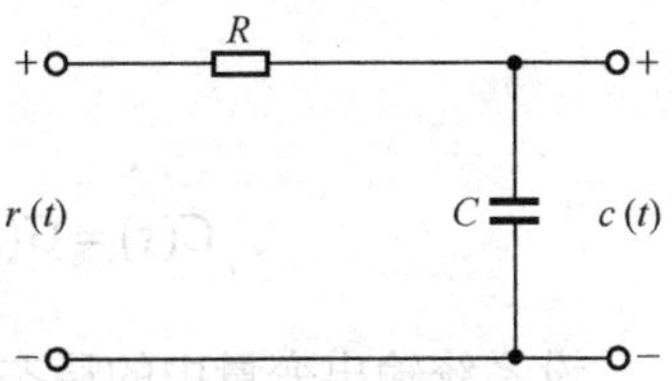

图 6-1 *RC* 电路

$$RC\frac{\mathrm{d}c(t)}{\mathrm{d}r(t)}+c(t)=r(t)$$

令 $T=RC$，为电路的惯性时间常数，则网络的传递函数为

$$\frac{C(s)}{R(s)}=\frac{1}{Ts+1} \tag{6-1}$$

若在网络输入正弦电压，即

$$r(t)=A\sin\omega t$$

则由式（6-1）有

$$C(s)=\frac{1}{Ts+1}R(s)=\frac{1}{Ts+1}\times\frac{A\omega}{s^2+\omega^2}$$

经拉氏反变换，得到电容两端的电压为

$$c(t)=\frac{A\omega T}{1+\omega^2T^2}\mathrm{e}^{-\frac{t}{T}}+\frac{A}{\sqrt{1+\omega^2T^2}}\sin(\omega t-\arctan\omega T)$$

式中，$c(t)$ 第一项为瞬态分量，随着时间的无限增长瞬态分量衰减为零；第二项为稳态分量。令 $\varphi(\omega)=-\arctan\omega T$ ，显然，RC 电路的稳态响应为

$$c(\infty)=\lim_{t\to\infty}c(t)=\frac{A}{1+\omega^2T^2}\sin(\omega t+\varphi) \tag{6-2}$$

由式（6-2）可知，当输入为正弦信号时，网络的稳态输出仍然是与输入电压同频率的正弦信号，输出的幅值是输入的 $\frac{1}{\sqrt{1+\omega^2T^2}}$ 倍，相角比输入滞后了 $\arctan\omega T$ 。

将输出的稳态响应和输入正弦信号用复数向量表示，则有

$$G(\mathrm{j}\omega)=\frac{1}{1+\mathrm{j}\omega T}=A(\omega)\mathrm{e}^{\mathrm{j}\varphi} \tag{6-3}$$

我们称式（6-3）为 RC 网络的频率特性，其中 $A(\omega)=\left|\frac{1}{1+\mathrm{j}\omega T}\right|=\frac{1}{\sqrt{1+\omega^2T^2}}$ 称为 RC 网络的幅频特性，$\varphi(\omega)=-\arctan\omega T$ 称为相频特性。显然，它们都是频率 ω 的函数。

6.1.2 频率特性的定义

系统在正弦信号的作用下，其输出的稳态分量称为频率响应，结构图如图 6-2 所示。

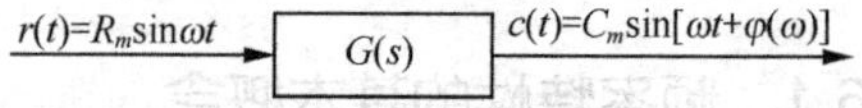

图 6-2 系统结构图

设线性定常系统的传递函数为 $G(s)$，输入量和输出量分别为 $r(t)$和 $c(t)$，且输入信号为正弦信号 $r(t)=A\sin\omega t$ 。与上面对 RC 网络的分析相似，可以得到

$$R(s)=\frac{A\omega}{s^2+\omega^2} \tag{6-4}$$

$$C(s)=G(s)R(s)=G(s)\frac{A\omega}{s^2+\omega^2}=G(s)\frac{A\omega}{(s+\mathrm{j}\omega)(s-\mathrm{j}\omega)} \tag{6-5}$$

设系统输出变量中的稳态分量和瞬态分量分别为 $C_\mathrm{s}(t)$和 $C_\mathrm{t}(t)$，则有

$$C(s)=C_\mathrm{s}(s)+C_\mathrm{t}(s) \tag{6-6}$$

$$C_s(s)=\frac{A_1}{s+j\omega}+\frac{A_2}{s-j\omega} \tag{6-7}$$

式中，A_1和A_2为待定系数，则有

$$C_s(t)=A_1e^{-j\omega t}+A_2e^{j\omega t} \tag{6-8}$$

$$A_1=G(s)\frac{A\omega}{(s+j\omega)(s-j\omega)}(s+j\omega)\Big|_{s=-j\omega} \tag{6-9}$$

$$A_2=G(s)\frac{A\omega}{(s+j\omega)(s-j\omega)}(s-j\omega)\Big|_{s=j\omega} \tag{6-10}$$

将式（6-9）和式（6-10）代入式（6-8）中，考虑到$G(j\omega)$和$G(-j\omega)$为共轭复数，并利用数学中的欧拉公式，可以推导出

$$C_s(t)=A|G(j\omega)|\sin(\omega t+\varphi) \tag{6-11}$$

式中，$G(j\omega)$就是令$G(s)$中的s为$j\omega$所得到的复数量；$|G(j\omega)|$为复量$G(j\omega)$的模，$\varphi=\angle G(j\omega)$为复量$|G(j\omega)|$的相位，也就是输出信号对于输入信号的相位差。

综上所述，对于线性定常系统，若传递函数为$G(s)$，当输入量是正弦信号时，其稳态响应$C_s(t)$是同一频率的正弦信号，此时，称稳态响应的幅值与输入信号的幅值之比，即

$$\frac{A|G(j\omega)|}{A}=|G(j\omega)| \tag{6-12}$$

为系统的幅频特性，称$C_s(t)$与$r(t)$之间的相位差$\varphi=\angle G(j\omega)$为系统的相频特性。幅频特性和相频特性统称为系统的频率特性，或称频率响应。

6.1.3 频率特性的表示方法

频率特性有3种表示方法：

（1）指数表示

$$G(j\omega)=A(\omega)e^{j\varphi(\omega)} \tag{6-13}$$

（2）极坐标表示

$$G(j\omega)=A(\omega)\cos\varphi(\omega)+jA(\omega)\sin\varphi(\omega)=|G(j\omega)|e^{j\angle G(j\omega)} \tag{6-14}$$

（3）直角坐标表示

$$G(j\omega)=U(\omega)+jV(\omega) \tag{6-15}$$

式中，$U(\omega)$称为实频特性，$V(\omega)$称为虚频特性，其中

$$\begin{cases}U(\omega)=A(\omega)\cos\varphi(\omega)\\V(\omega)=A(\omega)\sin\varphi(\omega)\end{cases} \tag{6-16}$$

$$\begin{cases}A(\omega)=|G(j\omega)|=\sqrt{U^2(\omega)+V^2(\omega)}\\\varphi(\omega)=\angle G(j\omega)=\arctan\dfrac{V(\omega)}{U(\omega)}\end{cases} \tag{6-17}$$

6.1.4 频率特性与传递函数之间的关系

系统的频率特性 $G(\mathrm{j}\omega)$ 是系统传递函数 $G(s)$ 的特殊形式。它们之间的关系为

$$G(\mathrm{j}\omega)=G(s)\ \Big|_{s=\mathrm{j}\omega} \tag{6-18}$$

频率特性是定义在复平面虚轴上的传递函数，因此，频率特性和系统的微分方程、传递函数一样反映了系统的固有特性，各关系如图 6-3 所示。

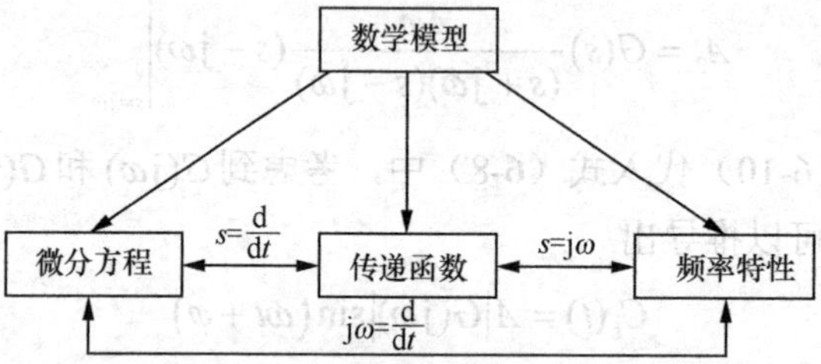

图 6-3 各数学模型之间的关系

6.1.5 频率特性的性质

（1）频率特性描述了系统的内在特性，与外界因素无关。当系统结构参数给定，则频率特性也完全确定。因此，频率特性也是一种数学模型。

（2）频率特性是在系统稳定的前提下求得的，不稳定系统则无法直接观察到稳态响应。从理论上讲，系统动态过程的稳态分量总可以分离出来，而且其规律并不依赖于系统的稳定性。可将频率特性的概念扩展为线性系统正弦输入作用下，输出稳态分量和输入的复数比。因此，频率特性是一种稳态响应。

（3）系统的稳输出量与输入量具有相同的频率，且 $G(\mathrm{j}\omega)$、$A(\omega)$、$\varphi(\omega)$ 都是频率 ω 的复变函数，都随频率 ω 的改变而改变，而与输入幅值无关。

（4）频率特性反映了系统性能，不同的性能指标对系统频率特性提出不同的要求。反之，由系统的频率特性也可确定系统的性能指标。

（5）实际的自动控制系统都具有 ω 升高、幅频特性 $A(\omega)$ 衰减的特性，该特性称为低通滤波器特性。

（6）频率特性一般适用于线性元件或系统的分析，也可推广应用到某些非线性系统的分析。

（7）频率特性的分析方法是一种图解分析，其最大的特点就是将系统的频率特性用曲线表示出来，计算量小，非常直观。常用的分析方法有两种：奈奎斯特图（Nyquist 图）分析法和伯德图（Bode 图）分析法，将在下面 6.2 节和 6.3 节中介绍。

【例 6-1】 设某线性系统的传递函数为

$$G(s)=\frac{10s}{s+1}$$

试计算系统的频率特性。

解： 令 $s=\mathrm{j}\omega$，代入上式，得

$$G(\mathrm{j}\omega)=\frac{10\mathrm{j}\omega}{\mathrm{j}\omega+1}$$
$$=\frac{10\mathrm{j}\omega(-\mathrm{j}\omega+1)}{(\mathrm{j}\omega+1)(-\mathrm{j}\omega+1)}$$
$$=\frac{10\omega^2+10\mathrm{j}\omega}{\omega^2+1}$$

系统的幅频特性为

$$|G(\mathrm{j}\omega)|=\frac{10\omega}{\sqrt{\omega^2+1}}$$

系统的相频特性为

$$\varphi=\angle G(\mathrm{j}\omega)=\arctan\frac{1}{\omega}$$

系统的频率特性为

$$G(\mathrm{j}\omega)=|G(\mathrm{j}\omega)|\mathrm{e}^{\mathrm{j}\angle G(\mathrm{j}\omega)}=\frac{10\omega}{\sqrt{\omega^2+1}}\mathrm{e}^{\mathrm{j}\arctan\frac{1}{\omega}}$$

6.2 奈奎斯特图分析法

奈奎斯特（Nyquist）图又称极坐标图，或称幅相特性图，它是在直角坐标或极坐标平面上，以ω为自变量，当ω由$0\to\infty$时，画出频率特性$G(\mathrm{j}\omega)$的点的轨迹，这个平面称为$G(s)$的复平面。

绘制奈奎斯特图的根据就是本书6.1.3中介绍的频率特性表示法，大部分的情况下，不必逐点准确绘图，只需画出简图即可。基本过程是，找出$\omega=0$及$\omega\to\infty$时的$G(\mathrm{j}\omega)$的位置，以及另外一到两个关键点，再把它们连结起来，并标上ω的变化情况，就成了奈奎斯特简图。绘制奈奎斯特简图主要根据是相频特性$\varphi=\angle G(\mathrm{j}\omega)$，同时参考幅频特性$|G(\mathrm{j}\omega)|$，有时也需要利用实频特性$U(\omega)$和虚频特性$V(\omega)$。

奈奎斯特图的优点是在一张图上就可以较容易地得到全部频率范围内的频率特性，利用图形可以较容易地对系统进行定性分析；缺点是不能明显地表示出各个环节对系统的影响和作用。

6.2.1 典型环节的奈奎斯特图

1．比例环节

比例环节的传递函数： $G(s)=K$ （6-19）

频率特性： $G(\mathrm{j}\omega)=K$ （6-20）

幅频特性： $|G(\mathrm{j}\omega)|=K$ （6-21）

相频特性： $\angle G(\mathrm{j}\omega)=0$ （6-22）

实频特性： $U(\omega)=K$

虚频特性： $V(\omega)=0$ （6-23）

显然，上述特性与ω的变化无关，故比例环节的奈奎斯特图为实轴上的一个点，如图 6-4 所示。

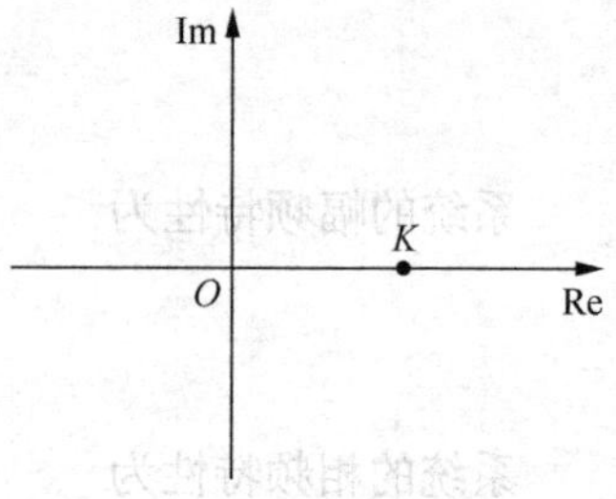

图 6-4　比例环节的奈奎斯特图

2．积分环节

积分环节传递函数： $G(s)=\dfrac{1}{s}$ （6-24）

频率特性： $G(\mathrm{j}\omega)=\dfrac{1}{\mathrm{j}\omega}=-\mathrm{j}\dfrac{1}{\omega}=\dfrac{1}{\omega}\mathrm{e}^{-\mathrm{j}\frac{\pi}{2}}$ （6-25）

幅频特性： $|G(\mathrm{j}\omega)|=\dfrac{1}{\omega}$ （6-26）

相频特性： $\angle G(\mathrm{j}\omega)=-\dfrac{\pi}{2}$ （6-27）

实频特性： $U(\omega)=0$ （6-28）

虚频特性： $V(\omega)=-\dfrac{1}{\omega}$ （6-29）

根据奈奎斯特图的基本图法，找出几个关键点，可得到表 6-1。

表 6-1　积分环节各关键点

ω	$\|G(\mathrm{j}\omega)\|$	$\angle G(\mathrm{j}\omega)$	$U(\omega)$	$V(\omega)$
0	∞	−90°	0	−∞
1	1	−90°	0	−1
∞	0	−90°	0	0

根据表 6-1 中的关键点和ω的变化情况，可知积分环节奈奎斯特图是负虚轴，如图 6-5 所示。

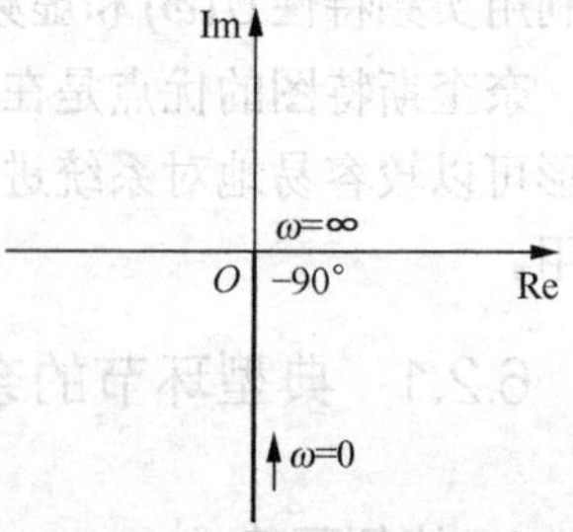

图 6-5　积分环节的奈奎斯特图

3．微分环节

微分环节传递函数： $G(s)=s$ （6-30）

频率特性： $G(\mathrm{j}\omega)=\mathrm{j}\omega=\omega\mathrm{e}^{\mathrm{j}\frac{\pi}{2}}$ （6-31）

幅频特性： $|G(\mathrm{j}\omega)|=\omega$ （6-32）

相频特性： $\angle G(\mathrm{j}\omega)=\dfrac{\pi}{2}$ （6-33）

实频特性： $U(\omega)=0$ （6-34）

虚频特性： $V(\omega)=\omega$ （6-35）

根据上述各式，可得到表 6-2。

表 6-2 微分环节各关键点

ω	$\lvert G(j\omega)\rvert$	$\angle G(j\omega)$	$U(\omega)$	$V(\omega)$
0	0	90°	0	0
1	1	90°	0	1
∞	∞	90°	0	∞

根据表 6-2 中的关键点和 ω 的变化情况，可知微分环节的奈奎斯特图是正虚轴，如图 6-6 所示。

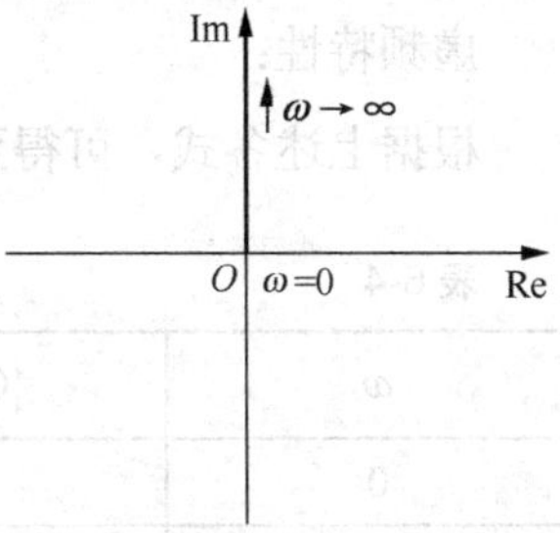

图 6-6 微分环节奈奎斯特图

4．惯性环节

惯性环节传递函数： $$G(s)=\frac{1}{Ts+1} \tag{6-36}$$

频率特性： $$G(j\omega)=\frac{1}{j\omega T+1} \tag{6-37}$$

幅频特性： $$\lvert G(j\omega)\rvert=\frac{1}{\sqrt{T^2\omega^2+1}} \tag{6-38}$$

相频特性： $$\angle G(j\omega)=0-\arctan T\omega=-\arctan T\omega \tag{6-39}$$

实频特性： $$U(\omega)=\frac{1}{T^2\omega^2+1} \tag{6-40}$$

虚频特性： $$V(\omega)=-\frac{T\omega}{T^2\omega^2+1} \tag{6-41}$$

根据上述各式，可得到表 6-3。

表 6-3 惯性环节各关键点

ω	$\lvert G(j\omega)\rvert$	$\angle G(j\omega)$	$U(\omega)$	$V(\omega)$
0	1	0°	1	0
$1/T$	$1/\sqrt{2}$	−45°	1/2	−1/2
∞	0	−90°	0	0

根据表 6-3 中的关键点和 ω 的变化情况，可知惯性环节的奈奎斯特图在第四象限，由实频特性和虚频特性可以推得

$$\left(U(\omega)-\frac{1}{2}\right)^2+\left(V(\omega)\right)^2=\left(\frac{1}{2}\right)^2$$

可以看出这是一个圆，圆心为 $(1/2,\ j0)$，半径为 $1/2$。因此，惯性环节的奈奎斯特图是第四象限的半圆，如图 6-7 所示。

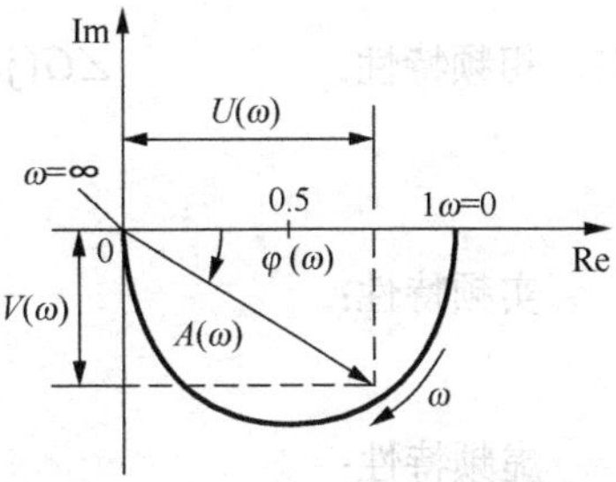

图 6-7 惯性环节的奈奎斯特图

5. 一阶微分环节

一阶微分环节传递函数：$$G(s)=\tau s+1 \tag{6-42}$$

频率特性：$$G(\mathrm{j}\omega)=\mathrm{j}\omega\tau+1 \tag{6-43}$$

幅频特性：$$|G(\mathrm{j}\omega)|=\sqrt{\tau^2\omega^2+1} \tag{6-44}$$

相频特性：$$\angle G(\mathrm{j}\omega)=\arctan\tau\omega \tag{6-45}$$

实频特性：$$U(\omega)=1 \tag{6-46}$$

虚频特性：$$V(\omega)=\tau\omega \tag{6-47}$$

根据上述各式，可得到表 6-4。

表 6-4 一阶微分环节各关键点

ω	$\lvert G(\mathrm{j}\omega)\rvert$	$\angle G(\mathrm{j}\omega)$	$U(\omega)$	$V(\omega)$
0	0	0°	1	0
$1/\tau$	$\sqrt{2}$	45°	1	1
∞	∞	90°	1	∞

根据表 6-4 中的关键点和 ω 的变化情况，可知一阶微分环节的奈奎斯特图是一条第一象限内过点 (1, j0) 且平行于虚轴的直线，如图 6-8 所示。

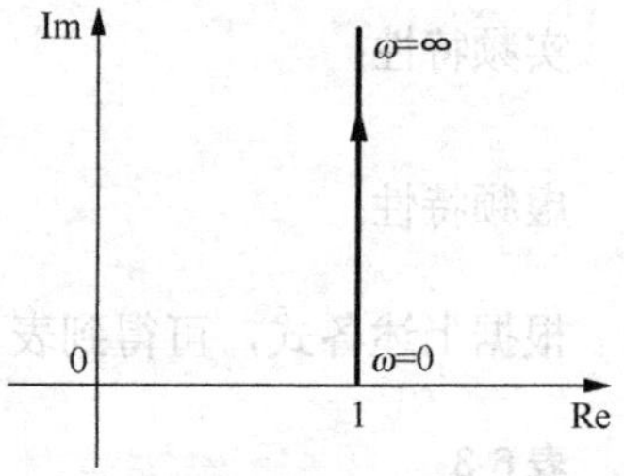

图 6-8 一阶微分环节的奈奎斯特图

6. 振荡环节

振荡环节传递函数：$$G(s)=\frac{1}{T^2s^2+2\xi Ts+1} \tag{6-48}$$

频率特性：$$G(\mathrm{j}\omega)=\frac{1}{(1-T^2\omega^2)+\mathrm{j}2\xi T\omega} \tag{6-49}$$

幅频特性：$$|G(\mathrm{j}\omega)|=\frac{1}{\sqrt{(1-T^2\omega^2)^2+(2\xi T\omega)^2}} \tag{6-50}$$

相频特性：$$\angle G(\mathrm{j}\omega)=\begin{cases}-\arctan\dfrac{2\xi T\omega}{1-T^2\omega^2}, & \omega\leqslant\dfrac{1}{T}\\ -180^\circ-\arctan\dfrac{2\xi T\omega}{1-T^2\omega^2}, & \omega>\dfrac{1}{T}\end{cases} \tag{6-51}$$

实频特性：$$U(\omega)=\frac{1-T^2\omega^2}{(1-T^2\omega^2)^2+(2\xi T\omega)^2} \tag{6-52}$$

虚频特性：$$V(\omega)=\frac{-2\xi T\omega}{(1-T^2\omega^2)^2+(2\xi T\omega)^2} \tag{6-53}$$

根据上述各式，可得到表 6-5。

表 6-5　　振荡环节各关键点

ω	$\lvert G(j\omega)\rvert$	$\angle G(j\omega)$	$U(\omega)$	$V(\omega)$
0	1	0°	1	0
$1/T$	$1/2\xi$	−90°	0	$-1/2\xi$
∞	0	−180°	0	0

根据表 6-5 中的关键点和 ω 的变化情况，可知振荡环节的奈奎斯特图开始于正实轴的(1, j0)点，顺时针经第四象限后，与负虚轴相交于$(0,-j/2\xi)$点，然后进入第三象限，在原点与负实轴相切并终止于坐标原点，如图 6-9 所示。

7. 延迟环节

延迟环节传递函数：
$$G(s)=e^{-\tau s} \tag{6-54}$$
频率特性：
$$G(j\omega)=e^{-j\tau\omega} \tag{6-55}$$
幅频特性：
$$\lvert G(j\omega)\rvert=1 \tag{6-56}$$
相频特性：
$$\angle G(j\omega)=-\tau\omega\text{rad}=-57.3^\circ\tau\omega \tag{6-57}$$

可见，当 ω 由 $0\to\infty$ 时，$\angle G(j\omega)$ 由 $0\to-\infty$，由于 $\lvert G(j\omega)\rvert=1$，因此延迟环节的奈奎斯特图是一个单位圆，如图 6-10 所示。

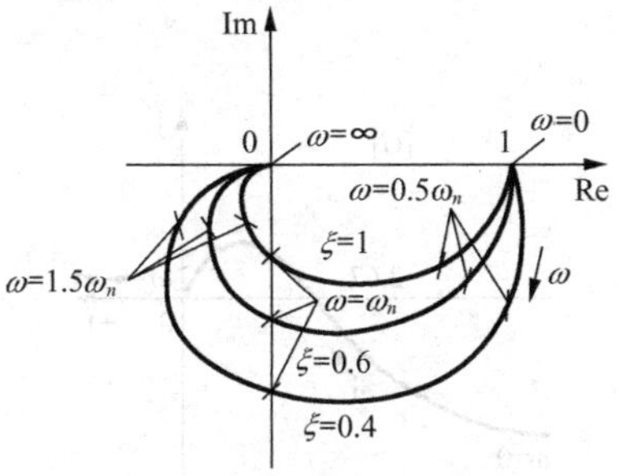

图 6-9　振荡环节的奈奎斯特图

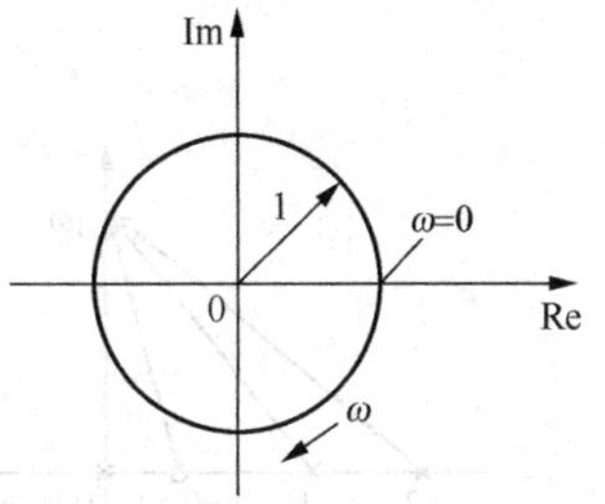

图 6-10　延迟环节的奈奎斯特图

6.2.2　奈奎斯特图的画法

设开环传递函数 $G(s)$由 n 个典型环节 $G_1(s)G_2(s)\cdots G_n(s)$串联构成，则系统的频率特性为

$$\begin{aligned}G(j\omega)&=G_1(j\omega)G_2(j\omega)\cdots G_n(j\omega)=A_1(\omega)e^{j\varphi_1(\omega)}A_2(\omega)e^{j\varphi_2(\omega)}\cdots A_n(\omega)e^{j\varphi_n(\omega)}\\&=A(\omega)e^{j\varphi(\omega)}\end{aligned} \tag{6-58}$$

式中，
$$\begin{cases}A(\omega)=A_1(\omega)A_2(\omega)\cdots A_n(\omega)\\ \varphi(\omega)=\varphi_1(\omega)+\varphi_2(\omega)+\cdots+\varphi_n(\omega)\end{cases} \tag{6-59}$$

由式（6-58）可以看出，系统的开环频率特性是由各组成系统的典型环节的频率特性叠加而成。且在实际工程当中，往往只需要画出频率特性的大致图形即可，并不需要画出准确的曲线，因此，可以将系统在 s 平面的零、极点的分布图画出来，令 $s=j\omega$ 沿虚轴变化，当

ω由$0\to\infty$时，分析各零、极点指向$s=\mathrm{j}\omega$的复向量的变化趋势，就可以推断各典型环节频率特性的变化规律，从而概略地画出系统的开环奈奎斯特曲线。

绘制奈奎斯特曲线要把握好开环频率特性的三个要点：

（1）开环奈奎斯特曲线的起点$\omega=0$和终点$\omega\to\infty$。

（2）开环奈奎斯特曲线与实轴的交点。

（3）开环奈奎斯特曲线的变化范围（象限、单调性等）。

【例 6-2】 已知某单位负反馈系统的开环传递函数为

$$G(s)=\frac{2s+1}{s^2(0.5s+1)(s+1)}$$

试画出系统的奈奎斯特曲线。

解：系统的型别为 2，零、极点分布图如图 6-11 所示。

（1）起点：$G(\mathrm{j}0)=\infty\angle-180^\circ$

（2）终点：$G(\mathrm{j}\infty)=0\angle-270^\circ$

（3）与坐标轴的交点：

$$G(\mathrm{j}\omega)=\frac{-(1+2.5\omega^2)-\mathrm{j}(0.5-\omega^2)}{\omega^2(1+0.25\omega^2)(1+\omega^2)}$$

令虚部为 0，可以求得对应的$\omega_g=0.707$，则曲线与坐标轴交点为

$$\mathrm{Re}[G(\mathrm{j}\omega_g)]=-2.67$$

因此，系统的奈奎斯特曲线如图 6-12 所示。

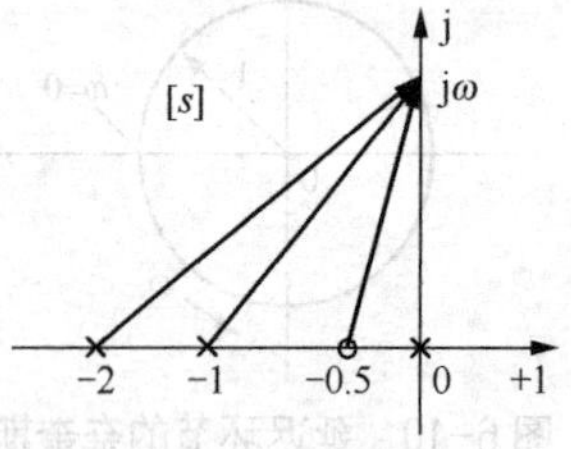

图 6-11　零、极点分布图

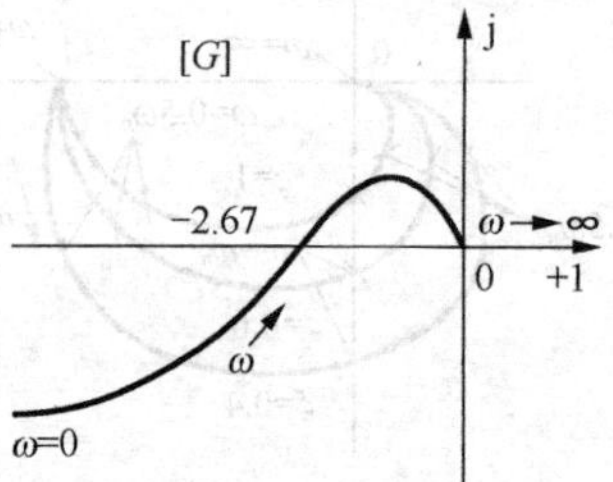

图 6-12　系统的奈奎斯特曲线

6.3 开环系统的伯德图分析法

6.3.1 伯德图的基本概念

伯德（Bode）图又称为频率特性的对数坐标图或对数频率特性图。Bode 图容易绘制，从图形上容易看出某些参数变化和某些环节对系统性能的影响，所以它在频率特性法中成为应用最广的图示法。

Bode 图包括幅频特性图和相频特性图，分别表示频率特性的幅值和相位与角频率之间的关系。两种图的横坐标都是角频率 ω(rad/s)，采用对数分度，即横轴上标示的是角频率 ω，

但它的长度实际上是 $\lg\omega$。采用对数分度的一个优点是可以将很宽的频率范围清楚地画在一张图上，从而能同时清晰地表示出频率特性在低频段、中频段和高频段的情况，这对于分析和设计控制系统非常重要。

频率由 ω 变到 2ω，频率变化一倍称为 2 倍频程。频率由 ω 变到 10ω 称为 10 倍频程或 10 倍频，记为 dec。频率轴采用对数分度，频率比相同的各点间的横轴方向的距离相同，如 ω 为 0.1、1、10、100、1000 的各点间横轴方向的间距相等。由于 $\lg 0=-\infty$，所以横轴上画不出频率为 0 的点。具体作图时，横坐标轴的最低频率要根据所研究的频率范围选定。对数分度示意图如图 6-13 所示。

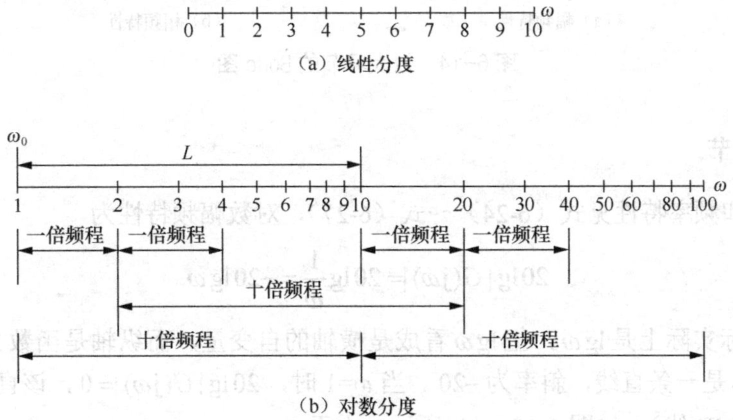

图 6-13 对数分度示意图

对数幅频特性图的纵坐标表示 $20\lg|G(j\omega)|$，单位为 dB（分贝），采用线性分度。纵轴上 0dB 表示 $|G(j\omega)|=1$，纵轴上没有 $|G(j\omega)|=0$ 的点。对数幅频特性就是以 $20\lg|G|$ 为纵坐标，以 $\lg\omega$ 为横坐标所绘出的曲线。相频特性图纵坐标是 $\angle G$（$j\omega$），单位是度或 rad，线性分度。由于纵坐标是线性分度，横坐标是对数分度，所以 Bode 图是绘制在单（半）对数坐标纸上。两种图按频率上下对齐，容易看出同一频率时的幅值和相位。

幅频特性图中纵坐标是幅值的对数 $20\lg|G(j\omega)|$，如果传递函数是基本环节传递函数相乘除的形式，则幅频特性就可以由这些环节幅频特性的代数和得到。手工绘制幅频特性图时往往采用直线代替复杂的曲线，所以对数幅频特性图容易绘制。手工绘制相频特性图时只画 $\omega\to 0$，$\omega\to\infty$ 及中间关键点的准确值，其余点为近似值。

6.3.2 典型环节的伯德图

1. 比例环节

传递函数 $G(s)=K$，频率特性 $G(j\omega)=K$，故有

$$20\lg|G(j\omega)|=20\lg K \tag{6-60}$$

$$\angle G(j\omega)=0° \tag{6-61}$$

放大环节的 Bode 图如图 6-14 所示。对数幅频特性是平行于横轴的直线，与横轴相距 $20\lg K$dB。当 $K>1$ 时，直线位于横轴上方；当 $K<1$ 时，直线位于横轴下方。相频特性是与横

轴相重合的直线。K 的数值变化时，幅频特性图中的直线 $20\lg K$ 向上或向下平移，但相频特性不变。

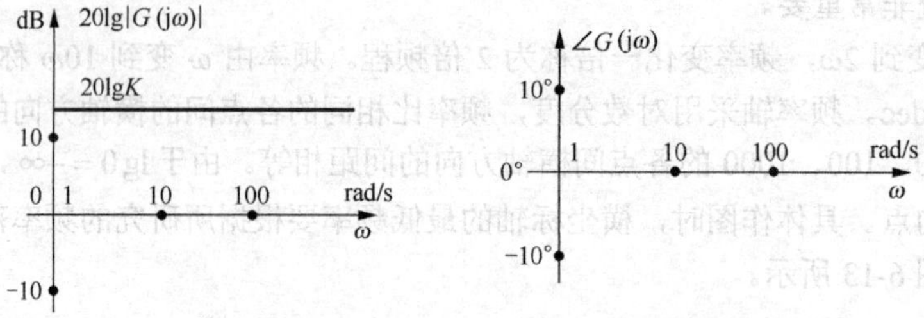

图 6-14　放大环节的 Bode 图

2. 积分环节

传递函数和频率特性见式（6-24）～式（6-27），对数幅频特性为

$$20\lg|G(j\omega)| = 20\lg\frac{1}{\omega} = -20\lg\omega \tag{6-62}$$

由于横坐标实际上是 $\lg\omega$，把 $\lg\omega$ 看成是横轴的自变量，而纵轴是函数 $20\lg|G(j\omega)|$，可见式（6-62）是一条直线，斜率为 -20。当 $\omega=1$ 时，$20\lg|G(j\omega)|=0$，该直线在 $\omega=1$ 处穿越横轴（或称 0dB 线），如图 6-15（a）所示。由于

$$20\lg\frac{1}{10\omega} - 20\lg\frac{1}{\omega} = -20\lg 10\omega + 20\lg\omega = -20\text{ dB}$$

可见，在该直线上，频率由 ω 增大到 10 倍变成 10ω 时，纵坐标数值减少 20 dB，故记其斜率为 -20 dB/dec。因为 $\angle G(j\omega) = -90°$，所以相频特性是通过纵轴上 $-90°$ 且平行于横轴的直线，如图 6-15（b）所示。

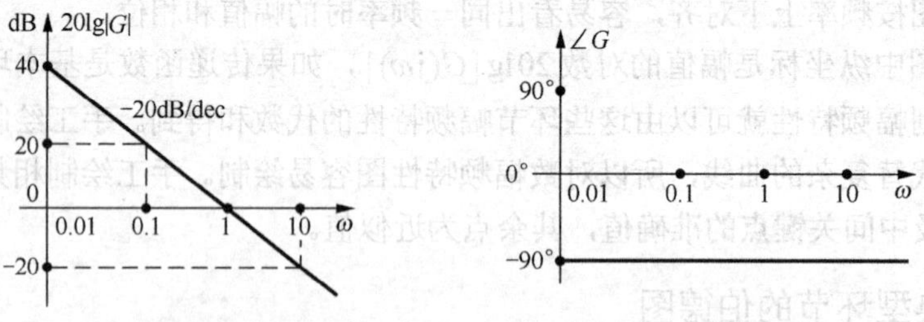

图 6-15　积分环节的 Bode 图

如果 n 个积分环节串联，则传递函数为

$$G(s) = \frac{1}{s^n} \tag{6-63}$$

对数幅频特性为

$$20\lg|G(j\omega)| = 20\lg\frac{1}{\omega^n} = -20n\lg\omega \tag{6-64}$$

它是一条斜率为 $-20n$dB/dec 的直线，并在 $\omega=1$ 处穿越 0 dB 线。因为

$$\angle G(\mathrm{j}\omega)=-n\cdot 90^\circ \tag{6-65}$$

所以，它的相频特性是通过纵轴上 $-n\cdot 90^\circ$ 且平行于横轴的直线。

如果一个放大环节 K 和 n 个积分环节串联，则整个环节的传递函数和频率特性分别为

$$G(s)=\frac{K}{s^n} \tag{6-66}$$

$$G(\mathrm{j}\omega)=\frac{K}{\mathrm{j}^n\omega^n} \tag{6-67}$$

相频特性见式（6-65），对数幅频特性为

$$20\lg|G(\mathrm{j}\omega)|=20\lg\frac{K}{\omega^n}=20\lg K-20n\lg\omega \tag{6-68}$$

这是斜率为 $-20n$dB/dec 的直线，它在 $\omega=\sqrt[n]{K}$ 处穿越 0 dB 线；它也通过 $\omega=1$、$20\lg|G(\mathrm{j}\omega)|=20\lg K$ 这一点。

3. 纯微分环节

传递函数和频率特性见式（6-30）～式（6-33），对数频率特性为

$$20\lg|G(\mathrm{j}\omega)|=20\lg\omega \tag{6-69}$$

$$\angle G(\mathrm{j}\omega)|=90^\circ \tag{6-70}$$

由式（6-69）可知，纯微分环节对数频率特性是一条斜率为+20 的直线，直线通过横轴上 $\omega=1$ 的点，如图 6-16（a）所示。因为

$$20\lg 10\omega-20\lg\omega=20\lg 10+20\lg\omega-20\lg\omega=20\ \text{dB}$$

可见，在该直线上，频率每增加 10 倍，纵坐标的数值便增加 20 dB，故称直线斜率是 20 dB/dec 。

由式（6-70）知，相频特性是通过纵轴上 90° 点且与横轴平行的直线，如图 6-16（b）所示。

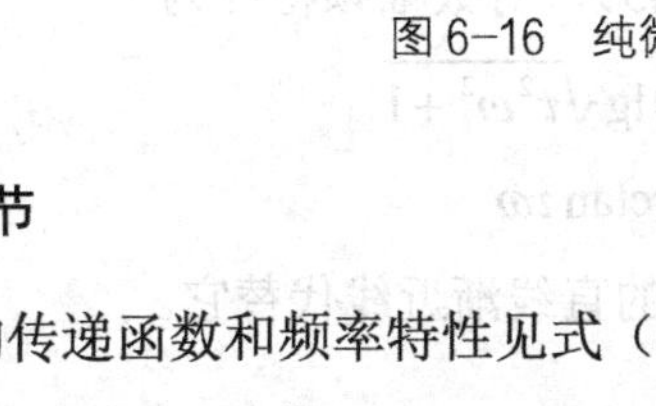

（a）幅频特性

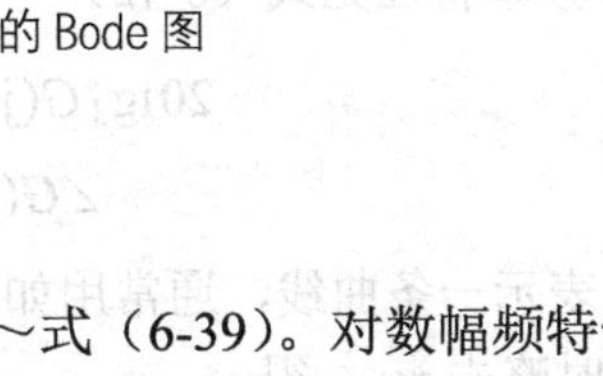

（b）相频特性

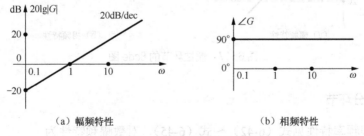

图 6-16 纯微分环节的 Bode 图

4. 惯性环节

惯性环节的传递函数和频率特性见式（6-36）～式（6-39）。对数幅频特性为

$$20\lg|G(\mathrm{j}\omega)|=20\lg\frac{1}{\sqrt{T^2\omega^2+1}}=-20\lg\sqrt{T^2\omega^2+1} \tag{6-71}$$

准确的对数幅频特性是一条比较复杂的曲线。为了简化，一般用直线近似地代替曲线。当$\omega \leqslant 1/T$时，略去$T\omega$，式（6-71）变成

$$20\lg|G(j\omega)| \approx -20\lg 1 = 0\ \text{dB} \tag{6-72}$$

这是与横轴重合的直线。当$\omega \geqslant 1/T$时，略去1，式（6-71）变成

$$20\lg|G(j\omega)| \approx -20\lg T\omega = -20\lg T - 20\lg\omega \tag{6-73}$$

这是一条斜率为-20 dB/dec的直线，它在$\omega = 1/T$处穿越0 dB线。上述两条直线在0 dB线上的$\omega = 1/T$处相交，称角频率$\omega = 1/T$为转折频率或交接频率，并称这两条直线形成的折线为惯性环节的渐近线或渐近幅频特性。幅频特性曲线与渐近线的图形如图6-17（a）所示。它们在$\omega = 1/T$附近的误差较大，误差值由式（6-71）、式（6-72）、式（6-73）计算，典型数值列于表6-3中，最大误差发生在$\omega = 1/T$处，误差为-3 dB。渐近线容易画，误差也不大，所以绘惯性环节的对数幅频特性曲线时，一般都绘渐近线。绘渐近线的关键是找到转折频率$1/T$。低于转折频率的频段，渐近线是0 dB线；高于转折频率的部分，渐近线是斜率为-20 dB/dec的直线。必要时可根据表6-6或式（6-71）对渐近线进行修正而得到精确的幅频特性曲线。

表6-6　惯性环节渐近幅频特性误差表

ωT	0.1	0.25	0.4	0.5	1.0	2.0	2.5	4.0	10
误差/dB	−0.04	−0.26	−0.65	−1.0	−3.01	−1.0	−0.65	−0.26	−0.04

相频特性按式（6-39）绘制，如图6-17（b）所示。相频特性曲线有3个关键处：$\omega = 1/T$时$\angle G(j\omega) = -45^\circ$；$\omega \to 0$时，$\angle G(j\omega) \to 0^\circ$；$\omega \to \infty$时，$\angle G(j\omega) = -90^\circ$。

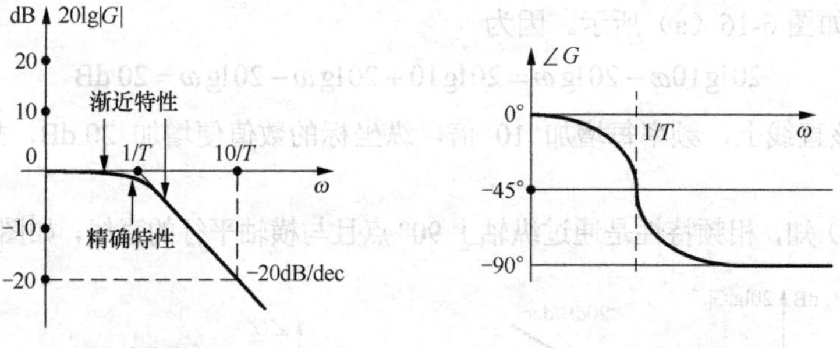

（a）幅频特性　　（b）相频特性

图6-17　惯性环节的Bode图

5. 一阶微分环节

传递函数和频率特性见式（6-42）～式（6-45），对数幅频特性为

$$20\lg|G(j\omega)| = 20\lg\sqrt{\tau^2\omega^2 + 1} \tag{6-74}$$

$$\angle G(j\omega) = \arctan\tau\omega \tag{6-75}$$

式（6-74）表示一条曲线，通常用如下所述的直线渐近线代替它。

当$\omega \leqslant 1/\tau$时略去$\tau\omega$，得

$$20\lg|G(j\omega)| = 20\lg 1 = 0\ \text{dB} \tag{6-76}$$

当$\omega \geqslant 1/\tau$时略去1，得

$$20\lg|G(j\omega)|=20\lg\sqrt{\tau^2\omega^2}=20\lg\tau\omega=20\lg\tau+20\lg\omega \tag{6-77}$$

式（6-76）表示0 dB线，式（6-77）表示一条斜率为20 dB/dec的直线，该直线通过0 dB线上$\omega=1/\tau$点。这两条直线相交于0 dB线上$\omega=1/\tau$点。这两条直线形成的折线就称为一阶微分环节的渐近线或渐近幅频特性，它们交点对应的频率$1/\tau$称为转折频率。一阶微分环节的精确幅频特性曲线和渐近线如图6-18（a）所示，它们之间的误差可由式（6-74）、式（6-76）、式（6-77）计算。最大误差发生在转折频率$\omega=1/\tau$处，数值为3 dB。通常以渐近线作为对数幅频特性曲线，必要时给以修正。

根据式（6-75）可绘出相频特性曲线，如图6-18（b）所示。其中3个关键位置是：$\omega=1/\tau$时，$\angle G(j\omega)=45°$；$\omega\to 0$时，$\angle G(j\omega)=0°$；$\omega\to\infty$时，$\angle G(j\omega)=90°$。

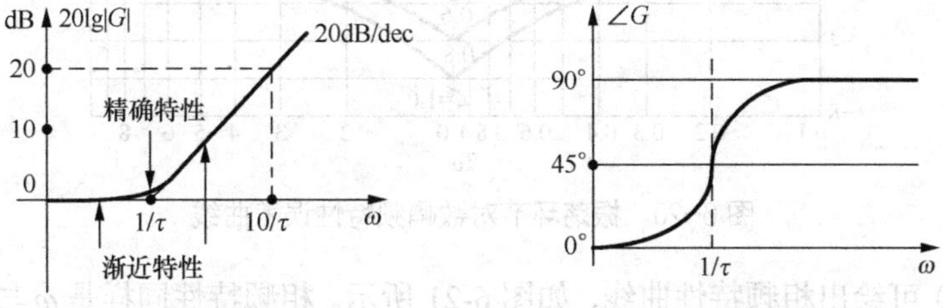

（a）幅频特性　（b）相频特性

图6-18　一阶微分环节的Bode图

6. 振荡环节

振荡环节的传递函数、频率特性见式（6-48）～式（6-51），而对数幅频特性为

$$20\lg|G(j\omega)|=-20\lg\sqrt{(1-T^2\omega^2)^2+(2\zeta T\omega)^2} \tag{6-78}$$

可见，对数幅频特性是角频率ω和阻尼比ζ的二元函数，它的精确曲线相当复杂，一般以渐近线代替。当$\omega\leqslant 1/T$时，略去上式中的$T\omega$可得

$$20\lg|G(j\omega)|=-20\lg 1=0\ \text{dB} \tag{6-79}$$

当$\omega\geqslant 1/T$时，略去1和$2\zeta T\omega$可得

$$20\lg|G(j\omega)|=-20\lg T^2\omega^2=-40\lg T\omega=-40\lg T-40\lg\omega\ \text{dB} \tag{6-80}$$

式（6-79）表示横轴，式（6-80）表示斜率为–40 dB/dec的直线，它通过横轴上$\omega=1/T=\omega_n$处。这两条直线交于横轴上$\omega=1/T$处。称这两条直线形成的折线为振荡环节的渐近线或渐近幅频特性，如图6-19所示。它们交点所对应的频率$\omega=1/T=\omega_n$同样称为转折频率或交接频率。一般可以用渐近线代替精确曲线，必要时进行修正。

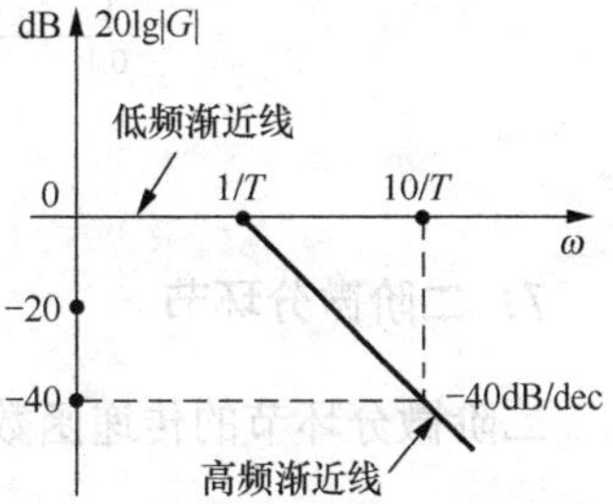

图6-19　振荡环节的渐近幅频特性

振荡环节的精确幅频特性与渐近线之间的误差由式（6-78）、式（6-79）、式（6-80）计算，它是ω与ζ的二元函数，如图6-20所示。可见这个误差值可能很大，特别是

在转折频率处误差最大。所以往往要利用图 6-20 或式（6-78）对渐近线进行修正，特别是在转折频率附近进行修正。$\omega = 1/T$ 时的精确值是 $-20\lg 2\zeta$ dB。精确的对数幅频特性曲线如图 6-21 所示。

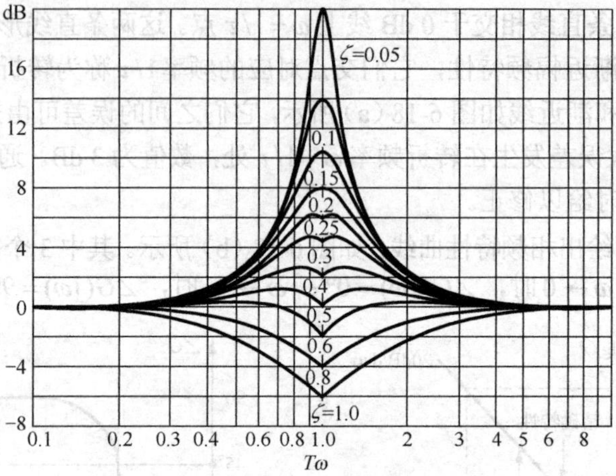

图 6-20　振荡环节对数幅频特性误差曲线

由式（6-51）可绘出相频特性曲线，如图 6-21 所示。相频特性同样是 ω 与 ζ 的二元函数。曲线的典型特征是：$\omega = 1/T = \omega_n$ 时，$\angle G(\mathrm{j}\omega) = -90°$；$\omega \to 0$ 时，$\angle G(\mathrm{j}\omega) \to 0°$；$\omega \to \infty$ 时，$\angle G(\mathrm{j}\omega) \to -180°$。

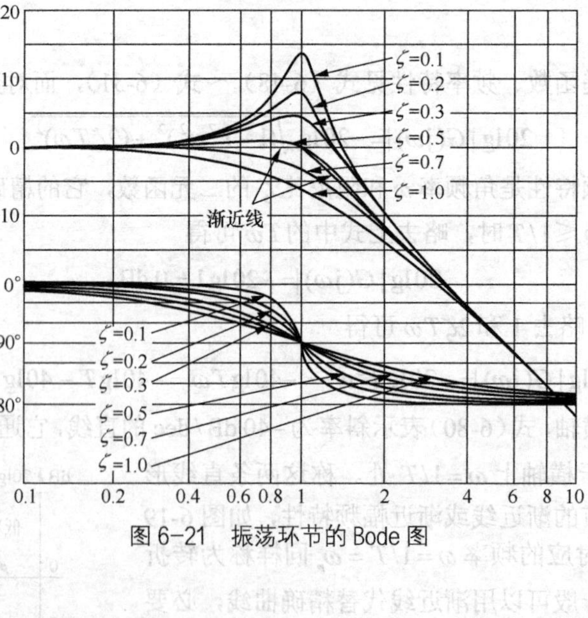

图 6-21　振荡环节的 Bode 图

7．二阶微分环节

二阶微分环节的传递函数、频率特性为

$$G(s) = \tau^2 s^2 + 2\zeta\tau s + 1,\quad \zeta < 1 \tag{6-81}$$

$$G(\mathrm{j}\omega) = 1 - \tau^2\omega^2 + \mathrm{j}2\zeta\tau\omega \tag{6-82}$$

对数幅频特性和相频特性分别为

$$20\lg|G(j\omega)| = 20\lg\sqrt{(1-\tau^2\omega^2)^2+(2\zeta\tau\omega)^2} \tag{6-83}$$

$$\angle G(j\omega)=\begin{cases}\arctan\dfrac{2\zeta\tau\omega}{1-\tau^2\omega^2}, & \omega\leqslant 1/\tau\\[2ex] 180^\circ+\arctan\dfrac{2\zeta\tau\omega}{1-\tau^2\omega^2}, & \omega>1/\tau\end{cases} \tag{6-84}$$

由式（6-83）、式（6-84）和式（6-78）、式（6-51）知，二阶微分环节与振荡环节的对数频率特性关于横轴对称。二阶微分环节的渐近线方程是

$$20\lg|G(j\omega)| = 0\text{dB}, \qquad \omega\leqslant 1/\tau \tag{6-85}$$

$$20\lg|G(j\omega)| = 40\lg\tau\omega = 40\lg\tau+40\lg\omega, \quad \omega\geqslant 1/\tau \tag{6-86}$$

上述两条直线相交于横轴上 $\omega=1/\tau$ 处，$\omega=1/\tau$ 称为转折频率。其中式（6-86）表示斜率为 40 dB/dec 的直线，它通过横轴上 $\omega=1/\tau$ 点。二阶微分环节的 Bode 图如图 6-22 所示。

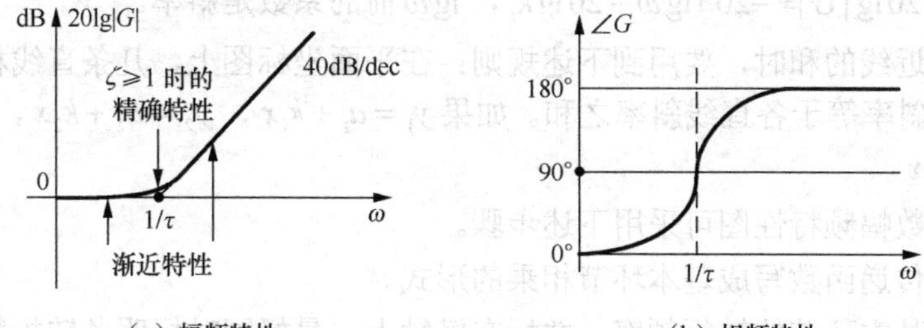

（a）幅频特性　　（b）相频特性

图 6-22　二阶微分环节的 Bode 图

8. 延迟环节

延迟环节的传递函数、频率特性见式（6-54）～式（6-57）。对数幅频特性为

$$20\lg|G(j\omega)| = 20\lg 1 = 0\text{ dB} \tag{6-87}$$

根据式（6-87）、式（6-57）可绘出延迟环节的频率特性对数坐标图，$\tau=0.5$s 的图形如图 6-23 所示。

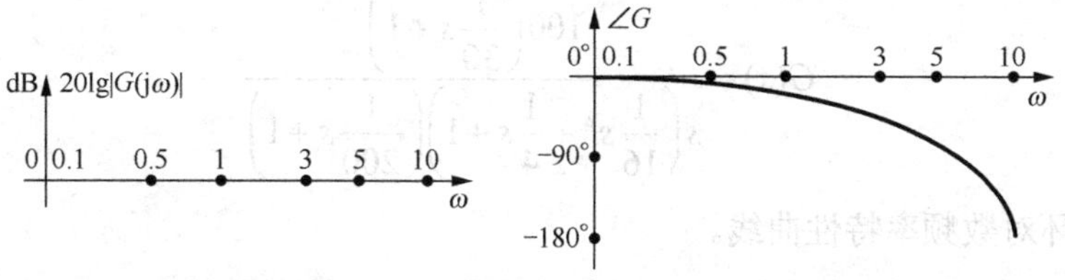

（a）幅频特性　　（b）相频特性

图 6-23　延迟环节的 Bode 图

6.3.3　开环传递函数的伯德图画法

系统的开环传递函数 $G(s)$ 一般容易写成如下的基本环节传递函数相乘的形式：

$$G(s)=G_1(s)G_2(s)\cdots G_n(s) \tag{6-88}$$

式中，$G_1(s)$、$G_2(s)$、…、$G_n(s)$ 为基本环节的传递函数。对应的开环频率特性为

$$G(\mathrm{j}\omega)=G_1(\mathrm{j}\omega)G_2(\mathrm{j}\omega)\cdots G_n(\mathrm{j}\omega) \tag{6-89}$$

开环对数幅频特性函数和相频特性函数分别为

$$20\lg|G(\mathrm{j}\omega)|=20\lg|G_1(\mathrm{j}\omega)|+20\lg|G_2(\mathrm{j}\omega)|+\cdots+20\lg|G_n(\mathrm{j}\omega)| \tag{6-90}$$

$$\angle G(\mathrm{j}\omega)=\angle G_1(\mathrm{j}\omega)+\angle G_2(\mathrm{j}\omega)+\cdots+\angle G_n(\mathrm{j}\omega) \tag{6-91}$$

可见，开环对数频率特性等于相应的基本环节对数频率特性之和。这就是开环对数频率特性图容易绘制的原因，所以一般总是绘制开环对数坐标图。

在绘对数幅频特性图时，可以用基本环节的直线或折线渐近线代替精确幅频特性，然后求它们的和，得到折线形式的对数幅频特性图，这样可以明显减少计算和绘图工作量。必要时可以对折线渐近线进行修正，以便得到足够精确的对数幅频特性。

任一段直线渐近线可看成是 $G(s)=k_i/s^n$ 的幅频特性，则有 $|G(\mathrm{j}\omega)|=k_i/\omega^n$，因此任一段渐近线的方程为 $20\lg|G|=-20n\lg\omega+20\lg k_i$，$\lg\omega$ 前的系数是斜率。

在求直线渐近线的和时，要用到下述规则：在平面坐标图上，几条直线相加的结果仍为一条直线，和的斜率等于各直线斜率之和。如果 $y_1=a_1+k_1x$，$y_2=a_2+k_2x$，则 $y=y_1+y_2=a_1+a_2+(k_1+k_2)x$。

绘制开环对数幅频特性图可采用下述步骤。

（1）将开环传递函数写成基本环节相乘的形式。

（2）计算各基本环节的转折频率，并标在横轴上。最好同时标明各转折频率对应的基本环节渐近线的斜率。

（3）设最低的转折频率为 ω_1，先绘 $\omega<\omega_1$ 的低频区图形，在此频段范围内，只有积分（或纯微分）环节和放大环节起作用，其对数幅频特性见式（6-68）。

（4）按着由低频到高频的顺序将已画好的直线或折线图形延长。每到一个转折频率，折线发生转折，直线的斜率就要在原数值之上加上对应的基本环节的斜率。在每条折线上应注明斜率。

（5）如有必要，可对上述折线渐近线加以修正，一般在转折频率处进行修正。

【例 6-3】 已知开环传递函数为

$$G(s)=\frac{100\left(\dfrac{1}{30}s+1\right)}{s\left(\dfrac{1}{16}s^2+\dfrac{1}{4}s+1\right)\left(\dfrac{1}{200}s+1\right)}$$

绘制系统的开环对数频率特性曲线。

解：

（1）该传递函数各基本环节的名称、转折频率和渐近线斜率，按频率由低到高的顺序排列如下：放大环节与积分环节，$-20\,\mathrm{dB/dec}$；振荡环节，$\omega_1=4\,\mathrm{rad/s}$，$-40\,\mathrm{dB/dec}$；一阶微分环节，$\omega_2=30\,\mathrm{rad/s}$，$20\,\mathrm{dB/dec}$；惯性环节，$\omega_3=200\,\mathrm{rad/s}$，$-20\,\mathrm{dB/dec}$。将各基本环节的转折频率依次标在频率轴上，如图 6-24 所示。

（2）最低的转折频率为 $\omega_1=4\,\mathrm{rad/s}$。当 $\omega_1<4\,\mathrm{rad/s}$ 时，对数幅频特性就是 100/s 的对数幅频

特性，斜率为–20 dB/dec 的直线。直线位置由下述条件之一确定：当$\omega=1$时，纵坐标为$20\lg100=40$ dB；$\omega=100$时，直线过 0 dB 线，如图 6-24 所示。

（3）将上述直线绘制转折频率$\omega_1=4$ rad/s，在此位置把直线斜率变为$-20-40=-60$ dB/dec。将折线绘制$\omega_2=30$ rad/s 处，在此频率变为$-60+20=-40$ dB/dec。将折线绘制$\omega_3=200$ rad/s 处，在此斜率变为$-40-20=-60$ dB/dec。这样就得到全部开环对数幅频渐近线，如图 6-24 所示。如果有必要，可对渐近线进行修正。

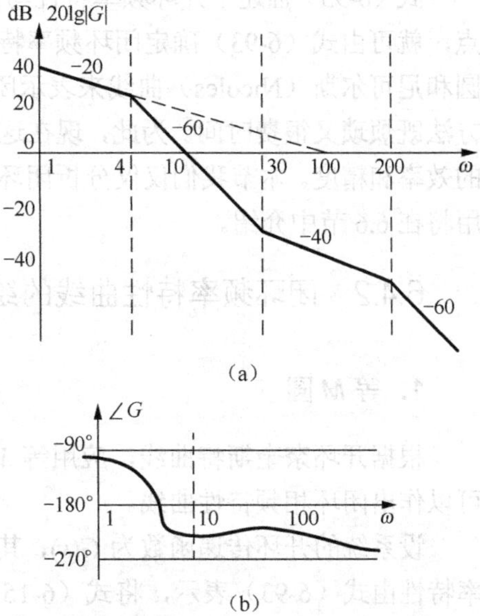

图 6-24 对数频率特性

（4）求相频特性。根据频率特性代数表达式，分子相位减去分母的相位就是相频特性函数。或者，将各基本环节的相频特性相加，如式（6-91）所示，也可求出相频特性。对于本例，有

$$\angle G(\mathrm{j}\omega)=\arctan\frac{\omega}{30}-90^\circ-\arctan\frac{\omega}{200}+\angle G_1(\mathrm{j}\omega)$$

式中，$\angle G_1(\mathrm{j}\omega)$表示振荡环节的相频特性，且有

$$\angle G_1(\mathrm{j}\omega)=\begin{cases}-\arctan\dfrac{4\omega}{16-\omega^2}, & \omega\leqslant 4\\ -180^\circ-\arctan\dfrac{4\omega}{16-\omega^2}, & \omega>4\end{cases}$$

相频特性一般只绘相频特性的近似曲线。$\angle G_1(\mathrm{j}\omega)$的典型数据是：$\omega\to0$时，$\angle G_1(\mathrm{j}\omega)\to0^\circ$；$\omega=4$时，$\angle G_1(\mathrm{j}\omega)=-90^\circ$；$\omega\to\infty$时，$\angle G_1(\mathrm{j}\omega)\to-180^\circ$。根据这些数据就可绘出相频特性的近似图形。

6.4 系统的闭环频率特性

在工程实际中，有时需要了解闭环频率特性，并以此分析和设计系统。由于开环和闭环频率特性之间有着确定的关系，因而可以通过开环频率特性求取系统的闭环频率特性。

6.4.1 闭环频率特性

由于开环和闭环频率特性间有着确定的关系，因而可以通过开环频率特性求取系统的闭环频率特性。设某单位反馈系统的开环传递函数为$G(s)$，其闭环传递函数为

$$\varPhi(s)=\frac{G(s)}{1+G(s)} \tag{6-92}$$

对应的闭环频率特性为

$$\varPhi(\mathrm{j}\omega)=\frac{G(\mathrm{j}\omega)}{1+G(\mathrm{j}\omega)}=\frac{A(\omega)\mathrm{e}^{\mathrm{j}\varphi(\omega)}}{1+A(\omega)\mathrm{e}^{\mathrm{j}\varphi(\omega)}}=M(\omega)\mathrm{e}^{\mathrm{j}\alpha(\omega)} \tag{6-93}$$

式（6-93）描述了开环频率特性与闭环频率特性之间的关系。如果已知 $G(j\omega)$曲线上的一点，就可由式（6-93）确定闭环频率特性曲线上相应的一点。在工程上，常用等 M 圆、等 N 圆和尼可尔斯（Nicoles）曲线来表示闭环系统的频率特性，并应用图解法去绘制。显然，此方法既烦琐又很费时间。为此，现在这个工作已由 Matlab 软件去实现，从而大大提高了绘图的效率和精度。本节我们仅仅分析闭环频率特性与时域性能指标间的关系，有关 Matlab 的应用将在 6.6 节中介绍。

6.4.2 闭环频率特性曲线的绘制

1. 等 M 圆

根据开环奈奎斯特曲线，应用等 M 圆图，可以作出闭环幅频特性曲线，应用等 N 圆图，可以作出闭环相频特性曲线。

设系统的开环传递函数为 $G(s)$，其开环频率特性按照直角坐标表示见式（6-15），闭环频率特性由式（6-93）表示，将式（6-15）和式（6-93）代入式（6-92），可得

$$M=\left|\frac{G}{1+G}\right|=\left|\frac{U+\mathrm{j}V}{1+U+\mathrm{j}V}\right|=\sqrt{\frac{U^2+V^2}{(1+U)^2+V^2}} \tag{6-94}$$

两边取平方，并整理可得

$$\left(U-\frac{M^2}{1-M^2}\right)^2+V^2=\left(\frac{M}{1-M^2}\right)^2,\ M\neq 1 \tag{6-95}$$

可以看出，如果 M 为常数，则式（6-95）即为以 U 为 X 轴，以 V 为 Y 轴的 G 平面上圆的方程，圆心为 $\left(\frac{M^2}{1-M^2},\ \mathrm{j}0\right)$，半径为 $\left|\frac{M}{1-M^2}\right|$。因此，在 G 平面上，等 M 轨迹就是一组等 M 圆图，如图 6-25 所示。

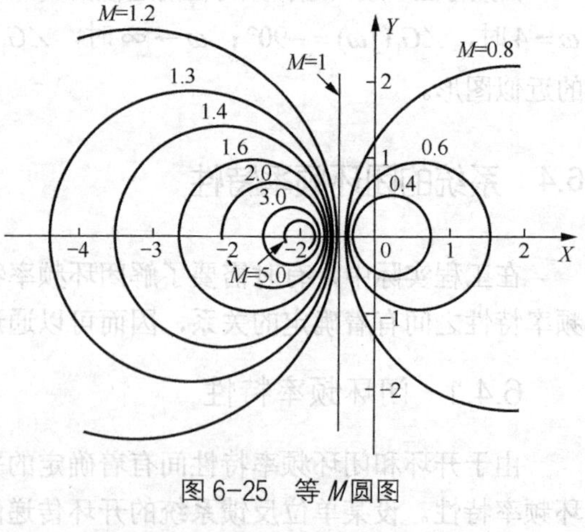

图 6-25 等 M 圆图

由图可看出，当 $M>1$ 时，随着 M 增大，等 M 圆越来越小，最后收敛于 $(-1, \mathrm{j}0)$ 点，各等 M 圆的圆心位于点 $(-1, \mathrm{j}0)$ 左边；当 $M<1$ 时，随着 M 的减小，等 M 圆也越来越小，最后收敛于原点，各等 M 圆的圆心位于原点的右边；当 $M=1$ 时，等 M 圆变成一条过 $(-0.5, \mathrm{j}0)$ 点平行于虚轴的直线。因此，$M>1$ 的等 M 圆在 $M=1$ 直线的左边，$M<1$ 的等 M 圆在 $M=1$ 直线的右边。等 M 圆既对称于 $M=1$ 的直线，又对称于实轴。

2. 等 N 圆

同上面所述，将式（6-15）和式（6-93）代入式（6-92），可得

$$\Phi(\mathrm{j}\omega)=\frac{G(\mathrm{j}\omega)}{1+G(\mathrm{j}\omega)}=\frac{U+\mathrm{j}V}{1+U+\mathrm{j}V}=\frac{U+U^2+V^2+\mathrm{j}V}{(1+U)^2+V^2} \tag{6-96}$$

若用 N 来表示闭环相频特性的正切，则有

$$N=\tan\alpha(\omega)=\frac{\mathrm{Im}\Phi(\mathrm{j}\omega)}{\mathrm{Re}\Phi(\mathrm{j}\omega)}=\frac{V}{U+U^2+V^2} \tag{6-97}$$

由式（6-97）整理可得

$$\left(U+\frac{1}{2}\right)^2+\left(V-\frac{1}{2N}\right)^2=\frac{N^2+1}{4N^2} \tag{6-98}$$

若 N 为常数，则式（6-98）也是一个圆，圆心为 $\left(-0.5,\ \mathrm{j}\frac{1}{2N}\right)$，半径为 $\frac{\sqrt{N^2+1}}{2N}$。不管 N 等于多少，当 $U=V=0$ 和 $U=-1$，$V=0$ 时式（6-98）总是成立的，因此每个圆都过 $(-1,\mathrm{j}0)$ 点。图 6-26 即为将 α 作为自变量的等 N 圆图。

由图 6-26 可以看出，当 $\alpha=60°$ 和 $\alpha=-120°$ 对应同一个等 N 圆，因为正弦函数第一、三象限关于原点对称的角度的对应值是相等的，这说明 N 圆是多值的。

3．闭环频率特性曲线

利用等 M 圆图和等 N 圆图，开环幅相曲线与等 M 圆和等 N 圆的交点，便可得到相应频率的 M 值和 N 值（或 α 值），如图 6-27 所示。

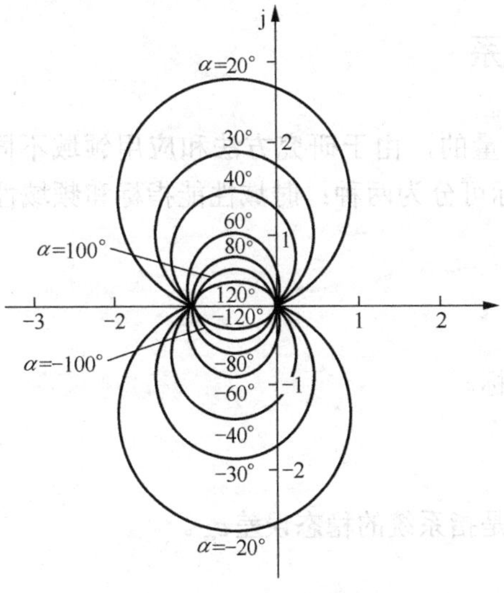

图 6-26　等 N 圆图

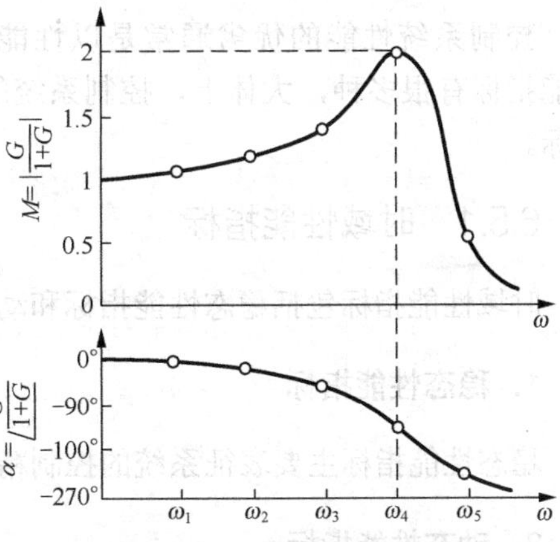

图 6-27　闭环频率特性曲线

6.4.3　闭环频率指标

在已知闭环系统稳定的条件下，可以只根据系统的闭环幅频特性曲线，对系统的动态响应过程进行定性分析和定量估算。图 6-28 为闭环系统的幅频特性曲线。

衡量系统性能的闭环频率指标主要有如下几项。

1．零频幅值 M_0

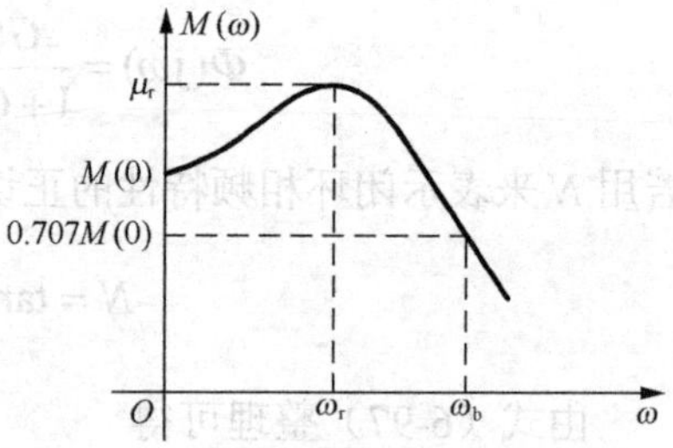

图 6-28　闭环系统的幅频特性曲线

$\omega=0$ 时的闭环幅频特性值称为零频幅值 M_0，也称为闭环系统的增益，或者说是系统单位阶跃响应的稳态值，即 $M_0=20\lg|\Phi(\mathrm{j}0)|$，它主要反映系统的稳态精度。

2．谐振峰值 M_r

闭环幅频特性的最大值和零频幅值的比值称为谐振峰值 M_r，即 $M_r=M_{max}/M_0$。μ_r 越大，表明系统对某个频率的正弦输入信号反映强烈，有振荡的趋向。这意味着系统的相对稳定性较差，系统的阶跃响应会有较大的超调量。

3．谐振频率 ω_r

谐振频率是指出现谐振峰值 M_r 时对应的角频率。

4．带宽频率 ω_b

带宽频率是闭环幅频特性 $M(\omega)$ 降低到其零频值的 0.707 倍时所对应的频率。通常把区间 $[0,\ \omega_b]$ 对应的频率范围称为通频带或频带宽度（简称带宽）。控制系统的带宽反映系统静态噪声滤波特性，同时带宽也用于衡量瞬态响应的特性。闭环带宽大，高频信号分量容易通过系统达到输出端，系统上升时间就短。相反，闭环带宽小，系统时间响应慢，快速性就差。

6.5　频域性能指标与时域性能指标之间的关系

控制系统性能的优劣通常是以性能指标来衡量的，由于研究方法和应用领域不同，性能指标有很多种，大体上，控制系统的性能指标可分为两种：时域性能指标和频域性能指标。

6.5.1　时域性能指标

时域性能指标包括稳态性能指标和动态性能指标。

1．稳态性能指标

稳态性能指标主要表征系统的控制精度，主要是指系统的稳态误差 e_{ss}。

2．动态性能指标

动态性能指标主要表征系统瞬态响应的品质，主要包括调节时间 t_s、峰值时间 t_p、上升时间 t_r、超调量 σ、振荡次数 N。其中比较常用的是 t_s 和 σ。

6.5.2　频域性能指标

频域性能指标包括开环频域指标和闭环频域指标。

1. 开环频域指标

一般是根据系统的开环频率特性曲线给出，包括剪切频率 ω_c、相角裕量 γ、幅值裕量 K_g。其中比较常用的是 ω_c 和 γ。

2. 闭环频域指标

一般是根据系统的闭环幅频特性曲线给出，包括谐振峰值 M_r、谐振频率 ω_r、带宽频率 ω_b。

6.5.3 频域指标与时域指标之间的关系

在工程上，一般都习惯采用频率法进行系统的综合与校正，因此，需要找到频域指标与时域指标之间存在的关系，以便进行两种指标的互换。

频域指标与时域指标可以由以下近似公式相互转换。

1. 二阶系统频域指标与时域指标的关系

对于二阶系统来说，频域指标与时域指标之间的关系能够用准确的数学公式表达出来，一般采用阻尼比 ζ 和无阻尼自然振荡角频率 ω_n 来描述。

谐振峰值：
$$M_r = \frac{1}{2\zeta\sqrt{1-\zeta^2}},\quad \zeta \leqslant 0.707$$

谐振频率：
$$\omega_r = \omega_n\sqrt{1-2\zeta^2},\quad \zeta \leqslant 0.707$$

截止频率：
$$\omega_b = \omega_n\sqrt{1-2\zeta^2+\sqrt{2-4\zeta^2+4\zeta^4}}$$

剪切频率：
$$\omega_c = \omega_n\sqrt{\sqrt{1+4\zeta^4}-2\zeta^2}$$

相角裕量：
$$\gamma = \arctan\frac{2\zeta}{\sqrt{\sqrt{1+4\zeta^4}-2\zeta^2}}$$

上升时间：
$$t_r = \frac{\pi - \arctan\dfrac{\sqrt{1-\zeta^2}}{\zeta}}{\omega_n\sqrt{1-\zeta^2}}$$

峰值时间：
$$t_p = \frac{\pi}{\omega_n\sqrt{1-\zeta^2}}$$

调节时间：
$$t_s = \frac{3\sim 4}{\zeta\omega_n}$$

超调量：
$$\sigma\% = e^{-\zeta\pi/\sqrt{1-\zeta^2}} \times 100\%$$

2. 高阶系统频域指标与时域指标的关系

对于高阶系统来说，很难建立准确的数学关系，仅可做近似处理，即将高阶系统降阶为低阶系统来建立近似的数学关系，如下所示。

谐振峰值： $$M_r = \frac{1}{|\sin\gamma|}$$

超调量： $$\sigma = 0.16 + 0.4(M_r - 1), \qquad 1 \leqslant M_r \leqslant 1.8$$

调节时间： $$t_s = \frac{K_0\pi}{\omega_c}, \quad \Delta = 5\%$$

$$K_0 = 2 + 1.5(M_r - 1) + 2.5(M_r - 1)^2, \qquad 1 \leqslant M_r \leqslant 1.8$$

6.6 Matlab 在频域分析中的应用

频域分析在自动控制系统设计当中的地位是非常重要的，在 Matlab 工具箱中，可以通过几个有用的函数来绘制系统的频域图形，并得到系统的频域指标。较为常用的函数有：

nyquist()：绘制奈奎斯特曲线；

bode()：绘制伯德图曲线；

margin()：绘制伯德图曲线，同时给出系统的频域指标。

下面分别介绍一下这几个函数的应用。

6.6.1 nyquist 曲线的绘制

在 Matlab 控制系统工具箱中提供了一个函数 nyquist()，该函数的功能是绘制系统的奈奎斯特曲线，并可以根据曲线分析包括相角裕量、增益裕量及稳定性等系统特性，有两种调用格式。

1．nyquist(sys)

此调用格式的功能是直接绘制系统 sys 的奈奎斯特曲线。

2．[re,im,w]=nyquist(sys)

此调用格式的功能并不是直接绘制曲线，而是返回系统频率响应的实部（Re）、虚部（Im）以及对应的角频率 ω。

【例 6-4】 已知系统的开环传递函数为

$$G(s) = \frac{25}{s^2 + 5s + 25}$$

画出系统的奈奎斯特曲线。

解：程序代码如下：

```
>> clear all
>> num=25;
>> den=[1,5,25];
>> sys=tf(num,den);
>> nyquist(sys)
```

运行程序，可以得出系统的奈奎斯特曲线，如图 6-29 所示。

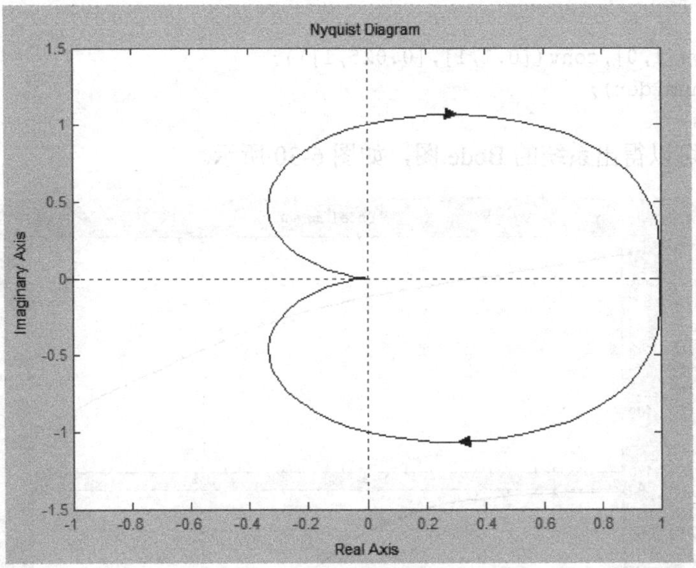

图 6-29　系统的奈奎斯特曲线

得到曲线后，可以用鼠标在图中选点，以得到所选择点的坐标值，进而可以确定一些性能指标。

6.6.2　Bode 图的绘制

Matlab 提供了一个直接求解和绘制系统 Bode 图的函数 bode()和一个直接求解系统幅值稳定裕度和相位稳定裕度的函数 margin()。

1．bode()函数

此函数的调用格式有：

（1）bode(sys)

此格式调用后，直接计算并绘制系统的 Bode 图。

（2）bode(sys,w)

此格式调用后，也是直接计算并绘制系统的 Bode 图，但是可以用 w 来定义绘制 Bode 图时的频率范围或者频率点。如果 w 为频率范围，则必须为[wmin,wmax]格式；如果 w 为频率点，则必须是需要频率点构成的向量。

（3）[mag,phase,w]=bode(sys)

此格式调用后，并不绘制曲线，而只是计算出系统 Bode 图的输出数据，其中 mag 为系统的幅值，phase 为 Bode 图的相位，w 为所对应的频率。

【例 6-5】　已知某系统开环传递函数为

$$G(s)=\frac{5}{s(0.1s+1)(0.025s+1)}$$

画出系统的 Bode 图。

解：程序代码如下：

```
>> clear all
>> num=5;
>> den=conv([1,0],conv([0.1,1],[0.025,1]));
>> sys=tf(num,den);
>> bode(sys)
```

运行程序，可以得出系统的 Bode 图，如图 6-30 所示。

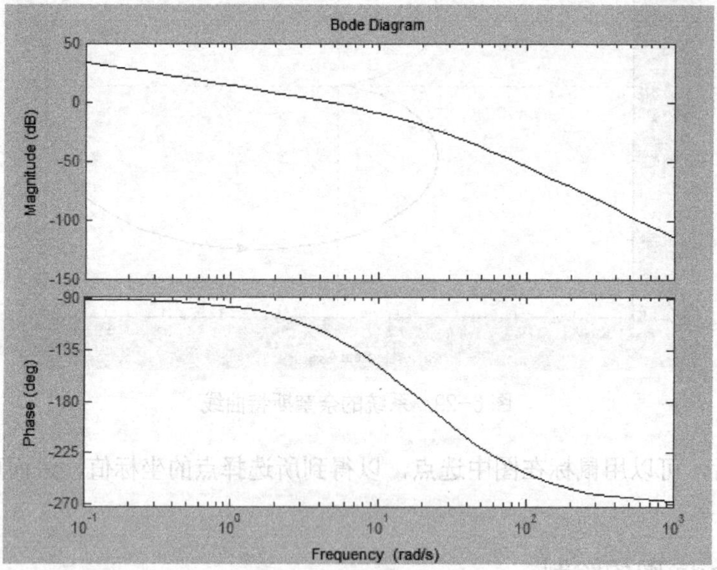

图 6-30　系统 Bode 图

【例 6-6】　某系统的开环传递函数为

$$G(s)=\frac{10}{s(s+1)(0.5s+1)}$$

画出频率范围 w 从 0.01 至 10000 的 Bode 图。

解：代码如下：

```
>> clear all
>> num=10;
>> den=conv([1,0],conv([1,1],[0.5,1]));
>> sys=tf(num,den);
>> w=0.01:0.01:10000;
>> bode(sys,w)
```

运行程序，得到图 6-31 所示的图形。

2. margin()函数

此函数的调用格式如下。

（1）margin(sys)

此调用格式可在当前图形窗口中绘制出带有稳定裕量的 Bode 图。

（2）margin(mag,phase,w)

此格式可以在当前窗口中绘制出带有系统幅值裕量和相角裕量的 Bode 图，其中，mag、phase 和 w 分别为由 bode 或 dbode 求出的幅值裕量、相角裕量及对应的角频率。

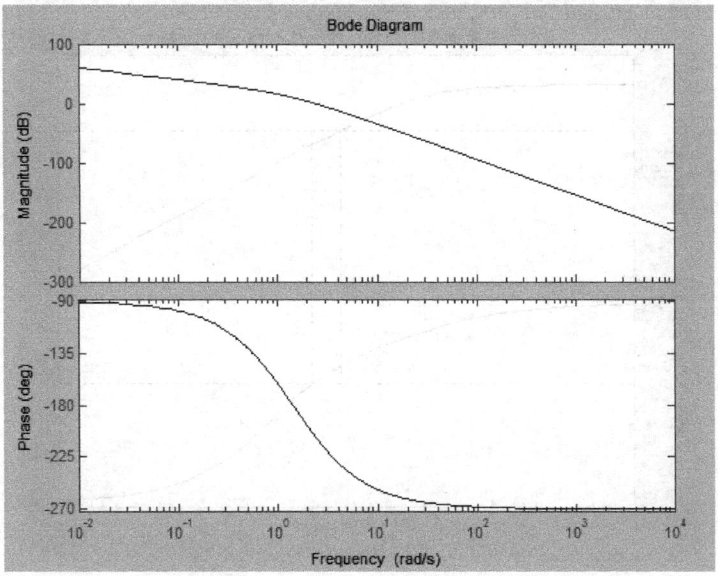

图 6-31 w 从 0.01 至 10000 的 Bode 图

（3）[Gm,Pm,Wcg,Wcp]=margin(sys)

此调用格式不绘制图形，只返回稳定裕量的 4 个值，分别为幅值裕量、相角裕量、相位穿越频率、剪切频率。

（4）[Gm,Pm,Wcg,Wcp]=margin(mag,phase,w)

与第 2 种格式相似，只是不绘制图形，而返回稳定裕量的 4 个值。

【例 6-7】 某自动药物传送系统的开环传递函数为

$$G(s)=\frac{K\mathrm{e}^{-10s}}{35s+1}$$

选择一个合适的 K 值，使系统较为稳定。

解：程序代码如下：

```
>> clear all
>> for K=1:10;
num=[K];
den=[35,1];
sys=tf(num,den);
[np,dp]=pade(10,2);          %使用 Pade 逼近的方法，得到延迟环节的参数
sys1=tf(np,dp);              %建立延迟环节传递函数
sys2=sys*sys1;
figure(K)
margin(sys2);
hold on
end
```

运行程序，可以得到 K 分别取由 1 到 10 十个值的 10 幅 Bode 图，这里不一一给出，只给出 K=4 时的 Bode 图，如图 6-32 所示。

可以看出，当 K=4 时，系统接近稳定，可以再由其他手段来进一步精确计算 K 的取值。

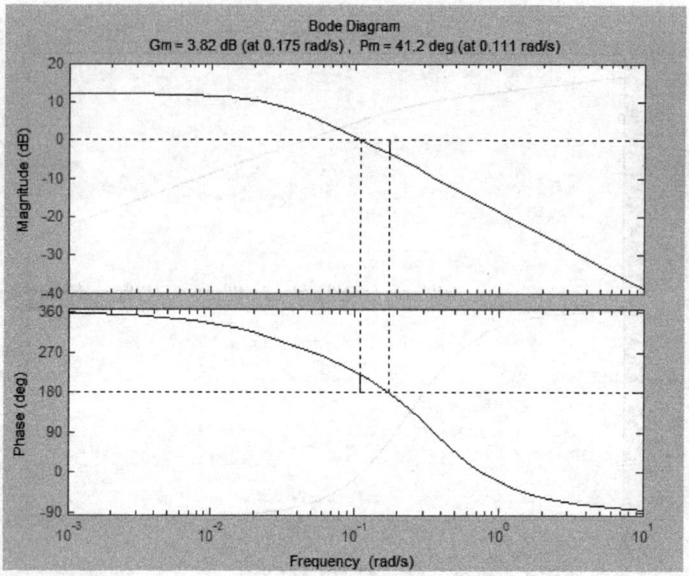

图 6-32 K=4 时系统的 Bode 图

习 题

1．设单位负反馈系统的开环传递函数为

$$G(s)=\frac{10}{s+1}$$

当输入信号 $r(t)=2\sin(t+30°)$ 作用到系统上时，试求系统的稳态输出。

2．若系统的单位阶跃响应为

$$c(t)=1-2\mathrm{e}^{-4t}+\mathrm{e}^{-5t}$$

试求其频率特性。

3．某放大装置的传递函数为

$$G(s)=\frac{K}{Ts+1}$$

现测得其频率响应，当 $\omega=1\mathrm{s}^{-1}$ 时，幅频 A=12/2，相频 $\varphi=-\pi/4$，则比例系数 K 和时间常数 T 分别为多少？

4．画出下列传递函数的奈奎斯特图。

（1）$G(s)=\dfrac{10(s+1)}{s^2}$；

（2）$G(s)=\dfrac{10}{s(s+1)(s+2)}$。

5．画出下列传递函数的伯德图。

（1）$G(s)=\dfrac{10}{s(s+1)}$；

（2）$G(s)=\dfrac{100}{(2s+1)(5s+1)}$；

（3）$G(s)=\dfrac{10(2s+1)}{s^2(s+1)(10s+1)}$；

（4）$G(s)=\dfrac{20(s+0.5)}{s(s+0.2)(s^2+s+1)}$。

6．最小系统的伯德图如图 6-33 所示，试写出对应的传递函数

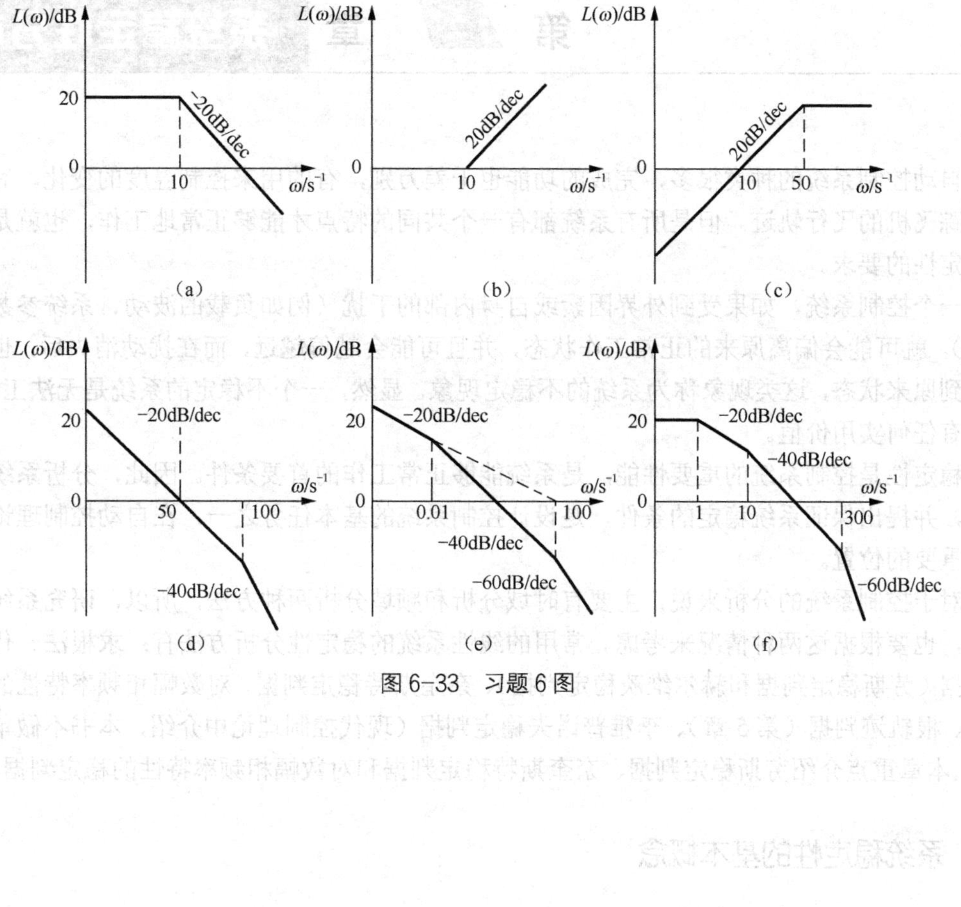

图 6-33 习题 6 图

第 7 章 系统稳定性分析

自动控制系统的种类很多，完成的功能也千差万别，有的用来控制温度的变化，有的却要跟踪飞机的飞行轨迹。但是所有系统都有一个共同的特点才能够正常地工作，也就是要满足稳定性的要求。

一个控制系统，如果受到外界因素或自身内部的干扰（例如负载的波动、系统参数的变化等），就可能会偏离原来的正常工作状态，并且可能会越偏越远，而在扰动消失后，也不能恢复到原来状态，这类现象称为系统的不稳定现象。显然，一个不稳定的系统是无法工作的，也没有任何实用价值。

稳定性是控制系统的重要性能，是系统能够正常工作的首要条件。因此，分析系统的稳定性，并提出保证系统稳定的条件，是设计控制系统的基本任务之一，在自动控制理论中占有极重要的位置。

对于控制系统的分析来说，主要有时域分析和频域分析两种方法，所以，研究系统的稳定性，也要根据这两种情况来考虑。常用的线性系统的稳定性分析方法有：求根法、代数稳定判据（劳斯稳定判据和赫尔维茨稳定判据）、奈奎斯特稳定判据、对数幅相频率特性的稳定判据、根轨迹判据（第 5 章）、李雅普诺夫稳定判据（现代控制理论中介绍，本书不做单独讲解）。本章重点介绍劳斯稳定判据、奈奎斯特稳定判据和对数幅相频率特性的稳定判据。

7.1 系统稳定性的基本概念

稳定的最基本含义是指稳固安定、没有变动。稳定的概念可以延伸到工作和生活的各个领域，如人类情绪的稳定、物质化学特性的稳定、物价的稳定、水面液位的稳定、车辆的稳定等。对于一个系统来说，一旦受到扰动的作用，就会使系统偏离原来的平衡状态，产生一定的初始偏差。所谓系统的稳定性，就是指作用到系统的扰动消失后，系统由初始偏差状态恢复到原来平衡状态的性能。

为了便于理解稳定性的基本概念，我们通过一个例子来说明，如图 7-1 所示。

图 7-1 所示为一单摆，将其放置在重力环境中，在没有任何外力的情况下，它会由于重力的作用而垂直向下，停在图中所示的 A 点位置。如果用手将单摆推到 B 点的位置，一旦松手，它会在 B 点和 C 点之间来回摆动，而且由于重力的作用，其摆动的幅度会越来越小，最后仍然会停留在 A 点位置。这里，单摆在 A 点可以长时间停留，即使受到外力作用，一旦外

力消失，经过一小段时间后，单摆仍可以再次停在 A 点，因此，可以称 A 点是单摆的一个平衡位置。而单摆在 B 点和 C 点是无法停留的，因此，B 点和 C 点不是平衡位置。

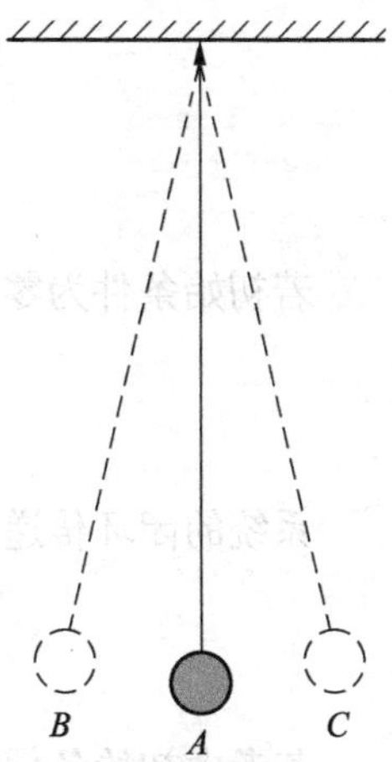

图 7-1　单摆

上面的例子，可以延伸于控制系统。对于一个控制系统来说，同样存在平衡位置。假设一个系统原来处于平衡工作状态，在某一时刻突然受到外部扰动的作用而偏离了原平衡状态，那么当外部扰动消失后，系统能否再次回到原来的平衡状态就反映了其稳定性。如果经过一段过渡过程之后，系统仍然能够恢复到原来的平衡状态，则称系统是稳定的；反之，则称系统是不稳定的。

需要说明的是，上述稳定性的概念其实是指平衡状态稳定性，它是由俄国学者李雅普诺夫（Lyapunov）于 1892 年提出的。而我们在分析线性系统的稳定性时，一般关心的是系统的运动稳定性。严格上来说，两者并不是同一回事，但是对于线性系统而言，运动稳定性和平衡状态稳定性是等价的。

李雅普诺夫稳定性理论的内容为：如果系统受到有界扰动，不论扰动引起的初始偏差有多大，当扰动消失后，系统都能以足够的准确度恢复到初始平衡状态，则这种系统称为大范围稳定的系统；如果系统受到有界扰动后，只有在扰动引起的初始偏差小于某一范围时，系统才能在扰动消失后恢复到初始平衡状态，否则就不能恢复到初始平衡状态，则这样的系统称为小范围稳定的系统。

根据李雅普诺夫稳定性的观点，假设系统有一个平衡工作点，在此工作点，当输入信号为零时，系统的输出信号也为零。当有扰动信号作用于系统后，系统的输出量将偏离原平衡工作点，即出现输出量增量（或称动态过程）。扰动信号消失后，输出量增量的变化情况即可反映系统稳定性的情况。如果输出量增量随时间变化而趋近于零，则系统是稳定的，反之则是不稳定的。

对于稳定的线性系统，它必然在大范围内和小范围内都能稳定，只有非线性系统才可能出现在小范围内稳定而在大范围内不稳定的情况。因此，根据李雅普诺夫稳定性理论，线性控制系统的稳定性可以叙述如下：

若线性控制系统在初始扰动的作用下，其动态过程随时间的推移逐渐衰减，并趋于零（即原平衡工作点），则称系统渐近稳定，简称稳定；若在初始扰动作用下，系统的动态过程随时间的推移而发散，则称系统不稳定。

7.2　线性定常系统稳定的充要条件

由 7.1 节所述，当线性定常系统的输入信号 $r(t)=0$ 时，则输出信号 $c(t)=0$，即为系统的平衡工作点。当有扰动信号作用于系统时，系统的输出就会产生偏差，也就是说，会使得 $c(t)$ 不再为零。假设扰动信号消失的时间为 $t=0$ 时刻，那么如果系统稳定，则输出 $c(t)$ 会随着时间的推移而逐渐回到原平衡工作点，也就是 $c(t)=0$ 的位置，即满足

$$\lim_{t\to\infty} c(t)=0 \tag{7-1}$$

通过以上分析，可以求出线性定常系统稳定的充分必要条件。

设 n 阶线性定常系统的微分方程为

$$a_0\frac{\mathrm{d}^n c(t)}{\mathrm{d}t^n}+a_1\frac{\mathrm{d}^{n-1}c(t)}{\mathrm{d}t^{n-1}}+\cdots+a_{n-1}\frac{\mathrm{d}c(t)}{\mathrm{d}t}+a_n c(t)$$

$$=b_0\frac{\mathrm{d}^m r(t)}{\mathrm{d}t^m}+b_1\frac{\mathrm{d}^{m-1}r(t)}{\mathrm{d}t^{-1m}}+\cdots b_{m-1}\frac{\mathrm{d}r(t)}{\mathrm{d}t}+b_m r(t),\ m\leqslant n \tag{7-2}$$

若初始条件为零，对式（7-2）进行拉氏变换，得

$$C(s)=\frac{b_0 s^m+b_1 s^{m-1}+\cdots+b_{m-1}s+b_m}{a_0 s^n+a_1 s^{n-1}+\cdots+a_{n-1}s+a_n}R(s) \tag{7-3}$$

系统的闭环传递函数为

$$\varPhi(s)=\frac{C(s)}{R(s)}=\frac{b_0 s^m+b_1 s^{m-1}+\cdots+b_{m-1}s+b_m}{a_0 s^n+a_1 s^{n-1}+\cdots+a_{n-1}s+a_n} \tag{7-4}$$

若考虑初始条件不为零，对式（7-2）进行拉氏变换，得

$$C(s)=\frac{b_0 s^m+b_1 s^{m-1}+\cdots+b_{m-1}s+b_m}{a_0 s^n+a_1 s^{n-1}+\cdots+a_{n-1}s+a_n}R(s)+\frac{N_0(s)}{a_0 s^n+a_1 s^{n-1}+\cdots+a_{n-1}s+a_n} \tag{7-5}$$

式中，$N_0(s)$是由初始条件 $c^{(i)}(0)$（i=0,1,2,⋯,n-1）有关的 s 的多项式。根据稳定性的定义，应该研究的是输入信号没有作用的情况下系统的时间响应。因此，可以取 $R(s)=0$，则式（7-5）可变为

$$C_0(s)=\frac{N_0(s)}{D(s)} \tag{7-6}$$

式中，$C_0(s)$ 则为在初始状态影响下系统的时间响应（即零输入响应）；$D(s)=a_0s^n+a_1s^{n-1}+\cdots+a_{n-1}s+a_n$ 称为系统的特征多项式，也是系统闭环传递函数的分母多项式；$D(s)=0$ 称为系统的特征方程。由此可知，$C_0(s)$ 的极点也是系统闭环传递函数的极点，称为系统的特征根。

设系统特征方程 $D(s)=0$ 的根（即系统的特征根）为 p_i，其中 p_i 可以为单根、重根、实根或复根，则式（7-6）可变换为

$$C_0(s)=\frac{N_0(s)}{\prod_{i=1}^{q}(s-p_i)\prod_{k=1}^{r}(s^2+2\zeta_k\omega_k s+\omega_k^2)}=\sum_{i=1}^{q}\frac{A_i}{s-p_i}+\sum_{k=1}^{r}\frac{B_k+C_k}{s^2+2\zeta_k\omega_k s+\omega_k^2} \tag{7-7}$$

式中，$q+2r=n$，A_i,B_k,C_k 为待定系数。

对式（7-7）进行拉氏反变换，可得系统的零输入响应为

$$c(t)=\sum_{i=1}^{q}A_i\mathrm{e}^{p_i t}+\sum_{k=1}^{r}B_k\mathrm{e}^{-\zeta_k\omega_k t}\cos(\omega_k\sqrt{1-\zeta_k^2}\,t)+\sum_{k=1}^{r}\frac{C_k-B_k\zeta_k\omega_k}{\omega_k\sqrt{1-\zeta_k^2}}\mathrm{e}^{-\zeta_k\omega_k t}\sin(\omega_k\sqrt{1-\zeta_k^2}\,t) \tag{7-8}$$

根据稳定性的定义，若要系统稳定，则需满足当时间 t 趋于无穷时，系统的输出 $c(t)$要趋于零。由式（7-8）可以看出，如果想要使 $c(t)$趋于零，需要满足 $p_i<0$，即系统的特征根是负的，无论是实根还是共轭复根。如果在系统的特征方程中，只要含有一个或一个以上的正实根或正实部的复根，则系统就不会再次回到原平衡状态，系统就是不稳定的。

由此可知，线性定常系统稳定的充分必要条件是：系统的特征根全都具有负实部，或者说闭环传递函数的极点全部分布在复平面的左半部。

对于系统的稳定性，需要强调以下几点：

（1）线性系统的稳定性是其本身的固有特性，它只与系统自身的结构和参数有关，与初始条件和外界输入信号无关。

（2）对于线性定常系统来说，如果系统不稳定，那么对其数学模型而言，其输出信号将随时间的推移而无限增大；但是对实际的物理系统来说，如果系统不稳定，其物理变量不会无限增大，而是要受到非线性因素的影响和限制，往往会形成大幅度的等幅振荡，或者趋于所能达到的最大值。

（3）系统的特征根中，如果存在实部为零的根（即位于虚轴上），而其余的根都具有负实部，则称系统为临界稳定。此时系统的输出信号会出现等幅振荡，振荡的角频率就是此实部为零的根（纯虚根）的正虚部。如果存在零根，那么输出信号将是常数。在工程中，临界稳定属于不稳定，因为系统参数的一个非常微小的变化就会使特征根具有正实部，从而导致系统不稳定。

7.3 劳斯稳定判据

上述的线性定常系统稳定的充分必要条件是判定系统是否稳定的方法之一，它需要求解系统特征方程的根，也就是前面提到过的求根法。但是当特征方程的阶次较高的时候，手工求解会比较困难，计算量会很大。因此在没有计算机的帮助时，这种方法较难实现系统稳定性的判定。

基于以上原因，代数稳定判据作为不用直接求取特征根，而间接判断系统稳定与否的方法出现了。最早的代数判据是劳斯（Routh）和赫尔维茨（Hurwitz）分别于 1877 年和 1895 年单独提出的，其中赫尔维茨稳定判据计算起来相对烦琐，尤其是对高阶系统而言，而劳斯稳定判据使用更加的方便，因此一直延用至今，也是目前应用最为广泛的时域稳定判据之一。

劳斯稳定判据是基于系统特征方程的根与系数关系而建立的，其具体内容就是根据特征方程的系数做简单的运算，就可以确定系统是否稳定，还可以确定不稳定系统在 s 平面虚轴上和右半平面上特征根的个数。

下面介绍劳斯稳定判据的具体内容。设系统的特征方程为

$$D(s)=a_0s^n+a_1s^{n-1}+\cdots+a_{n-1}s+a_n=0 \tag{7-9}$$

首先，使用劳斯稳定判据判断系统稳定性之前，要满足一个必要的条件：控制系统特征方程的所有系数 a_i（i=0,1,2,…,n）均为正值，且特征方程不能缺项。

其次，要将特征方程中各项的系数排成下面形式的劳斯表：

$$
\begin{array}{llllll}
s^n & a_0 & a_2 & a_4 & a_6 & \cdots \\
s^{n-1} & a_1 & a_3 & a_5 & a_7 & \cdots \\
s^{n-2} & b_1 & b_2 & b_3 & b_4 & \cdots \\
s^{n-3} & c_1 & c_2 & c_3 & c_4 & \cdots \\
s^{n-4} & d_1 & d_2 & d_3 & d_4 & \cdots \\
\cdots & \cdots & \cdots & & & \\
s^2 & e_1 & e_2 & & & \\
s^1 & f_1 & & & & \\
s^0 & g_1 & & & &
\end{array}
$$

劳斯表中第一行和第二行分别为特征方程的各项系数，可直接列写出来，第三行 $b_1, b_2, b_3, \cdots$ 的值按照下列公式进行计算

$$b_1 = \frac{a_1 a_2 - a_0 a_3}{a_1};\ b_2 = \frac{a_1 a_4 - a_0 a_5}{a_1};\ b_3 = \frac{a_1 a_6 - a_0 a_7}{a_1};\ \cdots$$

系数 b_i 的计算要一直进行到其余的 b_i 值全部等于零为止。

利用同样的方式，可以计算出 c、d、e 等各行的系数，即

$$c_1 = \frac{b_1 a_3 - a_1 b_2}{b_1};\ c_2 = \frac{b_1 a_5 - a_1 b_3}{b_1};\ c_3 = \frac{b_1 a_7 - a_1 b_4}{b_1};\cdots$$

$$d_1 = \frac{c_1 b_2 - b_1 c_2}{c_1};\ d_2 = \frac{c_1 b_3 - b_1 c_3}{c_1};\ \cdots$$

此过程要一直进行到第 $n+1$ 行全部算完为止，其中第 $n+1$ 行仅第 1 列有值，且正好等于特征方程最后一项的系数 a_n，从劳斯表中可以看出，各系数排列呈上三角形。

需要指出的是，有时通过计算得出的某一行可能会出现较大或较小的数值，为了简化后面的计算过程，可以用一个正数去除或乘以该整行，这样不会改变稳定性的结论。

最后，劳斯稳定判据是根据劳斯表第 1 列元素的符号来判别特征方程的根在 s 平面的分布情况，进而确定线性系统的稳定性，具体结论是：

线性系统稳定的充分必要条件是，劳斯表中第 1 列的所有元素均为正数。若劳斯表第 1 列的元素有正有负，则系统不稳定，且第 1 列中元素符号的改变次数，等于特征方程中实部为正数的根的个数。

【例 7-1】 设某闭环系统的特征方程为 $D(s) = s^4 + 2s^3 + 3s^2 + 4s + 5 = 0$，试判断该系统的稳定性。

解：列写劳斯表为

$$
\begin{array}{llll}
s^4 & 1 & 3 & 5 \\
s^3 & 2 & 4 & 0 \\
s^2 & \dfrac{2\times 3 - 1\times 4}{2} = 1 & \dfrac{2\times 5 - 1\times 0}{2} = 5 & \\
s^1 & \dfrac{1\times 4 - 2\times 5}{1} = -6 & 0 & \\
s^0 & 5 & &
\end{array}
$$

劳斯表的第 1 列存在负值，由劳斯稳定判据可知，该系统不稳定；由于第 1 列的符号改变了两次，因此系统有两个实部为正数的根，即有两个根分布在 s 平面的右半平面。

【例 7-2】　某单位负反馈系统的开环传递函数为

$$G(s)=\frac{K}{s(s+1)(2s+3)}$$

试确定能使系统稳定的 K 的取值范围。

解：系统的闭环传递函数为

$$\Phi(s)=\frac{G(s)}{1+G(s)}=\frac{\dfrac{K}{s(s+1)(2s+3)}}{1+\dfrac{K}{s(s+1)(2s+3)}}=\frac{K}{2s^3+5s^2+3s+K}$$

列劳斯表为

$$\begin{array}{lll} s^3 & 2 & 3 \\ s^2 & 5 & K \\ s^1 & \dfrac{5\times3-2\times K}{5} & \\ s^0 & K & \end{array}$$

若要系统稳定，需劳斯表第 1 列均为正值，即

$$\begin{cases}\dfrac{5\times 3\text{-}2\times K}{5}>0 \\ K>0\end{cases}\Rightarrow 0<K<7.5$$

即当 $0<K<7.5$ 时，系统是稳定的。

在使用劳斯判据判断系统稳定性的时候，有可能会遇到以下两种特殊情况。

（1）当劳斯表中某一行的第 1 项为零，而该行的其余各项不全为零。这样会使得计算下一行元素值的时候，出现无穷大，从而无法继续计算。

解决办法是，用一个无穷小的正数 ε 来代替第 1 项的零元素，然后继续计算，完成劳斯表。

【例 7-3】　设某系统的闭环特征方程为 $D(s)=s^4+s^3+2s^2+2s+3=0$，试判断其稳定性。

解：列写劳斯表为

$$\begin{array}{llll} s^4 & 1 & 2 & 3 \\ s^3 & 1 & 2 & 0 \\ s^2 & \dfrac{1\times2-1\times2}{1}=0\to\varepsilon & \dfrac{1\times3-1\times0}{1}=3 & \\ s^1 & \dfrac{\varepsilon\times2-1\times3}{\varepsilon} & & \\ s^0 & 3 & & \end{array}$$

可见，劳斯表中第 3 行的首项为 0，用一个无穷小的正数 ε 来代替，则第 4 行的首项为 $(2\varepsilon-3)/\varepsilon$，当 $\varepsilon\to0$ 时，$(2\varepsilon-3)/\varepsilon\to-\infty$，为负值。因此，系统是不稳定的，且由于劳斯表第 1 列变号两次，故系统有两个正实部的根。

（2）当劳斯表中某一行的元素全部为零。这种情况表明系统的特征方程存在一对大小相等、符号相反的实根，或者一对纯虚根，或者是一对对称于实轴的共轭复根。

解决办法是，先用全零行的上一行元素构成一个辅助方程，再对上述辅助方程两边对 s 求导，并用求导后所得方程的系数代替全零的元素，继续完成劳斯表。

需要说明的是，上述的大小相等、符号相反的实根，或纯虚根，或共轭复根可以通过求解辅助方程来得到，辅助方程的阶次总是偶数，并且等于符号相反的实根或纯虚根或共轭虚根的个数。

【例 7-4】 设某系统的闭环特征方程为 $D(s)=s^3+2s^2+s+2=0$，试判断系统稳定性。

解：列劳斯表为

$$\begin{array}{lll} s^3 & 1 & 1 \\ s^2 & 2 & 2 \quad \rightarrow \text{辅助方程} 2s^2+2s=0 \\ s^1 & 4 & 0 \quad \leftarrow \text{对辅助方程求导后的系数} \\ s^0 & 2 & \end{array}$$

由劳斯表可以看出，第 1 列元素的符号均为正号，即系统不含具有正实部的根，而是含有一对纯虚根，可由辅助方程 $2s^2+2s=0$ 求得，$s_{1,2}=\pm \mathrm{j}$。因此，系统为临界稳定，即不稳定。

7.4 奈奎斯特稳定判据

应用劳斯稳定判据可以分析闭环系统的稳定性，但它也有明显的缺点。首先，应用劳斯稳定判据必须要知道闭环系统的特征方程，在实际的工程当中，有些系统的传递函数是不能够用分析法直接列写出来的，这样也就无法列写系统的特征方程；其次，应用劳斯稳定判据不能够指出系统的稳定程度（稳定裕度）。

基于以上原因，奈奎斯特（Nyquist）于 1932 年提出了另一种判定闭环系统稳定性的方法，称为奈奎斯特稳定判据。这个判据主要的特点是，利用开环系统的幅相频率特性（奈奎斯特图）来判定闭环系统的稳定性，而且还能够指出系统的稳定程度，即相对稳定性，进而可以找到改善系统动态性能（包括稳定性）的途径，因此，奈奎斯特稳定判据在频率域控制理论中有着很重要的地位。

奈奎斯特稳定判据不同于代数判据，它是利用图形来判断系统稳定性，因此可以认为是一种几何判据。奈奎斯特稳定判据的理论基础是复变函数理论中的辐角定理，也称映射定理。

7.4.1 辅助函数的构造

对于图 7-2 所示的控制系统结构图，其开环传递函数为

$$G(s)H(s)=\frac{M(s)}{N(s)} \tag{7-10}$$

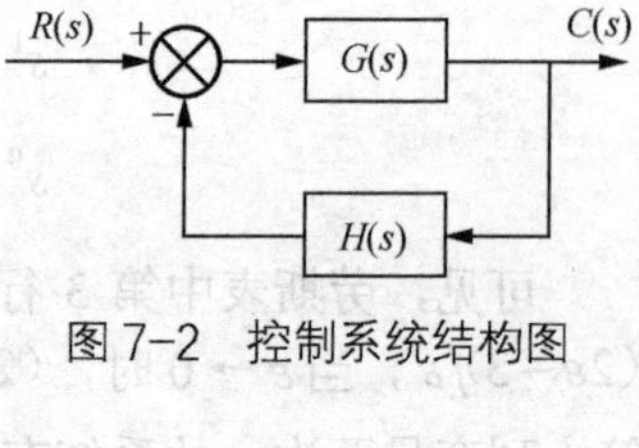

图 7-2 控制系统结构图

相应的闭环传递函数为

$$\Phi(s)=\frac{G(s)}{1+G(s)H(s)}=\frac{G(s)}{1+\dfrac{M(s)}{N(s)}}=\frac{N(s)G(s)}{N(s)+M(s)} \tag{7-11}$$

式中，$M(s)$为开环传递函数的分子多项式，阶次为 m；$N(s)$为开环传递函数的分母多项式，阶次为 n，并且满足$n \geqslant m$。由式（7-10）可以看出，$N(s)$为开环特征多项式；由式（7-11）可以看出，$N(s)+M(s)$为闭环特征多项式。

将上述闭环特征多项式和开环特征多项式做除法，构成一个辅助函数：

$$F(s)=\frac{N(s)+M(s)}{N(s)}=1+G(s)H(s) \tag{7-12}$$

由式（7-12）可以看出，辅助函数 $F(s)$的分子与分母的阶次都是 n 阶，也就是说，其零点和极点数相等。设辅助函数 $F(s)$的零点和极点分别为 z_i 和 p_i（i=0,1,2,⋯,n），则辅助函数 $F(s)$可以表示为

$$F(s)=\frac{(s-z_1)(s-z_2)\cdots(s-z_n)}{(s-p_1)(s-p_2)\cdots(s-p_n)} \tag{7-13}$$

综上所述，可以看出辅助函数 $F(s)$具有以下特点：

（1）辅助函数 $F(s)$是闭环特征多项式和开环特征多项式之比，其零点和极点分别为系统的闭环极点和开环极点。

（2）辅助函数 $F(s)$的零点和极点的个数相同，都是 n 个。

（3）辅助函数 $F(s)$与开环传递函数 $G(s)H(s)$之间只相差一个常数 1，故几何意义为：F 平面上的坐标原点就是 G 平面上的点（–1，j0），如图 7-3 所示。

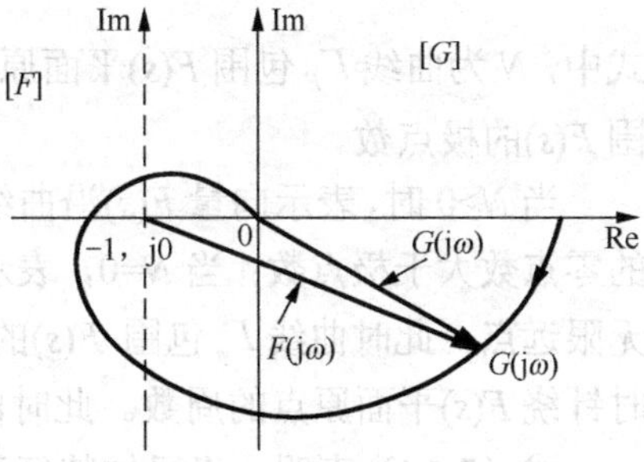

图 7-3 F 平面与 G 平面的关系图

7.4.2 辅角定理

式（7-13）的辅助函数中，s 为复数，$F(s)$为复变函数，由于分子 $N(s)+M(s)$为图 7-2 系统的闭环特征多项式，$N(s)$为开环特征多项式，因此，z_i 为 $F(s)$的零点，也是闭环系统的极点，p_i 为 $F(s)$的极点，也是开环系统的极点。

设 $F(s)$为一单值复变函数，$F(s)$在 s 平面上除奇点外，处处解析，即要求 $F(s)$不通过 s 平面上的任一极点和零点，当 s 在 s 平面上取点 s_1 或绕一封闭曲线 Γ_s 变化时，$F(s)$在 s 平面上的变化情况如下：

（1）对应于 s 平面上的解析点 s_1，在 $F(s)$平面上就有一点 $F(s_1)$ 与之对应。

（2）如果 s_1 在 s 平面上沿任一条封闭曲线 Γ_s 连续变化时，则 $F(s)$在 $F(s)$平面上就有一条封闭曲线 Γ_F 与之对应。

（3）上述对应关系称为映射，曲线 Γ_F 称为曲线 Γ_S 的像，而曲线 Γ_s 称为原像。只要函数 $F(s)$ 在曲线 Γ_s 内及曲线 Γ_s 上是解析的，且曲线 Γ_s 满足 $F'(s)\neq 0$，这种映射称为保角映射。

显然，s 平面上 $F(s)$的零点映射到 $F(s)$平面上的原点，s 平面上的 $F(s)$极点映射到 $F(s)$平面上为无穷远点，如图 7-4 所示。

幅角定理描述如下：

如果函数 $F(s)$在 s 平面的封闭曲线 Γ_s 上解析，且不为零，在曲线 Γ_s 内除有限个极点外，也处处解析，当曲线 Γ_s 包围有 $F(s)$的 Z 个零点及 P 个极点(可以有多重极点和多重零点，但

曲线Γ_s不能通过$F(s)$的任何极点和零点)时，那么当动点$s=s_1$沿闭合曲线Γ_s顺时针方向环绕一周时，映射曲线Γ_F顺时针方向包围$F(s)$平面原点的周数为

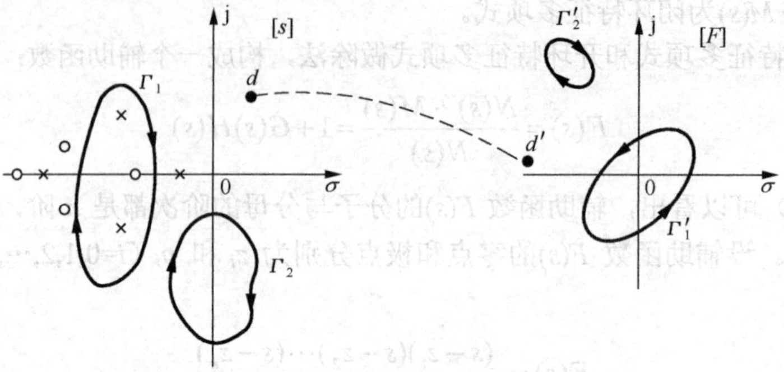

图 7-4 s 平面与 F 平面的映射关系

$$N=Z-P \tag{7-14}$$

式中，N为曲线Γ_F包围$F(s)$平面原点的周数；Z为曲线Γ_s包围$F(s)$的零点数；P为曲线Γ_s包围$F(s)$的极点数。

当$N>0$时，表示向量$F(s)$沿曲线Γ_F顺时针绕$F(s)$平面原点的周数，此时曲线Γ_s包围$F(s)$的零点数大于极点数；当$N=0$，表示向量$F(s)$的曲线Γ_F既不包围$F(s)$平面的原点，也不包围无限远点，此时曲线Γ_s包围$F(s)$的零点数等于极点数；当$N<0$，表示向量$F(s)$沿曲线Γ_F逆时针绕$F(s)$平面原点的周数。此时曲线Γ_s包围$F(s)$的极点数大于零点数。

式（7-14）表明，当已知特征函数$F(s)$的极点在s平面上被封闭曲线Γ_s包围的个数P，以及$F(s)$在$F(s)$平面上包围坐标原点的次数N时，即可由式（7-14）求得特征函数$F(s)$的零点在s平面上被封闭曲线Γ_s包围的个数Z。

7.4.3 奈奎斯特稳定判据

利用上述的辐角定理，就可以证明奈奎斯特稳定判据。其内容如下：

闭环系统稳定的充分必要条件是，当ω由$-\infty\to+\infty$变化时，开环频率特性$G(\mathrm{j}\omega)H(\mathrm{j}\omega)$的奈奎斯特曲线逆时针包围点$(-1,\mathrm{j}0)$的圈数$N$，等于系统开环传递函数$G(s)H(s)$位于右半平面的极点数$P$，即$N=P$时，闭环系统稳定，否则（$N\neq P$），闭环系统不稳定。

上述判据中，P为开环传递函数位于右半平面极点的个数，即具有正实部极点的个数。若$P=0$，称系统为开环稳定的，若$P\neq0$，则称系统为开环不稳定。

常见的系统一般为开环稳定的系统，即$P=0$，这时奈奎斯特稳定判据可以叙述为：若系统开环稳定，则闭环也稳定的充分必要条件是，当ω由$-\infty\to+\infty$变化时，开环频率特性$G(\mathrm{j}\omega)H(\mathrm{j}\omega)$的奈奎斯特曲线不包围点$(-1,\mathrm{j}0)$，系统各稳定状态如图 7-5 所示。

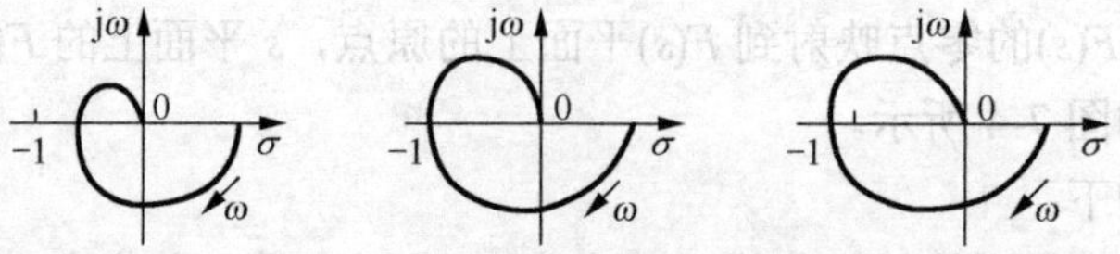

（a）稳定状态　（b）临界稳定状态　（c）不稳定状态

图 7-5 系统开环奈奎斯特曲线

如果开环频率特性 $G(\mathrm{j}\omega)H(\mathrm{j}\omega)$ 的奈奎斯特曲线，当 ω 由 $-\infty \to +\infty$ 变化时刚好通过点 $(-1,\mathrm{j}0)$，表明特征函数 $F(s)$ 存在虚轴上的零点，也就是闭环系统的极点在 s 平面的虚轴上，则闭环系统处于临界稳定状态。

为了简单起见，通常只画出开环频率特性 $G(\mathrm{j}\omega)H(\mathrm{j}\omega)$ ω 由 $0 \to +\infty$ 变化时的奈奎斯特曲线，而另一半曲线可由以实轴为对称通过镜像得到。此时奈奎斯特稳定判据可以叙述为奈奎斯特曲线逆时针包围点 $(-1,\mathrm{j}0)$ 的圈数 $N = P/2$。

7.5 对数频率特性的稳定判据

奈奎斯特稳定判据是频域分析法的重要内容，其主要是利用奈奎斯特图来判定系统是否稳定。但在实际中，奈奎斯特图相对于伯德图（Bode 图）来说不容易画出，并且系统的频域分析设计也通常是在伯德图上进行的。因此，将奈奎斯特稳定判据引申到伯德图上，以开环对数频率特性曲线（Bode 图）来判别闭环系统的稳定性，就成为了对数频率特性的稳定判据，它实际上是奈奎斯特稳定判据的另一种形式。

在伯德图上运用奈奎斯特稳定判据的关键是，如何确定 $G(\mathrm{j}\omega)H(\mathrm{j}\omega)$ 包围点 $(-1,\mathrm{j}0)$ 的圈数。系统的开环频率特性的奈奎斯特图（Nyquist 图）与伯德图（Bode 图）存在一定的关系，如图 7-6 所示。

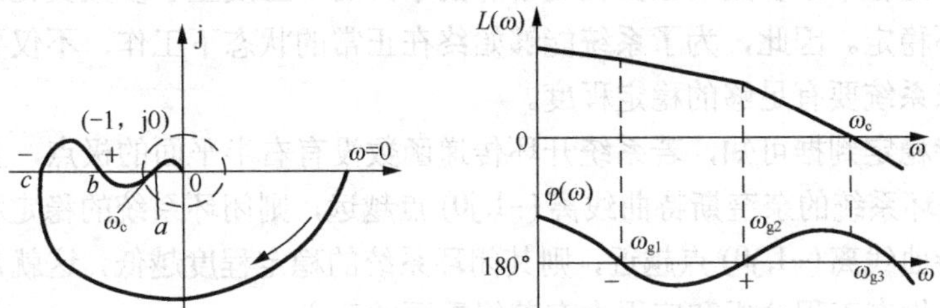

图 7-6 奈奎斯特图与伯德图的关系

（1）奈奎斯特图（Nyquist 图）上 $|G(\mathrm{j}\omega)H(\mathrm{j}\omega)| = 1$ 的单位圆与伯德图（Bode 图）上的 0dB 线相对应。

（2）单位圆外部，即 $|G(\mathrm{j}\omega)H(\mathrm{j}\omega)| > 1$ 部分，对应于伯德图（Bode 图）的 $L(\omega) > 0$ 部分，即 0 dB 线以上部分；单位圆内部，即 $0 < |G(\mathrm{j}\omega)H(\mathrm{j}\omega)| < 1$ 部分，对应于伯德图（Bode 图）$L(\omega) < 0$ 部分，即 0 dB 线以下部分。

（3）奈奎斯特图（Nyquist 图）上的负实轴对应于伯德图（Bode 图）上的 $\varphi(\omega) = -180^\circ$ 线。

（4）奈奎斯特图（Nyquist 图）中发生在负实轴上 $(-\infty,-1)$ 区段的正、负穿越，在伯德图（Bode 图）中映射成为在对数幅频特性曲线 $L(\omega) > 0$ dB 的频段内，沿频率 ω 增加方向，相频特性曲线 $\varphi(\omega)$ 从下向上穿越 -180° 线，称为正穿越 N_+，而从上向下穿越 -180° 线，称为负穿越 N_-。

综上所述。采用对数频率曲线（Bode 图）时，奈奎斯特稳定判据可以表述为：

当 ω 由 $0 \to +\infty$ 变化时，在开环对数幅频特性曲线 $L(\omega) \geqslant 0$ dB 的频段内，相频特性曲线 $\varphi(\omega)$ 对 -180° 线的正穿越与负穿越次数之差为 $\frac{P}{2}$，即 $N_+ - N_- = \frac{P}{2}$（P 为 s 右半平面开环极点

数），则闭环系统稳定。

【例 7-5】 已知某闭环控制系统，其开环传递函数为

$$G(s)H(s)=\frac{K}{s^2(Ts+1)}$$

试用对数频率特性的稳定判据判断系统的稳定性。

解：

（1）由开环传递函数可以看出，系统的开环极点为 0 和 $-\dfrac{1}{T}$，没有 s 右半平面的极点。

（2）绘制系统的开环 Bode 图，如图 7-7 所示。

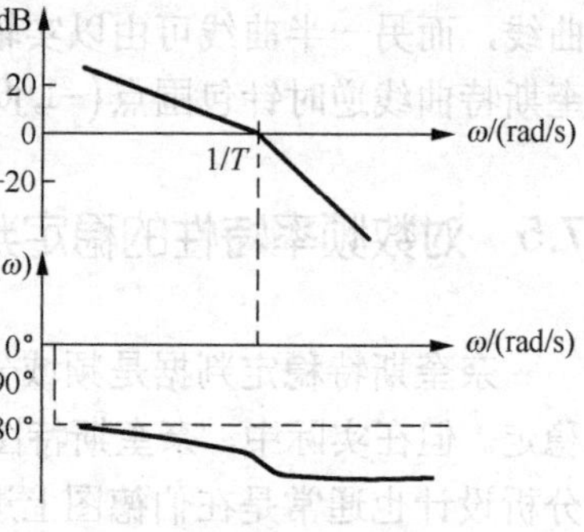

图 7-7 开环 Bode 图

（3）开环系统有两个积分环节，即系统的型别 $\nu=2$，对应的相角为 -180°，且系统有一个惯性环节，对应的相角为 $0^\circ\to-90^\circ$ 之间。因此，系统总体的相角小于 -180°。由对数频率特性的稳定判据，可知系统闭环稳定。

7.6 系统的相对稳定性分析

系统在运行过程中，参数发生变化是常有的事，而一旦发生了参数变化，就可能会使系统由稳定变成不稳定。因此，为了系统能够始终在正常的状态下工作，不仅要求系统是稳定的，而且还要求系统要有足够的稳定程度。

由奈奎斯特稳定判据可知，若系统开环传递函数没有右半平面的极点，且闭环系统是稳定的，那么，开环系统的奈奎斯特曲线离 $(-1,\mathrm{j}0)$ 点越远，则闭环系统的稳定程度越高；开环系统的奈奎斯特曲线离 $(-1,\mathrm{j}0)$ 点越近，则其闭环系统的稳定程度越低，这就是所谓的相对稳定性。相对稳定性在工程分析和应用中有着很重要的意义。

相对稳定性也称为稳定裕度，它是通过奈奎斯特曲线对 $(-1,\mathrm{j}0)$ 点的靠近程度来衡量的，其定量表示通常为相角裕量 γ 和增益裕量 K_g。它们也是系统的动态性能指标。

7.6.1 相角裕量 γ

相角裕量也称为相位裕度，它反映了相角的变化对系统稳定性的影响。在介绍相角裕量之前，首先引入剪切频率的概念。

开环频率特性幅值为 1 时所对应的角频率称为幅值穿越频率，也称剪切频率，记为 ω_c。在奈奎斯特图中，开环奈奎斯特图穿越单位圆的点所对应的角频率就是剪切频率 ω_c；在伯德图中，开环幅频特性穿越 0 dB 线的点所对应的角频率就是剪切频率 ω_c。如图 7-8 所示。

开环频率特性 $G(\mathrm{j}\omega)H(\mathrm{j}\omega)$ 在剪切频率 ω_c 处所对应的相角与 -180° 之差，称为相角裕度，记为 γ，计算公式如下：

$$\gamma=\angle G(\mathrm{j}\omega_c)H(\mathrm{j}\omega_c)-(-180^\circ)=180^\circ+\angle G(\mathrm{j}\omega_c)H(\mathrm{j}\omega_c) \tag{7-15}$$

在极坐标图上，相角裕量表示的就是负实轴绕原点转到 $G(\mathrm{j}\omega_c)H(\mathrm{j}\omega_c)$ 时所转过的角度，逆时针转动为正角度，顺时针转动为负角度。不难理解，对于开环稳定的系统，若 $\gamma<0^\circ$，

表示 $G(j\omega)H(j\omega)$ 的曲线包围点 $(-1, j0)$，相应的闭环系统是不稳定的；反之，若 $\gamma > 0^\circ$，则相应的闭环系统是稳定的。一般 γ 越大，系统的相对稳定性也就越好。

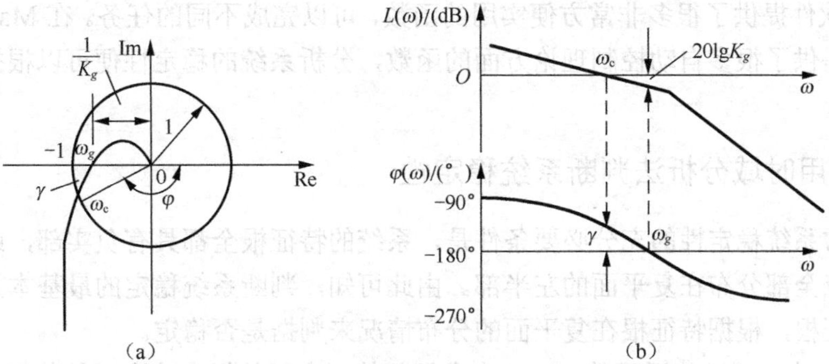

图 7-8 相角裕量和幅值裕量的图形表示

相角裕量 γ 的含义是指，对于闭环稳定系统，如果系统开环相频特性再滞后 γ 度，则系统将处于临界稳定状态。在工程上，通常要求 γ 在 $30^\circ \sim 60^\circ$ 之间，过高的相角裕量是不易实现的。

7.6.2 增益裕量

增益裕量也称幅值裕度，是用于表示 $G(j\omega)H(j\omega)$ 曲线在负实轴上相对于点 $(-1, j0)$ 的靠近程度。

在奈奎斯特图上，开环频率特性 $G(j\omega)H(j\omega)$ 曲线与负实轴交于 g 点，g 点的频率 ω_g 称为相位穿越频率，此时，ω_g 处的相角 $\varphi(\omega_g) = -180^\circ$，幅值为 $|G(j\omega_g)H(j\omega_g)|$。我们定义开环频率特性幅值 $|G(j\omega_g)H(j\omega_g)|$ 的倒数为增益裕量，用来表示 K_g，即

$$K_g = \frac{1}{|G(j\omega_g)H(j\omega_g)|} \tag{7-16}$$

在伯德图上，ω_g 为相频特性上相角 -180° 所对应的频率，而增益裕量 K_g 要用分贝来表示，即

$$20\lg K_g = -20\lg|G(j\omega_g)H(j\omega_g)|\,\text{dB} \tag{7-17}$$

对于最小相位系统，当 $|G(j\omega_g)H(j\omega_g)| < 1$ 或 $20\lg|G(j\omega_g)H(j\omega_g)| < 0$ 时，即 $K_g > 1$ 或 $20\lg K_g > 0$，称增益裕量为正，闭环系统稳定；反之，当 $|G(j\omega_g)H(j\omega_g)| > 1$ 或 $20\lg|G(j\omega_g)H(j\omega_g)| > 0$ 时，即 $K_g < 1$ 或 $20\lg K_g < 0$，称增益裕量为负，闭环系统不稳定。而当 $|G(j\omega_g)H(j\omega_g)| = 1$ 或 $20\lg|G(j\omega_g)H(j\omega_g)| = 0$ 时，系统处于临界稳定状态。

由上面分析可知，增益裕量 K_g 表示系统到达临界状态时系统增益所允许增大的倍数。一个良好的系统，一般要求 $K_g = 2 \sim 3.16$，或 $20\lg K_g = 6 \sim 10\ \text{dB}$。

必须要指出的是，对于开环不稳定的系统，不能用相角裕量和增益裕量来判别其闭环系统的稳定性。

7.7 Matlab 在系统稳定性分析中的应用

Matlab 软件提供了很多非常方便实用的函数，可以完成不同的任务。在 Matlab 中的控制系统工具箱提供了很多自动控制理论方面的函数，分析系统的稳定性便可以根据这些函数的功能来实现。

7.7.1 用时域分析法判断系统稳定性

线性定常系统稳定性的充分必要条件是，系统的特征根全都具有负实部，或者说闭环传递函数的极点全部分布在复平面的左半部。由此可知，判断系统稳定的最基本方法，就是求取系统的特征根，根据特征根在复平面的分布情况来判据是否稳定。

在 Matlab 中，可以使用函数 roots()来求闭环特征方程的根来确定系统的极点，也可以使用函数 zpkdata()求出系统传递函数的零点和极点，还可以使用函数 pzmap()绘制系统的零极点图，从而判断系统的稳定性。下面举例分别说明一下这三个函数的用法。

【例 7-6】 系统的闭环传递函数为

$$G(s)=\frac{s^4+2s^3+5s^2+4s+6}{s^5+3s^4+4s^3+2s^2+6s+2}$$

试确定系统的稳定性。

方法 1：使用函数 roots()来求闭环特征方程的根来确定系统的极点，程序如下：

```
>den=[1 3 4 2 6 2];                %写出系统特征方程的系数
 roots(den)                      %求特征方程的根
```

运行程序，输出结果为

```
ans =
      -1.7118 + 1.2316i
      -1.7118 - 1.2316i
       0.3879 + 1.0611i
       0.3879 - 1.0611i
      -0.3524 + 0.0000i
```

由结果可以看出，系统的特征根中有正实部的根，因此可以判定系统是不稳定的。

方法 2：使用函数 zpkdata()求出系统传递函数的零点和极点，程序如下：

```
num=[1 2 5 4 6];                   %分子多项式系数
den=[1 3 4 2 6 2];                 %分母多项式系数
sys=tf(num,den);                   %建立系统的传递函数
[z,p,k]=zpkdata(sys)               %求系统的零点、极点和增益
```

运行程序，输出结果为

```
z=-1.0000 + 1.4142i
  -1.0000 + 1.4142i
   0.0000 + 1.4142i
   0.0000 + 1.4142i
p=-1.7118 + 1.2316i
  -1.7118 - 1.2316i
   0.3879 + 1.0611i
   0.3879 - 1.0611i
  -0.3524 + 0.0000i
k= 1
```

结果中 p 表示闭环系统的极点，也就是特征根。可以看出，p 中有正实部的根，因此可以判定系统是不稳定的。

方法 3：使用函数 pzmap()绘制系统的零极点图，程序如下：

```
num=[1 2 5 4 6];                    %分子多项式系数
den=[1 3 4 2 6 2];                  %分母多项式系数
sys=tf(num,den);                    %建立系统的传递函数
pzmap(sys)                          %画出系统的零极点图
grid                                %加网格
```

运行程序，输出结果如图 7-9 所示。

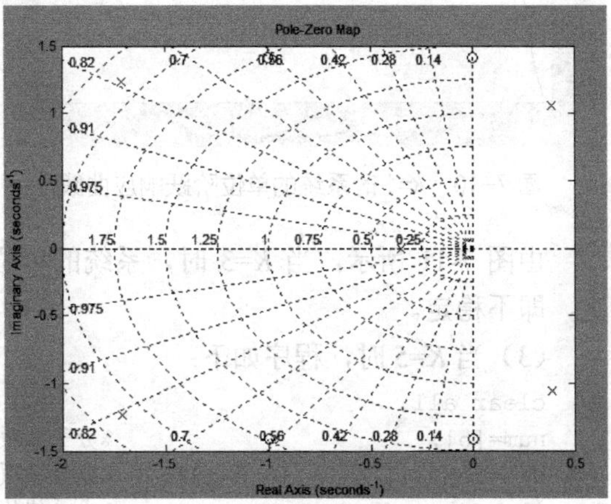

图 7-9 系统的零极点图

零极点图中，x 表示极点，o 表示零点。由系统的零极点图可以看出，系统有两个极点在 s 平面的右半平面，也就是两个正实部的极点，因此系统是不稳定的。

在系统的时域分析中，求系统的单位阶跃响应曲线是很常见的，而一个系统的单位阶跃响应曲线除了可以反映系统的各项动态性能指标以外，还可以反映系统的稳定性。其主要依据是：若闭环系统的单位阶跃响应曲线是收敛的，则系统稳定；若闭环系统的单位阶跃响应曲线是发散，则系统不稳定；若闭环系统的单位阶跃响应曲线是等幅振荡，则系统临界稳定。

【例 7-7】 设某单位负反馈系统的开环传递函数为

$$G(s)=\frac{K}{s(s+1)(0.5s+1)}$$

试确定当 K 分别等于 1，3，5 时系统的稳定性。

解：

（1）当 K=1 时，程序如下：

```
clear all
num=[1];                            %分子多项式系数 K=1
den=conv([1 1 0],[0.5 1]);          %分母多项式系数
s1=tf(num,den);                     %求系统的开环传递函数
sys=feedback(s1,1);                 %求系统的闭环传递函数
step(sys)                           %画出系统的单位阶跃响应曲线
```

程序运行，结果如图 7-10 所示。

由图 7-10 所示，当 K=1 时，系统的单位阶跃响应曲线是收敛的，因此系统稳定。

（2）当 K=3 时，程序如下：

```
clear all
num=[3];                    %分子多项式系数 K=3
den=conv([1 1 0],[0.5 1]);       %分母多项式系数
s1=tf(num,den);                %求系统的开环传递函数
sys=feedback(s1,1);              %求系统的闭环传递函数
step(sys)                    %画出系统的单位阶跃响应曲线
```

程序运行，结果如图 7-11 所示。

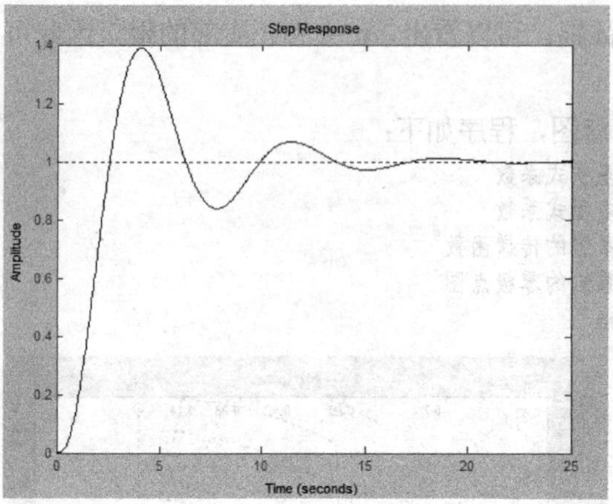

图 7-10　K=1 时系统的单位阶跃响应曲线

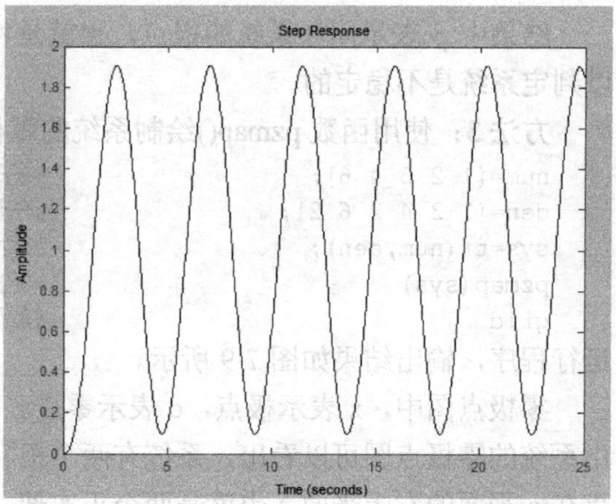

图 7-11　K=3 时系统的单位阶跃响应曲线

由图 7-11 所示，当 K=3 时，系统的单位阶跃响应曲线是等幅振荡，因此系统为临界稳定，即不稳定。

（3）当 K=5 时，程序如下：

```
clear all
num=[5];                       %分子多项式系数 K=5
den=conv([1 1 0],[0.5 1]);     %分母多项式系数
s1=tf(num,den);                %求系统的开环传递函数
sys=feedback(s1,1);            %求系统的闭环传递函数
step(sys)                      %画出系统的单位阶跃响应曲线
```

程序运行，结果如图 7-12 所示。

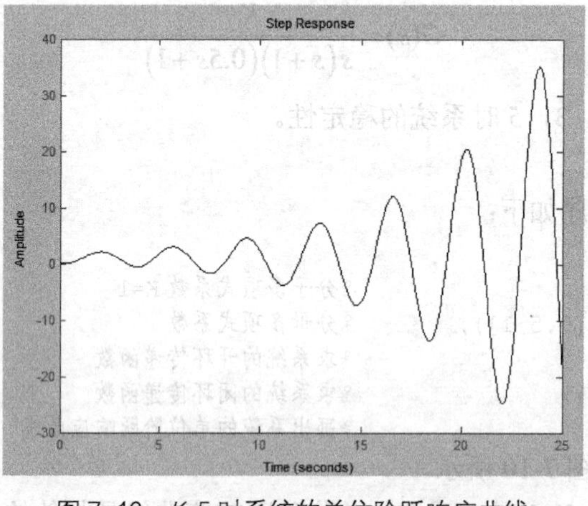

图 7-12　K=5 时系统的单位阶跃响应曲线

由图 7-12 所示，当 K=5 时，系统的单位阶跃响应曲线是发散的，因此系统不稳定。

7.7.2　用根轨迹法判断系统的稳定性

根轨迹法是分析和设计控制系统的重要方法，Matlab 提供了一个函数 rlocfind()，其功能为允许用户求取根轨迹上指定点的开环根轨迹增益值，并将该增益下所有的闭环极点显示出来。因此，可以通过所求取的闭环极点即可判断系统的稳定性。

【例 7-8】 设某单位负反馈系统的开环传递函数为

$$G(s)=\frac{K}{s(s+1.2)(0.8s+1)}$$

试绘制系统的常规根轨迹图，并判断系统的稳定性。

解：程序代码如下：

```
clear all
num=[1];
den=conv([1 1.2 0],[0.8 1]);
sys=tf(num,den);
rlocus(sys);
[k,poles]=rlocfind(sys)
```

运行程序，得到系统的根轨迹如图 7-13 所示。

程序执行后，可在根轨迹图中见到十字形光标，当选择根轨迹上的某一点（即十字形光标指向根轨迹上该点）时，其相应的增益由变量 K 记录，与此增益相关的所有极点记录在变量 poles 中。当十字光标指向根轨迹与纵坐标的交点时，对应的开环增益与极点可知。

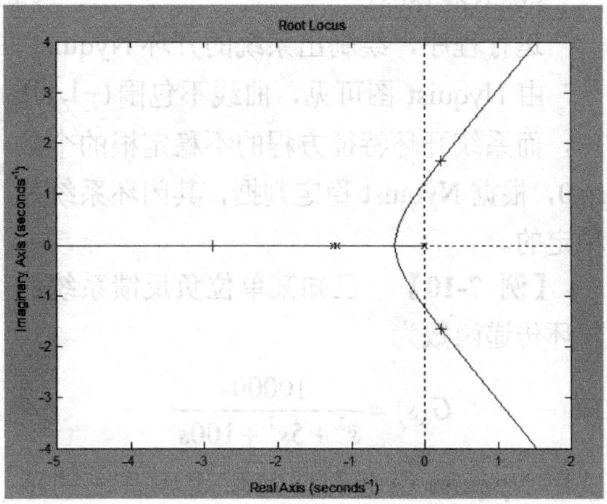

图 7-13 系统根轨迹图

当参数 K 在 0 到 3 之间变动时，根轨迹均在 s 平面的左半平面上，对应的系统是闭环稳定的；一旦 K>3，根轨迹会穿越纵坐标到达其右侧，则系统闭环不稳定。

需要说明的是，只要交点指在根轨迹负实轴上的任一位置，则系统全部闭环极点的实部都为负值，即闭环系统是稳定的。

7.7.3 用频率法判定系统稳定性

控制系统的频域分析中，有 Nyquist 稳定判据和对数频率特性稳定判据两种对系统稳定性的判定方法，分别可以称为 Nyquist 曲线法和 Bode 图法。

1. Nyquist 曲线法

前面章节中介绍过了 Matlab 中画系统 Nyquist 图的函数 nyquist()，下面就通过两个例子来详细地介绍通过 Nyquist 曲线判断系统稳定性的方法。

【例 7-9】 已知某单位负反馈系统的开环传递函数为

$$G(s)=\frac{600}{0.0005s^3+0.3s^2+15s+200}$$

试用 Nyquist 稳定判据判断闭环系统的稳定性。

解：首先，计算系统开环特征方程的根，实现代码如下：

```
clear all
den=[0.0005 0.3 15 200];          %分母多项式系数
roots(den)                        %求根
```

运行程序结果如下：

```
ans =
    1.0e+02 *
   -5.4644 + 0.0000i
   -0.2678 + 0.0385i
   -0.2678 - 0.0385i
```

由结果可以看出，3 个根均有负实部，因此系统为开环稳定的，即系统开环特征方程的不稳定根的个数 p=0。

程序代码如下：

```
clear all
num=[600];                          %分子多项式系数
den=[0.0005 0.3 15 200];            %分母多项式系数
sys=tf(num,den);                    %求系统的开环传递函数
nyquist(sys)                        %画出系统的 Nyquist 图
```

运行程序，绘制出系统的开环 Nyquist 曲线，如图 7-14 所示。

由 Nyquist 图可见，曲线不包围(−1, j0)点，而系统开环特征方程的不稳定根的个数 p=0，根据 Nyquist 稳定判据，其闭环系统是稳定的。

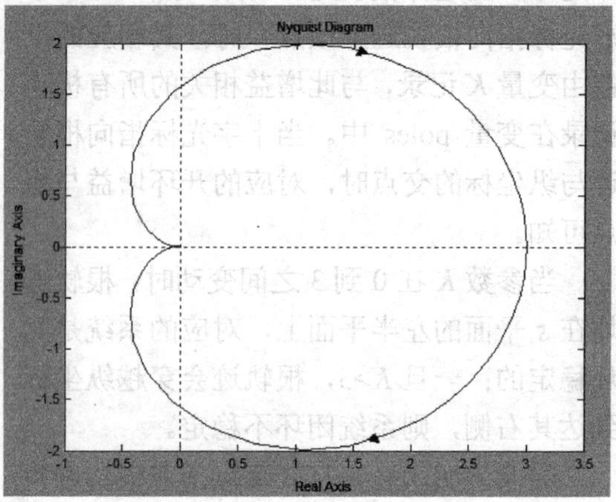

图 7-14　系统 Nyquist 曲线

【例 7-10】　已知某单位负反馈系统的开环传递函数为

$$G(s)=\frac{10000}{s^3+5s^2+100s}$$

试用 Nyquist 稳定判据判断闭环系统的稳定性。

解：

（1）计算系统开环特征方程的根，程序代码如下：

```
K=[1 5 100 0];                 %系统开环特征方程系数
roots(K)                       %求系统开环特征方程的根
```

运行程序，结果如下：

```
ans =
    0.0000 + 0.0000i
   -2.5000 + 9.6825i
   -2.5000 - 9.6825i
```

从求得的结果可以看出，系统开环特征根一个为零根，两个具有负实部，根据控制原理，零根要当做稳定根来处理，因此系统开环稳定。所以，系统开环特征方程不存在不稳定根，即 p=0。

（2）绘制系统的开环 Nyquist 曲线，程序代码如下：

```
num=10000;                     %分子多项式系数
den=[1 5 100 0];               %分母多项项多系数
G=tf(num,den);                 %求系统的开环传递函数
nyquist(G)                     %绘制系统的开环 Nyquist 图
```

运行程序，得到系统的开环 Nyquist 曲线，如图 7-15 所示。

根据系统的开环 Nyquist 曲线可以看出，曲线顺时针包围 $(-1, j0)$ 点一圈，而由上面已知，$p=0$，根据 Nyquist 稳定判据，其闭环系统是不稳定的。

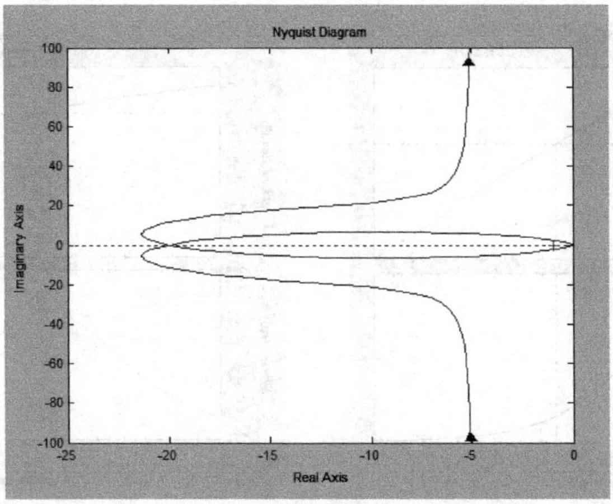

图 7-15　系统的开环 Nyquist 曲线

2. Bode 图法

系统的 Bode 图可以很好地反映系统的频域性能指标，而且也可以通过 Bode 图分析出系统的稳定性。主要的依据是系统的相角裕量，若计算得出相角裕量 $\gamma > 0$ 时，则系统闭环稳定，否则不稳定。

根据系统的 Bode 图求取系统的幅值裕量和相角裕量，可以使用函数 margin()来实现，这个函数的功能是，既可以画出系统的 Bode 图，又能够计算出系统的频域性能指标。下面通过两个例子来说明。

【例 7-11】　已知两个单位负反馈系统的开环传递函数为

$$G_1(s)=\frac{100}{(0.1s+1)(s+5)}\text{；}\quad G_2(s)=\frac{10}{s(s-1)(2s+3)}$$

试用 Bode 图法确定系统的稳定性。

解：

（1）对 $G_1(s)$来说，程序代码如下：

```
num=100;                              %分子多项式系数
den=conv([0.1 1],[1 5]);              %分母多项式系数
g=tf(num,den);                        %建立系统的开环传递函数
margin(g)                             %画出开环 Bode 图并计算频域性能指标
```

运行程序，结果如图 7-16 所示。

从图中可以看出，Gm=Inf dB(at Inf rad/s)，表示幅值裕量为无穷大，对应的相位穿越频率为无穷大；Pm=27.4 deg(at 30.6 rad/s)，表示相角裕量为 27.4°，对应的剪切频率为 30.6 rad/s。以上指标可以说明，系统是闭环稳定的，而且具有一定的稳定裕量。

（2）对 $G_2(s)$来说，程序代码如下：

```
num=10;                                   %分子多项式
den=conv(conv([1 0],[1 -1]),[2 3]);       %分母多项式
```

```
g=tf(num,den);                              %建立系统的开环传递函数
margin(g)                                   %画出开环 Bode 图并计算频域性能指标
```

运行程序，结果如图 7-17 所示。

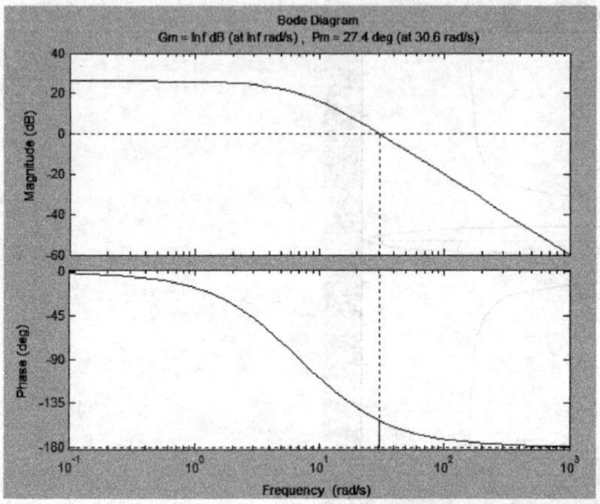

图 7-16 $G(s)$的开环 Bode 图

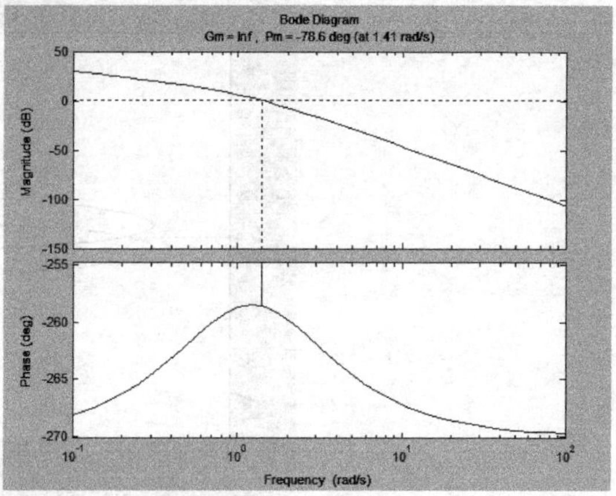

图 7-17 $G_2(s)$的开环 Bode 图

由图中可以看出，Pm=-78.6 deg，也就是说系统的相角裕量为-78.6°，因此系统闭环不稳定。

习　题

1．试判断下列特征方程所对应系统的稳定性。

（1）$D(s)=s^3+2s^2+9s+10=0$；

（2）$D(s)=s^5+3s^4+4s^3+2s^2+2s+10=0$；

（3）$D(s)=3s^4+10s^3+5s^2+s+2=0$。

2．设单位负反馈系统的开环传递函数分别为

（1）$G(s)=\dfrac{K}{s(0.5s+1)(2s+1)}$；

（2）$G(s)=\dfrac{K(s+1)}{s(s\text{-}1)(s+2)}$。

试确定使系统闭环稳定的 K 的取值范围。

3．已知反馈系统的开环传递函数为$G(s)H(s)=\dfrac{K}{s(s+1)}$，试用奈奎斯特判据判断系统的稳定性。

4．已知某单位负反馈控制系统的开环传递函数为$G(s)=\dfrac{1+as}{s^2}$，绘制奈奎斯特曲线，判别系统的稳定性；并用劳斯判据验证其正确性。

第8章 误差分析

控制系统的稳态误差是系统控制准确度（控制精度）的一种度量，通常称为稳态性能。在控制系统设计中，稳态误差是一项重要的技术指标。对于一个实际的控制系统，由于系统结构、输入作用的类型（控制量或扰动量）、输入函数的形式（阶跃、斜坡或加速度）不同，控制系统的稳态输出不可能在任何情况下都与输入量一致或相当，也不可能在任何形式的扰动作用下都能准确地恢复到原平衡位置。此外，控制系统中不可避免地存在摩擦、间隙、不灵敏区、零位输出等非线性因素，都会造成附加的稳态误差。可以说，控制系统的稳态误差是不可避免的，控制系统设计的任务之一，是尽量减小系统的稳态误差，或者使稳态误差小于某一容许值。显然，只有当系统稳定时，研究稳态误差才有意义；对于不稳定的系统而言，根本不存在研究稳态误差的可能性。有时，把在阶跃函数作用下没有原理性稳态误差的系统，称为无差系统；而把具有原理性稳态误差的系统，称为有差系统。

8.1 稳态误差的基本概念

设控制系统结构图如图 8-1 所示。当输入信号 $R(s)$ 与主反馈信号 $B(s)$ 不等时，比较装置的输出为

$$E(s) = R(s) - H(s)C(s) \tag{8-1}$$

此时，系统在 $E(s)$ 信号作用下产生动作，使输出量趋于希望值。通常，称 $E(s)$ 为误差信号，简称误差（亦称偏差）。

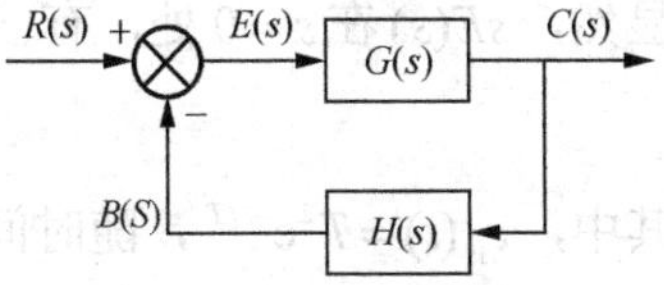

图 8-1　控制系统

误差有两种不同的定义方法：一种是式（8-1）所描述的在系统输入端定义误差的方法；另一种是从系统输出端来定义，它定义为系统输出量的希望值与实际值之差。前者定义的误差，在实际系统中是可以测量的，具有一定的物理意义；后者定义的误差，在系统性能指标的提法中经常使用，但在实际系统中有时无法测量，因而一般只有数学意义。

上述两种定义误差的方法，存在着内在联系。将图 8-1 变换为图 8-2 的等效形式，则因 $R'(s)$ 代表输出量的希望值，因而 $E'(s)$ 是从系统输出端定义的非单位反馈系统的误差。不难证明，$E(s)$ 与 $E'(s)$ 之间存在如下简单关系：

$$E'(s)=E(s)/H(s) \tag{8-2}$$

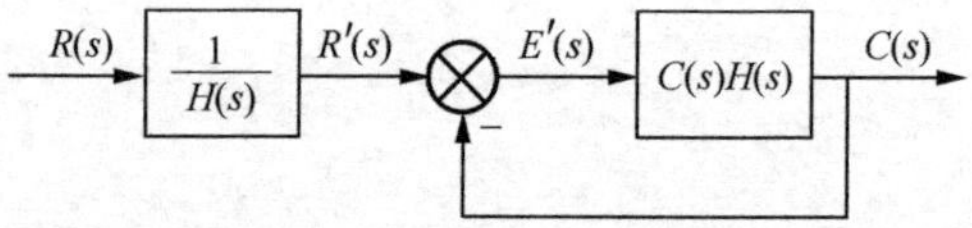

图 8-2 等效单位反馈系统

所以，可以采用从系统输入端定义的误差 $E(s)$ 来进行计算和分析。如果有必要计算输出端误差 $E'(s)$，可利用式（8-2）进行换算。特别指出，对于单位反馈控制系统，输出量的希望值就是输入信号 $R(s)$，因而两种误差定义的方法是一致的。

误差本身是时间函数，其时域表达式为

$$e(t)=L^{-1}[E(s)]=L^{-1}[\phi_e(s)R(s)] \tag{8-3}$$

式中，$\phi_e(s)$ 为系统误差传递函数，由下式决定：

$$\phi_e(s)=\frac{E(s)}{R(s)}=\frac{1}{1+G(s)H(s)} \tag{8-4}$$

在误差信号 $e(t)$ 中，包含瞬态分量 $e_{ts}(t)$ 和稳态分量 $e_{ss}(t)$ 两部分。由于系统必须稳定，故当时间趋于无穷时，必有 $e_{ts}(t)$ 趋于零。因而，控制系统的稳态误差定义为误差信号 $e(t)$ 的稳态分量 $e_{ss}(\infty)$，常以 e_{ss} 简单标记。

如果有理函数 $sE(s)$ 除在原点处有唯一的极点外，在 s 右半平面及虚轴上解析，即 $sE(s)$ 的极点均位于 s 左半平面（包括坐标原点），则可根据拉氏变换的终值定理，由式（8-4）方便地求出系统的稳态误差：

$$e_{ss}=\lim_{s\to 0}sE(s)=\lim_{s\to 0}\frac{sR(s)}{1+G(s)H(s)} \tag{8-5}$$

由于上式算出的稳态误差是误差信号稳态分量 $e_{ss}(t)$ 在 t 趋于无穷时的数值，故有时称为终值误差，它不能反映 $e_{ss}(t)$ 随时间 t 的变化规律，具有一定的局限性。

【例 8-1】 设单位反馈系统的开环传递函数为 $G(s)=1/Ts$，输入信号分别为 $r(t)=t^2/2$ 以及 $r(t)=\sin\omega t$，试求控制系统的稳态误差。

解：当 $r(t)=t^2/2$ 时，$R(s)=1/s^3$。由式（8-4）求得

$$E(s)=\frac{1}{s^2(s+1/T)}=\frac{T}{s^2}-\frac{T^2}{s}+\frac{T^2}{s+1/T}$$

显然，$sE(s)$ 在 $s=0$ 处，有一个极点。对上式取拉氏反变换，得误差响应

$$e(t)=T^2\mathrm{e}^{-t/T}+T(t-T)$$

其中，$e_{ts}(t)=T^2\mathrm{e}^{-t/T}$，随时间增长逐渐衰减至零；$e_{ss}(t)=T(t-T)$，表明稳态误差 $e_{ss}=\infty$。

当 $r(t)=\sin\omega t$ 时，其 $R(s)=\omega/(s^2+\omega^2)$。由于

$$E(s)=\frac{\omega s}{\left(s+\dfrac{1}{T}\right)(s^2+\omega^2)}$$

$$=-\frac{T\omega}{T^2\omega^2+1}\frac{1}{s+\dfrac{1}{T}}+\frac{T\omega}{T^2\omega^2+1}\frac{s}{s^2+\omega^2}+\frac{T^2\omega^3}{T^2\omega^2+1}\frac{1}{s^2+\omega^2}$$

所以得

$$e_{ss}(t)=\frac{T\omega}{T^2\omega^2+1}\cos\omega t+\frac{T^2\omega^2}{T^2\omega^2+1}\sin\omega t$$

显然，$e_{ss}(\infty)\neq 0$。由于正弦函数的拉氏变换式在虚轴上不解析，所以此时不能应用终值定理来计算系统在正弦函数作用下的稳态误差，否则得出

$$e_{ss}(\infty)=\lim_{s\to 0}sE(s)=\lim_{s\to 0}\frac{\omega s^2}{(s+1/T)(s^2+\omega^2)}=0$$

的错误结论。

应当指出，对于高阶系统，误差信号 $E(s)$ 的极点不易求得，故用反变换法求稳态误差的方法并不实用。在实际使用过程中，只要验证 $sE(s)$ 满足要求的解析条件，无论是单位反馈系统还是非单位反馈系统，都可以利用式（8-5）来计算系统在输入信号作用下位于输入端的稳态误差 $e_{ss}(\infty)$。

由稳态误差计算通式（8-5）可见，控制系统稳态误差数值，与开环传递函数 $G(s)H(s)$ 的结构和输入信号 $R(s)$ 的形式密切相关。对于一个给定的稳定系统，当输入信号形式一定时，系统是否存在稳态误差就取决于开环传递函数描述的系统结构。因此，按照控制系统跟踪不同输入信号的能力来进行系统分类是必要的。

在一般情况下，分子阶次为 m，分母阶次为 n 的开环传递函数可表示为

$$G(s)H(s)=\frac{K\prod_{i=1}^{m}(\tau_i s+1)}{s^{\upsilon}\prod_{j=1}^{n-\upsilon}(T_j s+1)} \tag{8-6}$$

式中，K 为开环增益；τ_i 和 T_j 为时间常数；υ 为开环系统在 s 平面坐标原点上的极点的重数。现在的分类方法是以 υ 的数值来划分的：$\upsilon=0$，称为0型系统；$\upsilon=1$，称为I型系统；$\upsilon=2$，称为II型系统。当 $\upsilon>2$ 时，除复合控制系统外，使系统稳定是相当困难的。因此除航天控制系统外，III型及以上的系统几乎不采用。

这种以开环系统在 s 平面坐标原点上的极点数来分类的方法，其优点在于：可以根据已知的输入信号形式，迅速判断系统是否存在原理性稳态误差及稳态误差的大小。它与按系统的阶次进行分类的方法不同，阶次 m 与 n 的大小与系统的型别无关，且不影响稳态误差的数值。

为了便于讨论，令

$$G_0(s)H_0(s)=\prod_{i=1}^{m}(\tau_i s+1)/\prod_{j=1}^{n-\upsilon}(T_j s+1)$$

必有 $s\to 0$ 时，$G_0(s)H_0(s)\to 1$。因此，式（8-6）可改写为

$$G(s)H(s)=\frac{K}{s^{\upsilon}}G_0(s)H_0(s) \tag{8-7}$$

系统稳态误差计算通式则可表示为

$$e_{ss}=\frac{\lim\limits_{s\to 0}[s^{\upsilon+1}R(s)]}{K+\lim\limits_{s\to 0}s^{\upsilon}} \tag{8-8}$$

上式表明，影响稳态误差的诸因素是：系统型别，开环增益，输入信号的形式和幅值。下面讨论不同型别系统在不同输入信号形式下的稳态误差计算。由于实际输入多为阶跃函数、斜坡函数和加速度函数，或者是其组合，因此只考虑系统分别在阶跃、斜坡或加速度函数输入作用下的稳态误差计算问题。

8.2 给定信号作用下的稳态误差及计算

8.2.1 阶跃输入作用下的稳态误差与静态位置误差系数

在图 8-1 所示的控制系统中，若 $r(t)=R\cdot 1(t)$，其中 R 为输入阶跃函数的幅值，则 $R(s)=R/s$。由式（8-8）可以算得各型系统在阶跃输入作用下的稳态误差为

$$e_{ss}=\begin{cases}R/(1+k)=\text{常数}, & \upsilon=0\\ 0, & \upsilon\geqslant 1\end{cases}$$

对于0型单位反馈控制系统，在单位阶跃输入作用下稳态误差是希望输出 1 与实际输出 $K/(1+K)$ 之间的位置误差。习惯上常采用静态位置误差系数 K_p 表示各型系统在阶跃输入作用下的位置误差。根据式（8-5），当 $R(s)=R/s$ 时，有

$$e_{ss}=\frac{R}{1+\lim\limits_{s\to 0}G(s)H(s)}=\frac{R}{1+K_p} \tag{8-9}$$

式中

$$K_p=\lim_{s\to 0}G(s)H(s) \tag{8-10}$$

称为静态位置误差系数。由式（8-9）及式（8-7）知，各型系统的静态位置误差系数为

$$K_p=\begin{cases}K, & \upsilon=0\\ \infty, & \upsilon\geqslant 1\end{cases}$$

如果要求系统对于阶跃输入作用不存在稳态误差，则必须选用I型及I型以上的系统。习惯上常把系统在阶跃输入作用下的稳态误差称为静差。因而，0 型系统可称为有（静）差系统或零阶无差度系统，I型系统可称为一阶无差度系统，II 型系统可称为二阶无差度系统，以此类推。

8.2.2 斜坡输入作用下的稳态误差与静态速度误差系数

在图 8-1 所示的控制系统中，若 $r(t)=Rt$，其中 R 表示速度输入函数的斜率，则 $R(s)=R/s^2$。将 $R(s)$ 代入式（8-8），得各型系统在斜坡输入作用下的稳态误差为

$$e_{ss}=\begin{cases}\infty, \upsilon=0\\ R/K=\text{常数}, & \upsilon=1\\ 0, & \upsilon\geqslant 2\end{cases}$$

I型单位反馈系统在斜坡输入作用下的稳态误差图示，可参见图 8-3。

如果用静态速度误差系数表示系统在斜坡（速度）输入作用下的稳态误差，可将 $R(s)=R/s^2$

代入式（8-5），得

$$e_{ss}=\frac{R}{\lim\limits_{s\to 0}sG(s)H(s)}=\frac{R}{K_v} \tag{8-11}$$

式中

$$K_\upsilon=\lim_{s\to 0}sG(s)H(s)=\lim_{s\to 0}\frac{K}{s^{\upsilon-1}} \tag{8-12}$$

称为静态速度误差系数。显然，0 型系统的 $K_\upsilon=0$；I 型系统的 $K_\upsilon=K$；II 型及 II 型以上系统的 $K_\upsilon=\infty$。

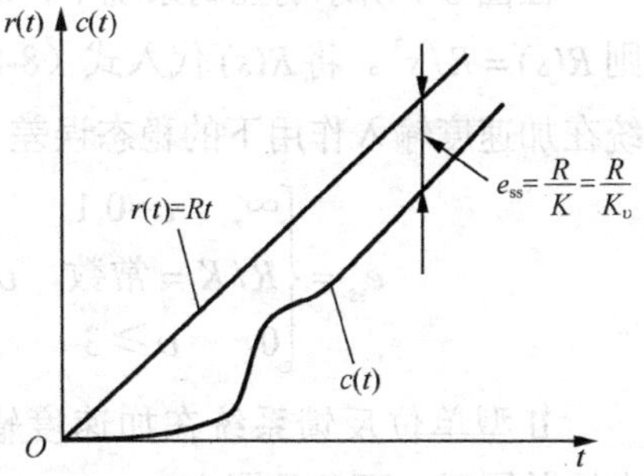

图 8-3　I 型单位反馈系统的速度误差

通常，式（8-11）表达的稳态误差称为速度误差。必须注意，速度误差的含义并不是指系统稳态输出与输入之间存在速度上的误差，而是指系统在速度（斜坡）输入作用下，系统稳态输出与输入之间存在位置上的误差。此外，式（8-11）还表明：0 型系统在稳态时不能跟踪斜坡输入；对于 I 型单位反馈系统，稳态输出速度恰好与输入速度相同，但存在一个稳态位置误差，其数值与输入信号的斜率 R 成正比，而与开环增益 K 成反比；对于 II 型及 II 型以上的系统，稳态时能准确跟踪斜坡输入信号，不存在位置误差。

如果系统为非单位反馈系统，其 $H(s)=K_h$ 为常数，那么系统输出量的希望值为 $R'(s)=R(s)/K_h$，系统输出端的稳态位置误差为

$$e'_{ss}=e_{ss}/K_h \tag{8-13}$$

上式表示的关系，对于下面即将讨论的系统在加速度输入作用下的稳态误差计算问题，同样成立。

【例 8-2】　设有一非单位反馈控制系统，其 $G(s)=10/(s+1)$，$H(s)=K_h$，输入信号 $r(t)=1(t)$，试分别确定当 K_h 为 1 和 0.1 时，系统输出端的稳态位置误差 e'_{ss}。

解： 由于系统开环传递函数

$$G(s)H(s)=\frac{10K_h}{s+1}$$

故本例为 0 型系统，其静态位置误差系数 $K_p=K=10K_h$。由式（8-9）可算出系统输入端的稳态位置误差为

$$e_{ss}=\frac{1}{1+10K_h}$$

系统输出端的稳态位置误差，可由式（8-13）算出。

当 $K_h=1$ 时

$$e'_{ss}=e_{ss}=\frac{1}{1+10K_h}=\frac{1}{11}$$

当 $K_h=0.1$ 时

$$e'_{ss}=\frac{e_{ss}}{K_h}=\frac{1}{K_h(1+10K_h)}=5$$

此时，系统输出量的希望值为$r(t)/K_h=10$。

8.2.3 加速度输入作用下的稳态误差与静态加速度误差系数

在图 8-1 所示的控制系统中，若$r(t)=Rt^2/2$，其中R为加速度输入函数的速度变化率，则$R(s)=R/s^3$。将$R(s)$代入式（8-8），算得各型系统在加速度输入作用下的稳态误差

$$e_{ss}=\begin{cases}\infty, & \upsilon=0,1\\ R/K=\text{常数}, & \upsilon=2\\ 0, & \upsilon\geqslant 3\end{cases}$$

Ⅱ型单位反馈系统在加速度输入作用下的稳态误差图示，可参见图 8-4。

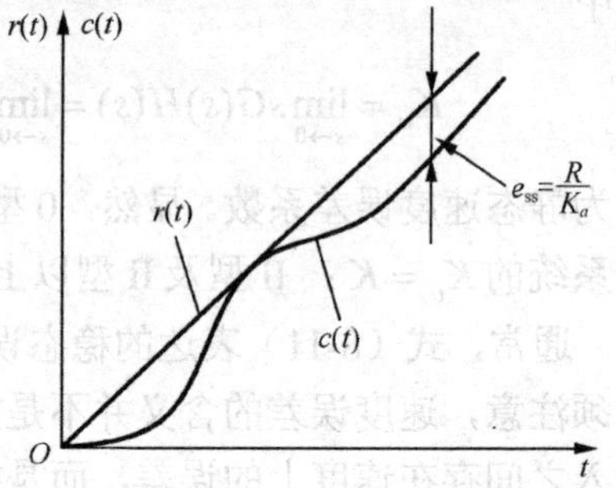

图 8-4　Ⅱ型单位反馈系统的加速度误差

如果用静态加速度误差系数表示系统在加速度输入作用下的稳态误差，可将$R(s)=R/s^3$代入式（8-5），得

$$e_{ss}=\frac{R}{\lim\limits_{s\to 0}s^2G(s)H(s)}=\frac{R}{K_a}\tag{8-14}$$

式中，$K_a=\lim\limits_{s\to 0}s^2G(s)H(s)=\lim\limits_{s\to 0}\frac{K}{s^{\upsilon-2}}$，称为静态加速度误差系数。显然，0 型及Ⅰ型系统的$K_a=0$；Ⅱ型系统的$K_a=K$；Ⅲ型及Ⅲ型以上系统的$K_a=\infty$。

通常，由式（8-14）表达的稳态误差称为加速度误差。与前面情况类似，加速度误差是指系统在加速度函数输入作用下，系统稳态输出与输入之间的位置误差。式（8-14）表明：0 型及Ⅰ型单位反馈系统，在稳态时都不能跟踪加速度输入；对于Ⅱ型单位反馈系统，稳态输出的加速度与输入加速度函数相同，但存在一定的稳态误差，其值与输入加速度信号的变化率R成正比，而与开环增益（静态加速度误差系数）K（或K_a）成反比；对于Ⅲ型及Ⅲ型以上系统，只要系统稳定，其稳态输出能准确跟踪加速度输入信号，不存在位置误差。

静态误差系数K_p，K_v和K_a，定量描述了系统跟踪不同形式输入信号的能力。当系统输入信号形式、输出量的希望值及容许的稳态误差确定后，可以方便地根据静态误差系数去选择系统的型别和开环增益。但是，对于非单位反馈控制系统而言，静态误差系数没有明显的物理意义，也不便于图形表示。

如果系统承受的输入信号是多种典型函数的组合，例如

$$r(t)=R_0\cdot 1(t)+R_1t+\frac{1}{2}R_2t^2$$

则根据线性叠加原理，可将每一输入分量单独作用于系统，再将各稳态误差分量叠加起来，得到

$$e_{ss}=\frac{R_0}{1+K_p}+\frac{R_1}{K_v}+\frac{R_2}{K_a}$$

显然，这时至少应选用Ⅱ型系统，否则稳态误差将为无穷大。无穷大的稳态误差，表示系统输出量与输入量之间在位置上的误差随时间t而增长，稳态时达无穷大。由此可见，采

用高型别系统对提高系统的控制准确度有利，但应以确保系统的稳定性为前提，同时还要兼顾系统的动态性能要求。

反馈控制系统的型别、静态误差系数和输入信号形式之间的关系，统一归纳在表 8-1 之中。表 8-1 表明，同一个控制系统，在不同形式的输入信号作用下具有不同的稳态误差。这一现象的物理解释可用下例说明。

表 8-1　　输入信号作用下的稳态误差

系统型别	静态误差系数			阶跃输入 $r(t)=R\cdot 1(t)$	斜坡输入 $r(t)=Rt$	加速度输入 $r(t)=\frac{Rt^2}{2}$
	K_p	K_v	K_a	位置误差 $e_{ss}=\frac{R}{1+K_p}$	速度误差 $e_{ss}=\frac{R}{K_v}$	加速度误差 $e_{ss}=\frac{R}{K_a}$
0	K	0	0	$\frac{R}{1+K}$	∞	∞
I	∞	K	0	0	$\frac{R}{K}$	∞
II	∞	∞	K	0	0	$\frac{R}{K}$
III	∞	∞	∞	0	0	0

【例 8-3】 设具有测速发电机内反馈的位置随动系统如图 8-5 所示。要求计算 $r(t)$ 分别为 $1(t)$，t 和 $t^2/2$，系统的稳态误差，并对系统在不同输入形式下具有不同稳态误差的现象进行物理说明。

解： 由图 8-5 得系统的开环传递函数为

$$G(s)=\frac{1}{s(s+1)}$$

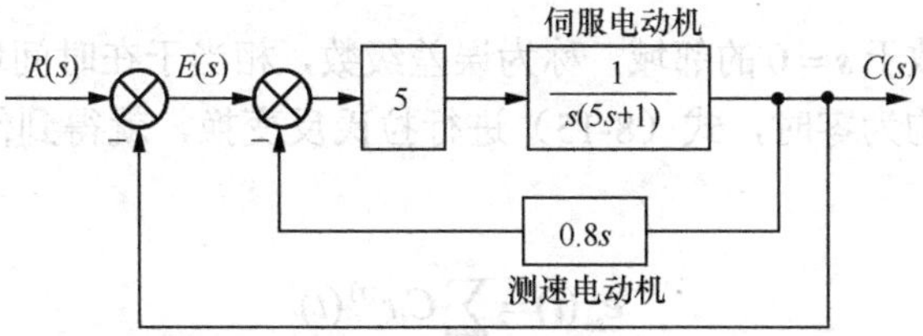

图 8-5　位置随动系统

可见，本例是 $K=1$ 的 I 型系统，其静态误差系数：$K_p=\infty$，$K_v=1$ 和 $K_a=0$，当 $r(t)$ 分别为 $1(t)$，t 和 $t^2/2$ 时，相应的稳态误差分别为 0，1 和 ∞。

系统对于阶跃输入信号不存在稳态误差的物理解释是清楚的。由于系统受到单位阶跃位置信号作用后，其稳态输出必定是一个恒定的位置（角位移），这时伺服电动机必须停止转动。显然，要使电动机不转，加在电动机控制绕组上的电压必须为零。这就意味着系统输入端的误差信号的稳态值应等于零。因此，系统在单位阶跃输入信号作用下，不存在位置误差。

当单位斜坡信号作用于系统时，系统的稳态输出速度，必定与输入信号速度相同。这样，就要求电动机做恒速运转，因此在电动机控制绕组上需要作用一个恒定的电压，由此推得误差信号的终值应等于一个常值，所以系统存在常值速度误差。

当加速度输入信号作用于系统时，系统的稳态输出也应做等速变化，为此要求电动机控制绕组有等速变化的电压输入，最后归结为要求误差信号随时间线性增长。显然，当$t\to\infty$时，系统的加速度误差必为无穷大。

应当指出在系统误差分析中，只有当输入信号是阶跃函数、斜坡函数和加速度函数，或者是这三种函数的线性组合时，静态误差系数才有意义。用静态误差系数求得的系数稳态误差值，或是零，或为常值，或趋于无穷大。其实质是用终值定理法求得系统的终值误差。因此，当系统输入信号为其他形式函数时，静态误差系数法便无法应用。此外，系统的稳态误差一般是时间的函数，即使静态误差系数法可用，也不能表示稳态误差随时间变化的有规律。有些控制系统，例如导弹控制系统，其有效工作时间不长，输出量往往达不到要求的稳态值时便已结束工作，无法使用静态误差系数法进行误差分析。为此，需要引入动态误差系数的概念。

8.2.4 动态误差系数

利用动态误差系数法，可以研究输入信号几乎为任意时间函数时的系统稳态误差化，因此动态误差系数又称为广义误差系数。为了求取动态误差系数，写出误差信号的拉氏变换式

$$E(s)=\phi_e(s)R(s)$$

将误差传递函数$\phi_e(s)$在$s=0$的邻域内展成泰勒级数，得

$$\phi_e(s)=\frac{1}{1+G(s)H(s)}=\phi_e(0)+\dot{\phi}_e(0)s+\frac{1}{2!}\ddot{\phi}_e(0)s^2+\cdots$$

于是，误差信号可以表示为如下级数

$$E(s)=\phi_e(s)R(s)+\dot{\phi}_e(0)sR(s)+\frac{1}{2!}\ddot{\phi}_e(0)s^2R(s)+\cdots+\frac{1}{n!}\phi_e^{(n)}(0)s^nR(s)+\cdots \tag{8-15}$$

上述无穷级数收敛于$s=0$的邻域，称为误差级数，相当于在时间域内$t\to\infty$时成立。因此，当所有初始条件均为零时，式（8-15）进行拉氏反变换，就得到作为时间函数的稳态误差表达式

$$e_{ss}(t)=\sum_{i=0}^{\infty}C_i r^{(i)}(t) \tag{8-16}$$

式中

$$C_i=\frac{1}{i!}\phi_e^{(i)}(0)，\quad i=0,1,2,\cdots \tag{8-17}$$

称为动态误差系数。习惯上称C_0为动态位置误差系数，C_1为动态速度误差系数，C_2为动态加速度误差系数。应当指出，在动态误差系数的字样中，“动态”两字的含义是指这种方法可以完整描述系统稳态误差$e_{ss}(t)$随时间变化的规律，而不是指误差信号中的瞬态分量$e_{ts}(t)$随时间变化的情况。此外，由于式（8-16）描述的误差级数在$t\to\infty$时才能成立，因此如果输

入信号 $r(t)$ 中包含有随时间增长而趋近于零的分量，则这一输入分量不应包含在式（8-16）中的输入信号及其在各阶导数之内。

式（8-16）表明，稳态误差 $e_{ss}(t)$ 与动态误差系数 C_i、输入信号 $r(t)$ 及其各阶导数的稳态分量有关。由于输入信号的稳态分量是已知的，因此确定稳态误差的关键是根据给定的系统求出各动态误差系数。在系统阶次较高的情况下，利用式（8-17）来确定动态误差系数是不方便的。下面介绍一种简单的求法。

将已知的系统开环传递函数按 s 的升幂排列，写成如下形式

$$G(s)H(s)=\frac{K}{s^{\upsilon}}\frac{1+b_1s+b_2s^2+\cdots+b_ms^m}{1+a_1s+a_2s^2+\cdots+a_ns^{n-\upsilon}} \tag{8-18}$$

令

$$M(s)=K(1+b_1s+b_2s^2+\cdots+b_ms^m)$$
$$N_0(s)=s^{\upsilon}(1+a_1s+a_2s^2+\cdots+a_ns^{n-\upsilon})$$

则误差传递函数可表示为

$$\phi_e(s)=\frac{1}{1+G(s)H(s)}=\frac{N_0(s)}{N_0(s)+M(s)} \tag{8-19}$$

用上式的分母多项式去除其分子多项式，得到一个 s 的升幂级数

$$\phi_e(s)=C_0+C_1s+C_2s^2+C_3s^3+\cdots \tag{8-20}$$

将上式代入误差信号表达式，得

$$E(s)=\phi_e(s)R(s)=(C_0+C_1s+C_2s^2+C_3s^3+\cdots)R(s) \tag{8-21}$$

比较式（8-15）与式（8-21）可知，它们是等价的无穷级数，其收敛域均是 $s=0$ 的邻域。因此，式（8-20）中的系数 $C_i(i=0,1,2,\cdots)$，正是我们要求的动态误差系数。

在一个特定的系统中，可以建立某些动态误差系数与静态误差系数之间的关系。利用式（8-18）和式（8-19）进行长除，可得如下简单关系：

0 型系统：$C_0=\dfrac{1}{1+K_p}$

I 型系统：$C_1=\dfrac{1}{K_{\upsilon}}$

II 型系统：$C_2=\dfrac{1}{K_a}$

因此，在控制系统设计中，也可以把 C_0，C_1 和 C_2 作为一种性能指标。某些系统，例如导弹控制系统，常以对动态误差系数的要求来表达对系统稳态误差过程的要求。

8.3 扰动信号作用下的稳态误差及计算

控制系统除承受输入信号作用外，还经常处于各种扰动作用之下。例如：负载转矩的变动，放大器的零位和噪声，电源电压和频率的波动，组成元件的零位输出，以及环境温度的变化等。因此，控制系统在扰动作用下的稳态误差，反映了系统的抗干扰能力。在理想情况

下，系统对于任意形式的扰动作用，其稳态误差应该为零，但实际上这是不能实现的。

由于输入信号和扰动信号作用于系统的不同位置，因此即使系统对于某种形式输入信号作用的稳态误差为零，但对于同一形式的扰动作用，其稳态误差未必为零。设控制系统如图 8-6 所示，其中 $N(s)$ 代表扰动信号的拉氏变换式。由于在扰动信号 $N(s)$ 作用下系统的理想输出应为零，故该非单位反馈系统响应扰动 $n(t)$ 的输出端误差信号为

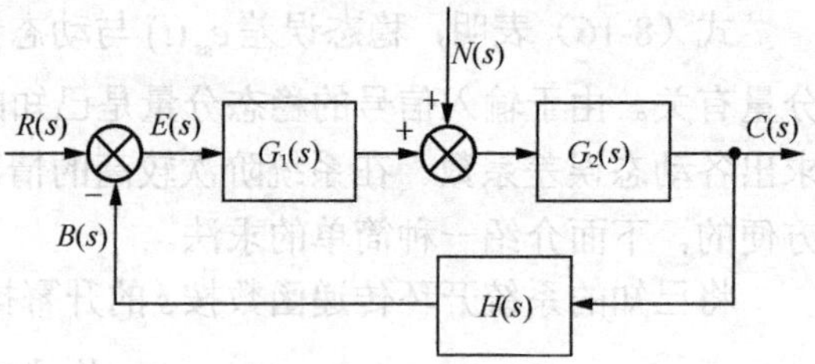

图 8-6　控制系统

$$E_n(s) = -C_n(s) = -\frac{G_2(s)\mathrm{H}(s)}{1+G(s)}N(s) \tag{8-22}$$

式中，$G(s)=G_1(s)G_2(s)H(s)$ 为非单位反馈系统的开环传递函数，$G_2(s)$ 为以 $n(t)$ 为输入，$c_n(t)$ 为输出时非单位反馈系统前向通道的传递函数。

记

$$\phi_{en}(s) = -\frac{G_2(s)\mathrm{H}(s)}{1+G(s)} \tag{8-23}$$

为系统对扰动作用的误差传递函数，并将其在 $s=0$ 的邻域展成泰勒级数，则式（8-23）可表示为

$$\phi_{en}(s) = \phi_{en}(0) + \dot{\phi}_{en}(0)s + \frac{1}{2!}\ddot{\phi}_{en}(0)s^2 + \cdots \tag{8-24}$$

设系统扰动信号可表示为

$$n(t) = n_0 + n_1 t + \frac{1}{2}n_2 t^2 + \cdots + \frac{1}{k!}n_k t^k \tag{8-25}$$

则将式（8-24）代入式（8-22），并取拉氏反变换，可得稳定系统对扰动作用的稳态误差表达式

$$e_{ssn}(t) = \sum_{i=0}^{k} C_{in} n^{(i)}(t) \tag{8-26}$$

式中

$$C_{in} = \frac{1}{i!}\phi_{en}^{(i)}(0)\text{，}\quad i = 0,1,2,\cdots \tag{8-27}$$

称为系统对扰动的动态误差系数。将 $\phi_{en}(s)$ 的分子多项式与分母多项式按 s 的升幂排列，然后利用长除法，可以方便地求得 C_{in}。

当 $sE_n(s)$ 在 s 右半平面及虚轴上解析时，同样可以采用终值定理法计算系统在扰动作用下的稳态误差。

8.4　改善系统稳态精度的方法

为了减小或消除系统在输入信号和扰动作用下的稳态误差，可以采取以下措施。

8.4.1　增大系统开环增益或扰动作用点之前系统的前向通道增益

由表 8-1 可见，增大系统开环增益 K 以后，对于 0 型系统，可以减小系统在阶跃输入时

的位置误差；对于I型系统，可以减小系统在斜坡输入时的速度误差；对于II型系统，可以减小系统在加速度输入时的加速度误差。

增大扰动作用点之前的比例控制器增益K_1，可以减小系统对阶跃扰动转矩的稳态误差。系统在阶跃扰动作用下的稳态误差与K_2无关。因此，增大扰动点之后系统的前向通道增益，不能改变系统对扰动的稳态误差数值。

8.4.2 在系统的前向通道或主反馈通道设置串联积分环节

在图8-6所示非单位反馈控制系统中，设

$$G_1(s)=\frac{M_1(s)}{s^{\upsilon_1}N_1(s)}$$

$$G_2(s)=\frac{M_2(s)}{s^{\upsilon_2}N_2(s)}$$

$$H(s)=\frac{H_1(s)}{H_2(s)}$$

式中，$N_1(s)$，$M_1(s)$，$N_2(s)$，$M_2(s)$，$H_1(s)$及$H_2(s)$均不含$s=0$的因子；υ_1和υ_2为系统前向通道的积分环节数目。则系统对输入信号的误差传递函数为

$$\begin{aligned}\phi_e(s)&=\frac{1}{1+G_1(s)G_2(s)H(s)}\\&=\frac{s^{\upsilon}N_1(s)N_2(s)H_2(s)}{s^{\upsilon}N_1(s)N_2(s)H_2(s)+M_1(s)M_2(s)H_1(s)}\end{aligned} \tag{8-28}$$

式中，$\upsilon=\upsilon_1+\upsilon_2$。

上式表明，当系统主反馈通道传递函数$H(s)$不含$s=0$的零点和极点时，如下结论成立：系统前向通道所含串联积分环节数目υ，与误差传递函数$\phi_e(s)$所含$s=0$的零点数目υ相同，从而决定了系统响应输入信号的型别；由动态误差系数定义式（8-17）可知，当$\phi_e(s)$含有υ个$s=0$的零点时，必有$C_i=0$（$i=0,1,\cdots,\upsilon-1$）。于是，只要在系统前向通道中设置υ个串联积分环节，必可消除系统在输入信号$r(t)=\sum_{i=1}^{\upsilon-1}R_it^i$作用下的稳态误差。

如果系统主反馈通道传递函数含有υ_3个积分环节，即

$$H(s)=\frac{H_1(s)}{s^{\upsilon_3}H_2(s)}$$

而其余假定同上，则系统对扰动作用的误差传递函数

$$\begin{aligned}\phi_{en}(s)&=-\frac{G_2(s)}{1+G_1(s)G_2(s)H(s)}\\&=-\frac{s^{\upsilon_1+\upsilon_3}M_2(s)N_1(s)H_2(s)}{s^{\upsilon}N_1(s)N_2(s)H_2(s)+M_1(s)M_2(s)H_1(s)}\end{aligned} \tag{8-29}$$

式中，$\upsilon=\upsilon_1+\upsilon_2+\upsilon_3$。由于式（8-29）所示误差传递函数$\phi_{en}(s)$具有（$\upsilon_1+\upsilon_3$）个$s=0$的零点，其中$\upsilon_1$为系统扰动作用点前的前向通道所含的积分环节数，$\upsilon_3$为系统主反馈通道所含的积分环节数，根据系统对扰动的动态误差系数C_{in}的定义式（8-27），应有$C_{in}=0$

（$i=0,1,2,\cdots,\upsilon_1+\upsilon_3-1$），从而系统响应扰动信号 $n(t)=\sum_{i=0}^{\upsilon_1+\upsilon_3-1} n_i t^i$ 时的稳态误差为零。这类系统称为响应扰动信号的（$\upsilon_1+\upsilon_3$）型系统。

由于误差传递函数 $\phi_{en}(s)$ 所含 $s=0$ 的零点数，等价于系统扰动作用点前的前向通道串联积分环节数 υ_1 与主反馈通道串联积分环节数 υ_3 之和，故对于响应扰动作用的系统，下列结论成立：扰动作用点之前的前向通道积分环节数与主反馈通道积分环节数之和决定系统响应扰动作用的型别，该型别与扰动作用点之后前向通道的积分环节数无关；如果在扰动作用点之前的前向通道或主反馈通道中设置 υ 个积分环节，必可消除系统在扰动信号 $n(t)=\sum_{i=0}^{\upsilon-1} n_i t^i$ 作用下的稳态误差。

特别需要指出，在反馈控制系统中，设置串联积分环节或增大开环增益以消除或减小稳态误差的措施，必然导致降低系统的稳定性，甚至造成系统不稳定，从而恶化系统的动态性能。因此，权衡考虑系统稳定性、稳态误差与动态性能之间的关系，便称为系统校正设计的主要内容。

8.4.3 采用串级控制抑制内回路扰动

当控制系统中存在多个扰动信号，且控制精确度要求较高时，宜采用串级控制方式，可以显著控制内回路的扰动影响。

图 8-7 为串级直流电动机速度控制系统，具有两个闭合回路：内回路为电流环，称为副回路；外回路为速度环，称为主回路。主、副回路各有其调节器和测量变送器。主回路中的速度调节器称为主调节器，主回路的测量变送器为速度反馈装置；副回路中的电流调节器称为副调节器，副回路的测量变送器为电流反馈装置。主调节器与副调节器以串联的方式进行共同控制，故称为串级控制。由于主调节器的输出作为副调节器的给定值，因而串级控制系统的主回路是一个恒值控制系统，而副回路可以看做是一个随动系统。根据外部扰动作用位置的不同，扰动亦有一次扰动和二次扰动之分：被副回路包围的扰动，称为二次扰动，例如图 8-7 所示系统中电网电压波动形成的扰动 $\Delta U_{\rm d}$；处于副回路之外的扰动，称为一次扰动，例如图 8-7 系统中由负载变化形成的扰动 $I_{\rm Z}$。

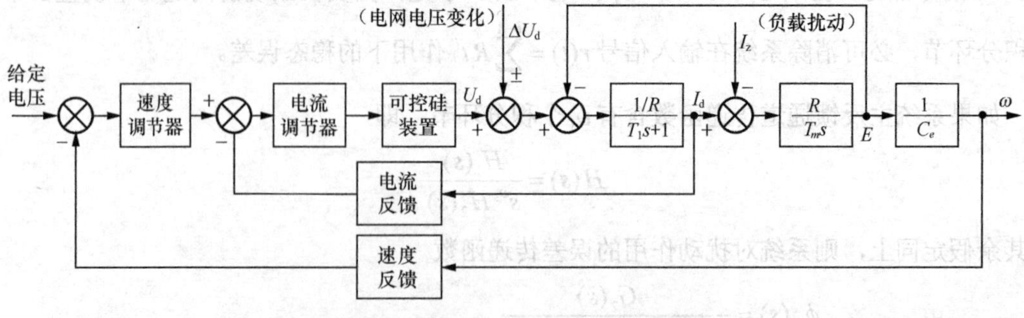

图 8-7　串级直流电动机速度控制系统

串级控制系统在结构上比单回路控制系统多了一个副回路，因而对进入副回路的二次扰动有很强的抑制能力。为了便于定性分析，设一般的串级控制系统如图 8-8 所示。图中，$G_{c1}(s)$ 和 $G_{c2}(s)$ 分别为主、副调节器的传递函数；$H_1(s)$ 和 $H_2(s)$ 分别为主、副测量变送器的传递函数；$N_2(s)$ 为加在副回路上的二次扰动。

若将副回路视为一个等效环节 $G_2'(s)$，则有

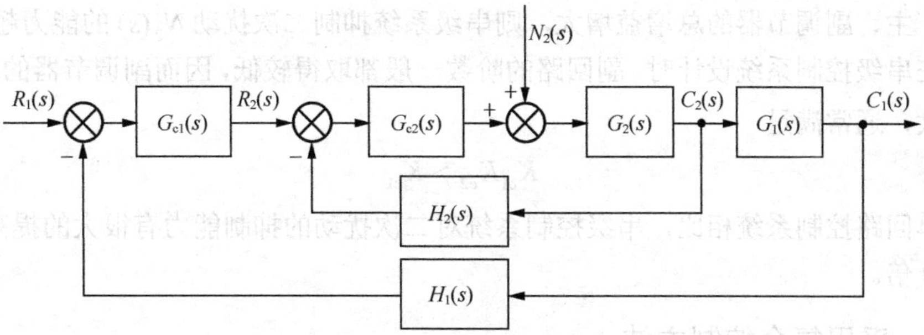

图 8-8 串级控制系统结构图

$$G_2'(s)=\frac{C_2(s)}{R_2(s)}=\frac{G_{c2}(s)G_2(s)}{1+G_{c2}(s)G_2(s)H_2(s)}$$

在副回路中，输出 $C_2(s)$ 对二次扰动 $N_2(s)$ 的闭环传递函数为

$$G_{n2}(s)=\frac{C_2(s)}{N_2(s)}=\frac{G_2(s)}{1+G_{c2}(s)G_2(s)H_2(s)}$$

比较 $G_2'(s)$ 与 $G_{n2}(s)$ 可见，必有

$$G_{n2}(s)=\frac{G_2'(s)}{G_{c2}(s)}$$

于是，图 8-8 所示串级系统结构图可等效为图 8-9 所示结构图。显然，在主回路中，系统对输入信号的闭环传递函数为

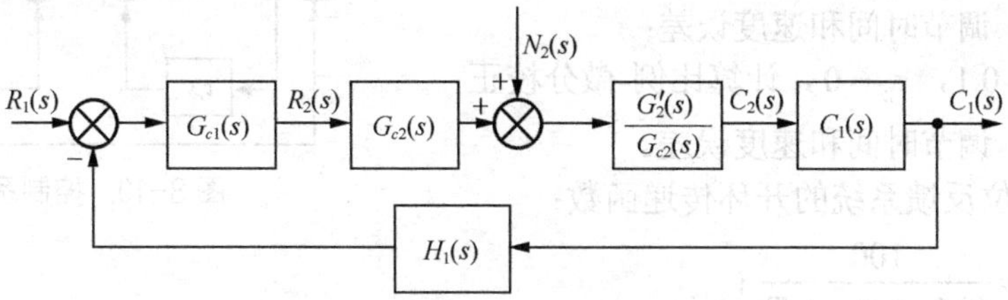

图 8-9 串级控制系统的等效结构图

$$\frac{C_1(s)}{R_1(s)}=\frac{G_{c1}(s)G_2'(s)G_1(s)}{1+G_{c1}(s)G_2'(s)G_1(s)H_1(s)}$$

系统对二次扰动信号 $N_2(s)$ 的闭环传递函数为

$$\frac{C_1(s)}{N_2(s)}=\frac{[G_2'(s)/G_{c2}(s)]G_1(s)}{1+G_{c1}(s)G_2'(s)G_1(s)H_1(s)}$$

对于一个理想的控制系统，总是希望多项式比值 $C_1(s)/N_2(s)$ 趋于零，而 $C_1(s)/R_1(s)$ 趋于 1，因而串级控制系统抑制二级扰动 $N_2(s)$ 的能力可用下式表示：

$$\frac{C_1(s)/R_1(s)}{C_1(s)/N_2(s)}=G_{c1}(s)G_{c2}(s)$$

若主、副调节器均采用比例调节器，其增益分别为 K_{c1} 和 K_{c2}，则上式可写为

$$\frac{C_1(s)/R_1(s)}{C_1(s)/N_2(s)}=K_{c1}K_{c2}$$

上式表明，主、副调节器的总增益增大，则串级系统抑制二次扰动 $N_2(s)$ 的能力超强。

由于在串级控制系统设计时，副回路的阶数一般都取得较低，因而副调节器的增益 K_{c2} 可以取得较大，通常满足

$$K_{c1}K_{c2} > K_{c1}$$

可见，与单回路控制系统相比，串级控制系统对二次扰动的抑制能力有很大的提高，一般可达 10～100 倍。

8.4.4 采用复合控制方法

如果控制系统中存在强扰动，特别是低频强扰动，则一般的反馈控制方式难以满足高稳态精度的要求，此时可以采用复合控制方式。

复合控制系统是在系统的反馈控制回路中加入前馈通路，组成一个前馈控制与反馈控制相结合的系统，只要系统参数选择合适，不但可以保持系统稳定，极大地减小乃至消除稳态误差，而且可以抑制几乎所有的可测量扰动，其中包括低频强扰动。

习　题

1．设控制系统如图 8-10 所示。要求：

（1）取 $\tau_1 = 0$，$\tau_2 = 0.1$，计算测速反馈校正系统的超调量、调节时间和速度误差；

（2）取 $\tau_1 = 0.1$，$\tau_2 = 0$，计算比例-微分校正系统的超调量、调节时间和速度误差。

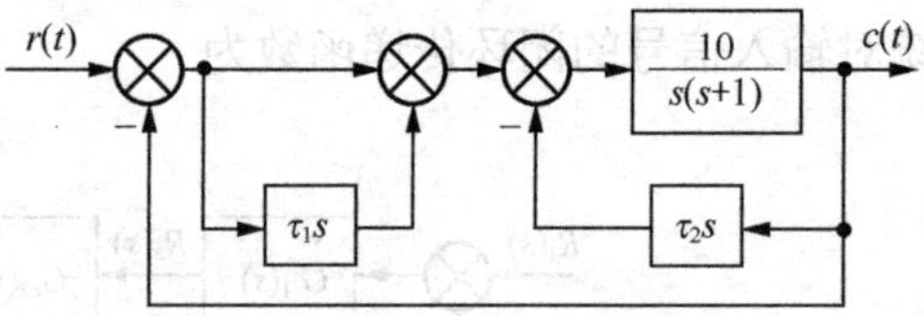

图 8-10　控制系统

2．已知单位反馈系统的开环传递函数：

（1）$G(s) = \dfrac{100}{(0.1s+1)(s+5)}$；

（2）$G(s) = \dfrac{50}{s(0.1s+1)(s+5)}$；

（3）$G(s) = \dfrac{10(2s+1)}{s^2(s^2+6s+100)}$。

试求输入分别为 $r(t) = 2t$ 和 $r(t) = 2 + 2t + t^2$ 时，系统的稳态误差。

3．已知单位反馈系统的开环传递函数：

（1）$G(s) = \dfrac{50}{(0.1s+1)(2s+1)}$；

（2）$G(s) = \dfrac{K}{s(s^2+4s+200)}$；

（3）$G(s) = \dfrac{10(2s+1)(4s+1)}{s^2(s^2+2s+10)}$。

试求位置误差系数 K_p，速度误差系数 K_v，加速度误差系数 K_a。

第9章 系统的设计与校正

对于一个控制系统来说，如果它的各个元件及其参数已经给定，就要分析它能否满足所要求的各项性能指标，我们一般把解决这类问题的过程称为系统的分析。在上述章节中，我们已经讨论了控制系统的几种基本分析方法，这些方法都可以对控制系统的性能指标进行定性的分析和定量的计算。

在实际工程控制问题中，还有另一类问题需要考虑，即事先确定系统要满足的性能指标，要求设计一个系统并选择适当的参数来满足性能指标的要求，或者对原有系统增加某些必要的元件或环节，使其性能指标得到进一步的改善。这类问题我们称为系统的设计与校正。

9.1 概述

控制系统的设计与校正工作是从分析被控对象开始的。首先，要根据被控对象的具体情况选择执行元件；其次，要根据测量精度、抗扰能力、被测信号的性质等因素选择合适的测量变送元件；最后，为了放大偏差信号和驱动执行元件，还要设置合适的放大器。被控对象、执行元件、测量元件和放大元件就组成了系统中的不可变部分，即固有部分。

但是固有部分一般不能满足性能指标的要求，因此还要由设计者再加入一些适当的元件或装置去补偿和提高系统的性能，使系统性能全面满足设计要求。这些另外加入的元件或装置就称为补偿元件或补偿装置，又称为校正元件或校正装置。

9.1.1 综合与校正的基本原则

在经典控制理论中，校正方法主要有时域法、根轨迹法和频率特性法，其中应用较多的是频率特性法。而在频率特性法中，又以系统的开环对数频率特性（Bode 图）来进行分析和设计的应用最多。伯德图（Bode 图）的绘制方法简便，可以确切地提供稳定性和稳定裕度的信息，而且还能大致衡量闭环系统稳态和动态的性能。因此，伯德图（Bode 图）是自动控制系统设计和应用中普遍使用的方法。

在定性地分析系统性能时，通常将伯德图（Bode 图）分成低、中、高三个频段，频段的分割界限是大致的，不同文献上的分割方法也不尽相同，这并不影响对系统性能的定性分析。图 9-1 绘出了自动控制系统的典型伯德图。

三个频段的特征可以判断系统的性能。

（1）低频段。低频段通常是指对数幅频特性的渐近线在第一个转折频率左边的频段，这一段的特性完全由开环增益和积分环节决定。由低频部分的斜率和直线位置可求出系统的型别和开环放大系数，因此，低频段主要反映系统的稳态性能，要有足够高的放大系数，有时也要求系统型别。也可以说，系统的稳态性能指标取决于开环对数幅频特性的低频部分。

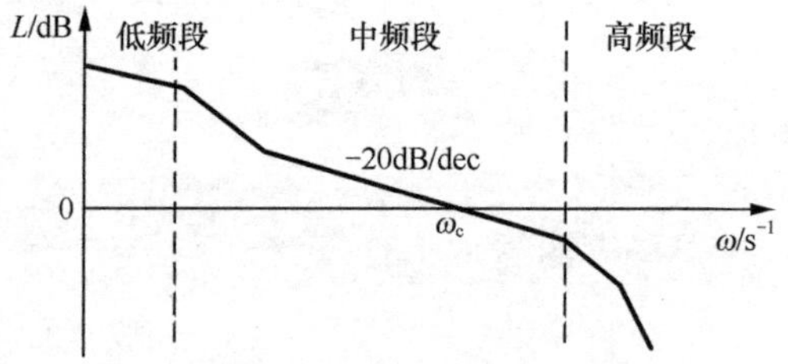

图 9-1　自动控制系统的典型伯德图

（2）中频段。中频段是指对数幅频特性在剪切频率附近的频段，剪切频率 ω_c 属于其中，这一频段集中反映了闭环系统的动态性能。在相角裕量 γ 一定的情况下，ω_c 的大小决定了系统响应速度的大小，即快速性。经验表明，为了使闭环系统稳定，并具有足够的相角裕量，开环对数幅频特性最好以−20dB/dec 的斜率穿过 0 dB 线，并能保持足够的长度。如果以−40 dB/dec 穿过 0 dB 线，则闭环系统可能不稳定，即使稳定，相角裕量往往也较小，如果以−60 dB/dec 或更大的斜率穿过 0 dB 线，则系统肯定不稳定。

（3）高频段。比剪切频率 ω_c 高出许多倍的频率范围称为高频段，是由小时间常数的环节构成的，由于其转折频率均远离剪切频率 ω_c，所以对系统的动态性能影响不大。高频段主要反映系统对输入端高频信号的抑制能力，高频段的分贝值越低，说明系统对高频信号的衰减作用越大，即系统的抗高频干扰越强，因此一般要求其有比较负的斜率，幅值衰减得快一些。

用频率特性法进行校正设计时，通常采用两种方法：分析法和综合法。

（1）分析法。分析法也称试探法，首先要分析原系统的稳态和动态性能，同时考虑系统性能指标的要求，选择校正装置形式，然后确定校正装置参数，最后校验。如果不满足要求，则重新选择参数，如果多次选择参数仍不满足要求，则要考虑更换校正装置的形式。

分析法比较直观，物理上易于实现，但是要求设计者有一定的工程设计经验。

（2）综合法。综合法也称为期望特性法，它根据系统性能指标的要求，确定系统期望的对数幅频特性，再与原系统进行比较，确定校正方式、装置和参数。

综合法具有广泛的理论意义，但是希望的校正装置传递函数可能很复杂，从而在物理上难以准确实现。

需要说明的是，无论是分析法还是综合法，一般都仅适用于最小相位系统。

9.1.2　校正方式

对于稳态性能和动态性能有一定要求的系统，为使系统的各项指标均满足要求，就必须设计改变系统的结构，或在原系统中附加一些具有某种典型环节特性的装置，来有效地改善整个系统的控制性能，以达到所要求的指标。这些能使控制系统满足性能指标的附加装置，称为校正装置。

校正装置的形式及它们和系统其他部分的连接方式，称为系统的校正方式。一般来说，校正方式可以分为串联校正、反馈校正和复合校正三种。

串联校正装置一般连接在系统误差测量点之后和放大器之前，串接于系统前向通道之中；反馈校正装置连接在系统局部反馈通道之中。两者的连接方式如图 9-2 所示。

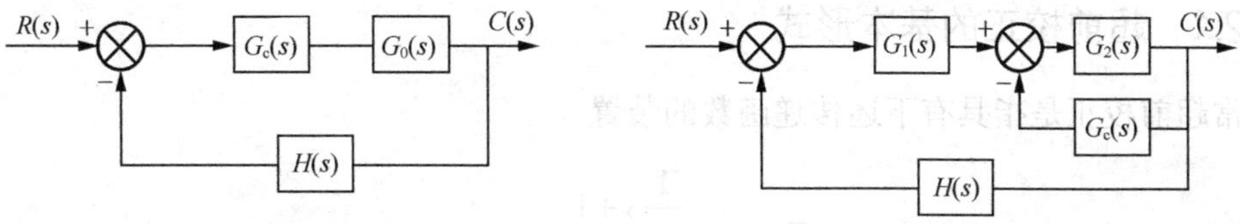

图 9-2 串联校正和反馈校正

复合校正方式是在反馈控制回路中，加入前馈校正通路，组成一个有机的整体，如图 9-3 所示。其中图（a）为按输入补偿的复合控制形式，前馈校正装置接在系统参考输入之后及主反馈作用点之前的前向通道上，这种校正装置的作用相当于对给定信号进行整形或滤波后，再送入反馈系统，因此又可称为前置滤波器；图（b）为按扰动补偿的复合控制形式，前馈校正装置接在系统可测扰动作用点与误差测量点之间，对扰动信号进行直接或间接测量，并经变换后接入系统，形成一条附加的对扰动影响进行补偿的通道。

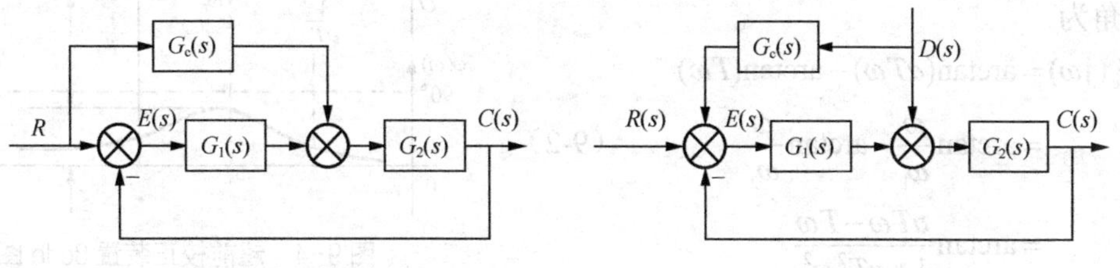

图 9-3 复合校正

在控制系统设计与校正之中，较常用的校正方式为串联校正和反馈校正两种。但在实际中，具体选用哪种校正方式并不是固定的，而是要根据系统中的信号性质、可实现性、元件的选择、抗扰性要求、经济性要求等因素来决定的。

一般来说，串联校正设计比反馈校正设计要简单些，也比较容易对信号进行各种必要形式的变换。本书重点介绍串联校正方式。

串联校正方法中，根据补偿环节的相位及其变化情况，又可分为超前校正、滞后校正、滞后-超前校正三种；根据运算规律，串联校正又包括比例（P）控制、积分（I）控制、微分（D）控制等其本控制规律以及这些基本控制规律的组合。这些内容将在下面章节分别讨论。

串联校正常用的校正网络大体可分为两种：无源校正网络和有源校正网络，具体参见附录。

9.2 超前校正

校正装置输出信号在相位上超前其输入信号，即校正装置具有正的相位特性，这种校正装置称为超前校正装置，对系统的校正称为超前校正。

超前校正就是利用其正的相位角来增加系统的相角裕量，从而达到改善系统动态性能的目的。超前校正时，应该使校正装置的最大超前相角出现在系统的开环剪切频率处。

9.2.1 超前校正的基本形式

通常超前校正是指具有下述传递函数的装置

$$G_c(s)=\frac{aTs+1}{Ts+1}=\frac{\frac{1}{\omega_1}s+1}{\frac{1}{\omega_2}s+1}, \qquad a>1,\omega_1<\omega_2 \tag{9-1}$$

式中，a 为超前网络分度系数，T 为时间常数，$\omega_1=\frac{1}{aT}$，$\omega_2=\frac{1}{T}$。a 和 T 的取值要根据具体的网络实现来确定，具体参见附录 2。超前校正装置的伯德图（Bode 图）如图 9-4 所示。

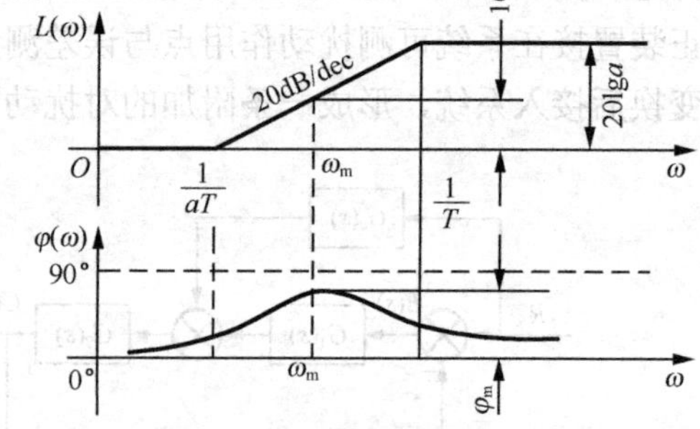

图 9-4　超前校正装置 Bode 图

可以看出，超前校正网络的相角是正的，即 $\angle G_c(j\omega)>0$。可由频率特性法求得超前校正网络的相角为

$$\begin{aligned}\angle G_c(j\omega)&=\arctan(aT\omega)-\arctan(T\omega)\\&=\arctan\frac{\omega}{\omega_1}-\arctan\frac{\omega}{\omega_2}\\&=\arctan\frac{aT\omega-T\omega}{1+aT^2\omega^2}\end{aligned} \tag{9-2}$$

由图 9-4 可以看出，$\angle G_c(j\omega)>0$ 且有一个最大值点。根据高等数学中的极大值原理，可知有如下关系成立

$$\frac{d\angle G_c(j\omega)}{d\omega}=0$$

由此，即可求得的最大超前相位角 $\angle G_{cm}(j\omega)$ 及其对应的角频率 ω_m，如下

$$\angle G_{cm}=\arctan\frac{a-1}{2\sqrt{a}} \tag{9-3}$$

$$\omega_m=\sqrt{\omega_1\omega_2}=\frac{1}{\sqrt{a}T} \tag{9-4}$$

$$\lg\omega_m=\frac{1}{2}(\lg\omega_1+\lg\omega_2) \tag{9-5}$$

其中，式（9-3）也可以写成

$$\angle G_{cm}=\arcsin\frac{a-1}{a+1} \tag{9-6}$$

从而可以得出 a 的计算公式

$$a=\frac{1+\sin\angle G_{cm}}{1-\sin\angle G_{cm}} \tag{9-7}$$

可见，ω_m 是 ω_1 和 ω_2 的几何平均值，在伯德图（Bode 图）上，ω_m 位于 ω_1 和 ω_2 的中间位置，且 ω_m 对应的幅值为

$$20\lg|G_c(j\omega_m)| = 20\lg\sqrt{a} = 10\lg a \qquad (9\text{-}8)$$

由式（9-3）可知，$\angle G_{cm}$ 只取决于参数 a，$\angle G_{cm}$ 随着 a 的增大而增大。当 $a = 4 \sim 20$ 时，$\angle G_{cm} = 37° \sim 65°$，$a$ 再增加，即大于 20 时，$\angle G_{cm}$ 增加得很慢，而且物理上也较难实现。因此，一般取 $a < 20$，此时 $\angle G_{cm} < 65°$。

9.2.2 超前校正的设计步骤

（1）根据系统对稳态误差的要求，确定系统的开环增益 K。

（2）利用确定好的开环增益 K 画出系统的伯德图（Bode 图），并计算出待校正系统的相角裕量 γ_0。

（3）根据步骤 2 中计算出的相角裕量 γ_0 和要求的相角裕量 γ，确定需要增加的相角 $\angle G_c$，即

$$\angle G_c = \gamma - \gamma_0 + \Delta\gamma \qquad (9\text{-}9)$$

式中，$\Delta\gamma$ 是考虑到加入校正装置影响剪切频率的位置而附加的相角裕量，$\Delta\gamma$ 的大小一般是根据经验确定，而且不会太大，通常在 $5° \sim 10°$ 之间。

（4）根据式（9-7）计算 a 的值，和式（9-8）计算 ω_m 的值，为了超前校正网络在已校正系统剪切频率 ω_c 处提供最大的相位超前角，取 ω_m 等于校正后系统的开环剪切频率 ω_c，即 $\omega_c = \omega_m$，并根据式（9-4）求解出时间常数 T，从而将参数 a 和 T 都确定了出来。

（5）根据步骤 4 中确定的 a 和 T 的值，求取校正装置的转折频率 $\omega_1 = \dfrac{1}{aT}$，$\omega_2 = \dfrac{1}{T}$，从而由式（9-1）得出超前校正装置的传递函数 $G_c(s)$。

（6）为了补偿超前校正装置引起的幅值衰减，还需要将系统增益增大 $1/a$ 倍。

（7）写出校正后系统的整体传递函数，为

$$G(s) = \frac{1}{a} G_c(s) G_0(s) \qquad (9\text{-}10)$$

（8）画出校正后系统的开环频率特性，检验系统的性能指标是否满足要求。

【例 9-1】 设某系统结构如图 9-5 所示。

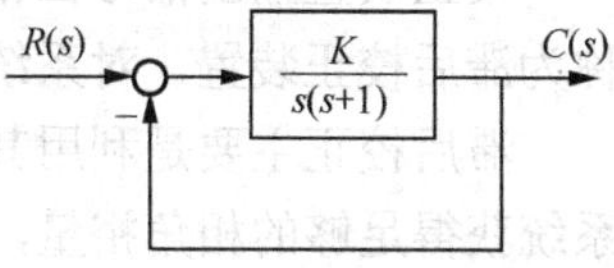

图 9-5 某系统结构

要求系统在单位斜坡输入时，位置输出稳态误差 $e_{ss} \leqslant 0.1$，开环系统截止频率 $\omega_c' \geqslant 4.4$ rad/s，相角裕量 $\gamma' \geqslant 45°$，幅值裕量 $K_g' \geqslant 10$ dB。试设计串联无源超前网络。

解：

（1）系统为单位负反馈的 I 型系统，且 $r(t) = t$，有 $e_{ss} \leqslant 0.1$，可以求得 $K \geqslant 10$。选取 K=10，则未校正系统的开环传递函数为

$$G(s) = \frac{10}{s(s+1)}$$

（2）根据 $G(s)$ 求得 $G(j\omega)$，并绘制未校正系统的 Bode 图，如图 9-6 所示。

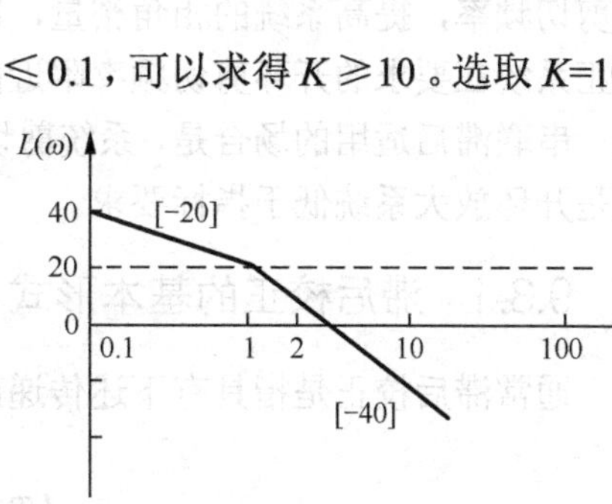

图 9-6 Bode 图

可求得未校正系统的剪切频率 $\omega_c = 3.16 < \omega_c' = 4.4$，未校正系统的相角裕量 $\gamma_0 = 180° + (-90° - \arctan\omega_c) = 17.6° < \gamma'$，增益裕量 $K_g = \infty$。

（3）由式（9-9）确定需要增加的相角为

$$\angle G_c = \gamma' - \gamma_0 + \Delta\gamma = 45° - 17.6° + 5° = 32.4°$$

（4）由求得的未校正系统的指标可以看出，剪切频率和相角裕量都小于要求。其中相角裕量小的原因主要是由于中频段的斜率为-40 dB/dec 所造成的，故选择超前校正。

选取 $\omega_m = \omega_c' = 4.4\text{rad/s}$，对应的幅值为 $L(\omega_c') = -6\text{dB}$。由式（9-8）可以求得 $10\lg a = 6$，因此，$a \approx 4$。再根据式（9-4）求得参数 $T = \dfrac{1}{\omega_m\sqrt{a}} \approx 0.114\ \text{s}$。

（5）根据所求得的参数 a 和 T 的值，求取校正装置的转折频率 $\omega_1 = \dfrac{1}{aT} = 2.19$，$\omega_2 = \dfrac{1}{T} = 8.77$，从而由式（9-1）得出超前校正装置的传递函数 $G_c(s)$。

（6）由于超前网络的引入，使得整个系统的开环增益提高了 4 倍，为补偿这一变化，可将系统中放大器的放大系数降低 1/4，方可保证系统的 e_{ss} 要求。因此最终得到超前装置的传递函数为

$$G_c(s) = \frac{1}{4} \times \frac{0.456s+1}{0.114s+1}$$

（7）校正后系统的传递函数为

$$G_c(s) \cdot G(s) = \frac{1}{4}\frac{0.456s+1}{0.114s+1} \cdot \frac{10}{s(s+1)} = \frac{2.5(0.456s+1)}{s(s+1)(0.114s+1)}$$

画出校正后系统的 Bode 图，如图 9-7 所示。

由图可知，满足了要求的性能指标。

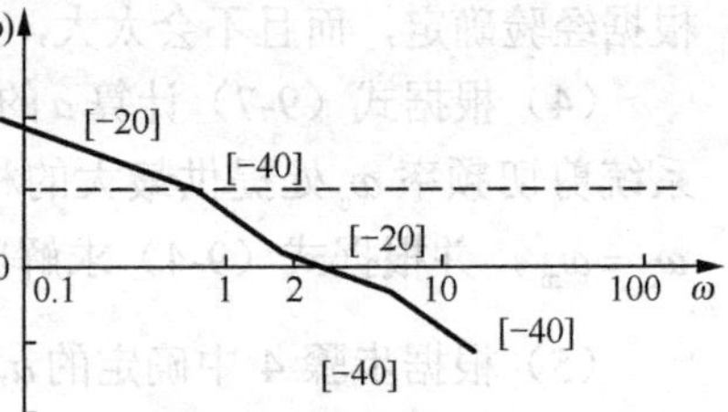

图 9-7 Bode 图

9.3 滞后校正

校正装置输出信号在相位上落后其输入信号，即装置具有负的相位特性，这种校正装置称为滞后校正装置，对系统的校正称为滞后校正。

滞后校正主要是利用其高频幅值衰减特性，使已校正系统的开环剪切频率下降，从而使系统获得足够的相角裕量，因此滞后网络的最大滞后角应该避免发生在系统剪切频率附近。

串联滞后校正装置还可以利用其低通滤波特性，将系统高频部分的幅值衰减，降低系统的剪切频率，提高系统的相角裕量，以改善系统的稳定性和其他动态性能，但应同时保持未校正系统在要求的开环剪切频率附近的相频特性曲线基本不变。

串联滞后适用的场合是，系统剪切频率和相角裕量符合指标要求，也就是动态性能满足，但是开环放大系统低于指标要求。

9.3.1 滞后校正的基本形式

通常滞后校正是指具有下述传递函数的装置

$$G_c(s) = \frac{bTs+1}{Ts+1} = \frac{\dfrac{1}{\omega_1}s+1}{\dfrac{1}{\omega_2}s+1}, \quad b<1, \omega_1 > \omega_2 \tag{9-11}$$

式中，b 为滞后网络的分度系数，T 为时间常数，$\omega_1=\frac{1}{bT}$，$\omega_2=\frac{1}{T}$。b 和 T 的取值要根据具体的网络实现来确定，具体参见附录。滞后校正装置的伯德图（Bode 图）如图 9-8 所示。

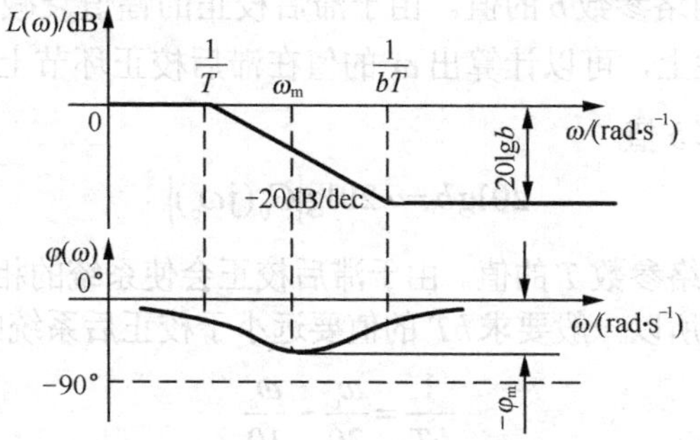

图 9-8 滞后校正装置的 Bode 图

$$\angle G_c(j\omega)=\arctan(bT\omega)-\arctan(T\omega)=\arctan\frac{\omega}{\omega_1}-\arctan\frac{\omega}{\omega_2}$$
$$=\arctan\frac{bT\omega-T\omega}{1+bT^2\omega^2} \tag{9-12}$$

可以看出，$\angle G_c(j\omega)<0$ 且有一个最小值点。根据高等数学中的极小值原理，可知有如下关系成立

$$\frac{d\angle G_c(j\omega)}{d\omega}=0$$

由此，即可求得最小超前相位角 $\angle G_{cm}(j\omega)$ 及其对应的角频率 ω_m，如下

$$\angle G_{cm}=\arctan\frac{b-1}{2\sqrt{b}} \tag{9-13}$$

$$\omega_m=\sqrt{\omega_1\omega_2}=\frac{1}{\sqrt{b}T} \tag{9-14}$$

$$\lg\omega_m=\frac{1}{2}(\lg\omega_1+\lg\omega_2) \tag{9-15}$$

其中，式（9-13）也可以写成

$$\angle G_{cm}=\arcsin\frac{b-1}{b+1} \tag{9-16}$$

从而可以得出 b 的计算公式

$$b=\frac{1+\sin\angle G_{cm}}{1-\sin\angle G_{cm}} \tag{9-17}$$

9.3.2 滞后校正的设计步骤

（1）根据要求的稳态性能确定系统的开环增益 K。

（2）利用已确定的开环增益 K 画出待校正系统的伯德图（Bode 图），确定待校正系统的剪切频率 ω_{c0}、相角裕量 γ_0 和幅值裕量 K_{g0}。

（3）根据相角裕量的要求值γ，因为滞后校正在新的剪切频率处会产生一定的相角滞后，还应考虑加入相角补偿$\Delta\gamma$，在 Bode 图上求出未校正系统相角裕量求出$\gamma'=\gamma+\Delta\gamma$所对应的频率值，作为校正后系统的剪切频率$\omega_c$。一般取$\Delta\gamma=5°\sim10°$。

（4）计算滞后校正网络参数b的值。由于滞后校正的幅值衰减为$20\lg b$，而且在待校正系统的开环对数幅频特性上，可以计算出ω_c的值在滞后校正环节上所对应的$20\lg|G_0(j\omega_c)|$的值，再根据下述公式计算b值

$$20\lg b=-20\lg|G_0(j\omega_c)| \tag{9-18}$$

（5）计算滞后校正网络参数T的值。由于滞后校正会使系统的相角裕量减小，因此要尽可能地避免这种不利影响，所以一般要求bT的值要远小于校正后系统的剪切频率ω_c，通常取

$$\frac{1}{bT}=\frac{\omega_c}{20}\sim\frac{\omega_c}{10} \tag{9-19}$$

可以由此计算出T的值。

（6）写出滞后校正的传递函数，如有必要，还需要将系统增益增大$1/b$倍，以修正系统开环增益。

（7）检验系统的性能指标是否满足要求。

【例 9-2】 设单位反馈系统的开环传递函数为

$$G_0(s)=\frac{K}{s(0.1s+1)}$$

试设计串联校正装置，使系统满足下列指标：$K\geqslant100$，$\gamma\geqslant45°$。

解：

（1）根据要求的稳态性能确定系统的开环增益K=100。

（2）画出未校正系统的Bode图，如图9-9所示。

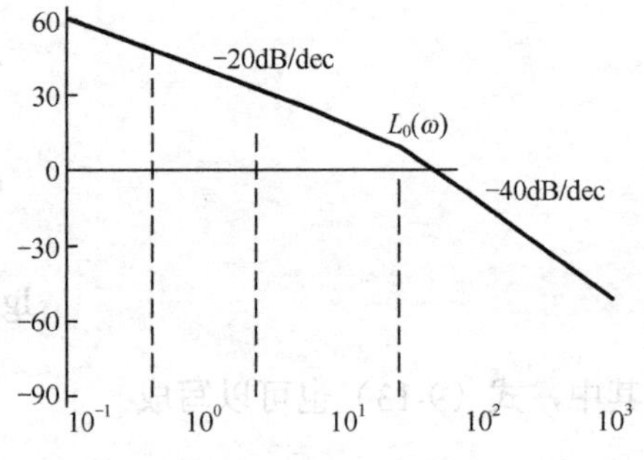

图 9-9 Bode 图

通过频率分析的方法，可以计算出未校正系统的剪切频率为$\omega_{c0}=50$，相角裕量为$\gamma_0=180°-90°-\arctan0.1\omega_{c0}=11.3°$，幅值裕量为$K_g=\infty$dB。

（3）根据相角裕量的要求值γ，并考虑相角补偿$\Delta\gamma$，这里取 5°，可以由此求得$\gamma'=\gamma+\Delta\gamma=45°+5°=50°$，并进而求取其对应的频率作为校正后系统的剪切频率，即$\omega_c=20.9$。

（4）由上步中求得的校正后系统剪切频率ω_c计算其值在滞后校正环节上所对应的$20\lg|G_0(j\omega_c)|=40-20\lg\omega_c=14\text{dB}$，再由式（9-18）求得$b=0.2$。

（5）由式（9-19）计算出T的值：

$$\omega_1=\frac{1}{bT}=\frac{\omega_{c2}}{10}=2.1\text{s}^{-1},\quad \omega_2=\frac{1}{T}=0.42\text{s}^{-1}，T=2.4$$

（6）滞后网络的传递函数为

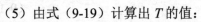

$$G_c(s)=\frac{0.48s+1}{2.4s+1}$$

（7）校正后系统的传递函数为

$$G(s)=G_0(s)G_c(s)K_c=\frac{100(0.48s+1)}{s(0.1s+1)(2.4s+1)}\times 5$$

其 Bode 图如图 9-10 所示。

由图可以看出，设计后满足了性能指标要求。

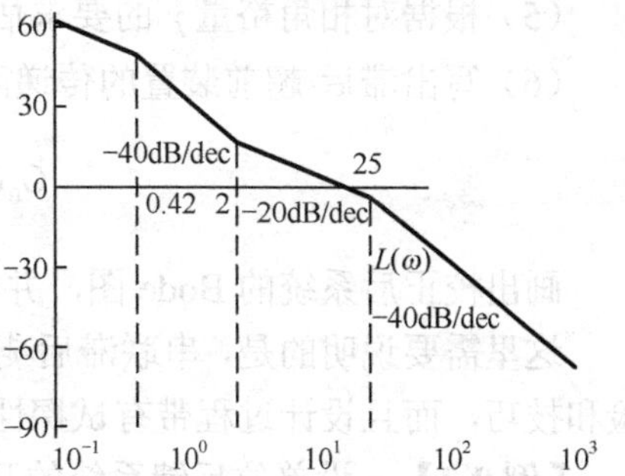

图 9-10　Bode 图

9.4 滞后-超前校正

若校正装置在某一频率范围内具有负的相位特性，而在另一频率范围内却具有正的相位特性，这种校正装置称为滞后-超前校正装置，对系统的校正称为滞后-超前校正。

一般来说，系统的固有部分的特性与性能指标相差很大，只采用超前校正或滞后校正不能满足性能指标的要求时，即可以同时采用这两种方法，也就是滞后-超前校正。其中超前校正部分可以提高系统的相角裕量，同时使频带变宽，改善系统的动态性能；滞后校正部分则主要用来提高系统的稳态性能。

9.4.1 滞后-超前校正的基本形式

滞后-超前校正是指具有下述传递函数形式的环节

$$G_c(s)=\frac{(aT_1s+1)(bT_2s+1)}{(T_1s+1)(T_2s+1)}=\frac{\left(\frac{1}{\omega_1}s+1\right)\left(\frac{1}{\omega_3}s+1\right)}{\left(\frac{1}{\omega_2}s+1\right)\left(\frac{1}{\omega_4}s+1\right)}\quad a<1,b>1 \tag{9-20}$$

式中，$\omega_1=\frac{1}{aT_1}$，$\omega_2=\frac{1}{T_1}$，$\omega_3=\frac{1}{bT_2}$，$\omega_4=\frac{1}{T_2}$，且一般来说，$T_1>T_2$，$\omega_2<\omega_1<\omega_3<\omega_4$。滞后-超前校正网络的伯德图（Bode 图），如图 9-11 所示。

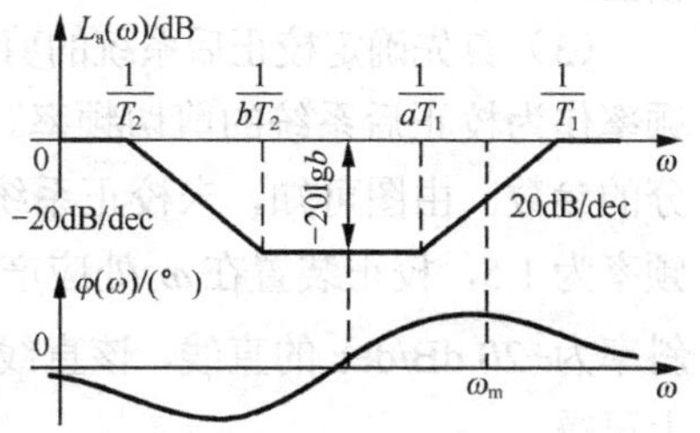

图 9-11　滞后-超前校正网络的 Bode 图

利用滞后-超前校正进行设计，主要思路就是先滞后再超前，使得系统性能完全满足指标的要求。其参数的确定方法可以参考超前校正和滞后校正。

9.4.2 滞后-超前校正的设计步骤

（1）根据系统稳态性能的要求确定开环增益 K。

（2）利用已确定的开环增益 K 绘制待校正系统的开环对数幅频特性曲线，并求出待校正系统的剪切频率 ω_{c0}、相角裕量 γ_0 和幅值裕量 K_{g0}。

（3）在未校正系统的 Bode 图上，选择斜率由−20 变为−40 的转折频率点作为超前部分的转折频率 ω_b。

（4）由响应速度的要求选择校正后系统的截止频率 ω_c，并由下式确定 a。

$$-20\lg a+L(\omega_c)+20\lg(\omega_c/\omega_b)=0 \tag{9-21}$$

（5）根据对相角裕量γ的要求估算出滞后部分的转折频率ω_a。

（6）写出滞后-超前装置的传递函数

$$G_0(s)=\frac{(s+\omega_a)(s+\omega_b)}{(s+\omega_a/a)(s+a\omega_b)} \tag{9-22}$$

画出校正后系统的Bode图，并校验已校正系统的各项性能指标是否满足要求。

这里需要说明的是，串联滞后-超前校正装置参数的确定，在很大程度上依赖设计者的经验和技巧，而且设计过程带有试探性。因此，上述所介绍的步骤只作为参考。

【例9-3】 设单位反馈系统的开环传递函数为

$$G_0(s)=\frac{K}{s(s+1)(0.5s+1)}$$

要求设计校正装置使系统满足：$K_g \geqslant 10\,\text{dB}$，$K_v \geqslant 10$，$\gamma \geqslant 50°\text{dB}$。

解：

（1）根据$K_v \geqslant 10$的要求，确定开环放大倍数K=10。

（2）根据K=10画出未校正系统的Bode图，如图9-12所示。

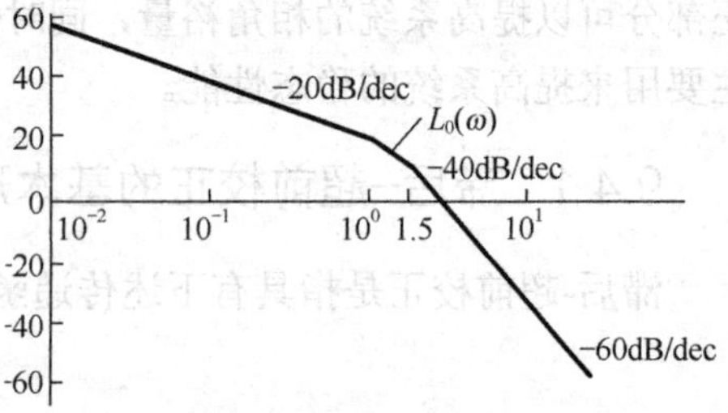

图9-12 Bode图

由图可求得未校正系统的相角裕量为$\gamma=-32°\text{dB}$，幅值裕量为$K_g \geqslant -13\text{dB}$，故系统是不稳定的。若串入超前校正，虽然可以增大相角裕量，满足对γ的要求，但幅值裕量却无法同时满足；若串入滞后校正，利用它的高频幅值衰减使剪切频率前移，能够满足对K_g的要求，但要同时满足γ的要求，则很难实现，因此，采用滞后-超前校正。

（3）首先确定校正后系统的剪切频率ω_c，一般可选未校正系统相频特性上相角为−180°的频率作为校正后系统的剪切频率。从未校正系统的Bode图中可得$\omega_c=1.5$。确定超前校正部分的参数，由图可知，未校正系统在$\omega=\omega_c=1.5$处对数幅值为+13 dB，为使校正后系统剪切频率为1.5，校正装置在ω_c处应产生−13 dB的增益，在$\omega_c=1.5$，$L(\omega_c)=-13\,\text{dB}$点处作一条斜率为+20 dB/dec的直线，该直线与0 dB线交点即为超前校正部分的第二个转折频率，从图上可得

$$\frac{1}{T_2}=7\,\text{s}^{-1}，即\frac{1}{T}=7\,\text{s}^{-1}$$

取a=10，则超前部分的传递函数为

$$G_{c2}(s)=\frac{1}{a}\frac{aT_2s+1}{T_2s+1}=0.1\times\frac{1.43s+1}{0.143s+1}$$

为补偿超前校正带来的幅值变化，可串入一放大器，放大倍数$K_c=1/a=10$。

（4）确定滞后校正部分的参数如下。滞后校正部分一般从经验出发估算，为使滞后部分对剪切频率附近的相角影响不大，选择滞后校正部分的第二个转折频率为

$$\frac{1}{T_1}=\frac{\omega_c}{10}=0.15\text{s}^{-1}$$

并选取 $b=10$，则滞后部分的第一个转折频率的

$$\frac{1}{bT_1}=0.015\,\mathrm{s}^{-1}$$

滞后部分的传递函数为

$$G_{c1}(s)=\frac{bT_1s+1}{T_1s+1}=\frac{6.67s+1}{66.7s+1}$$

（5）滞后-超前校正装置的传递函数为

$$G_c(s)=G_{c1}(s)G_{c2}(s)K_{c2}=\frac{(1.43s+1)(6.67s+1)}{(0.143s+1)(66.7s+1)}$$

（6）校正后系统的 Bode 图，如图 9-13 所示。

校正后系统的相角裕量 $\gamma \geqslant 50°$ dB，幅值裕量 $K_v \geqslant 10$，稳态速度误差系数 $K_g \geqslant 10$ dB，满足要求。

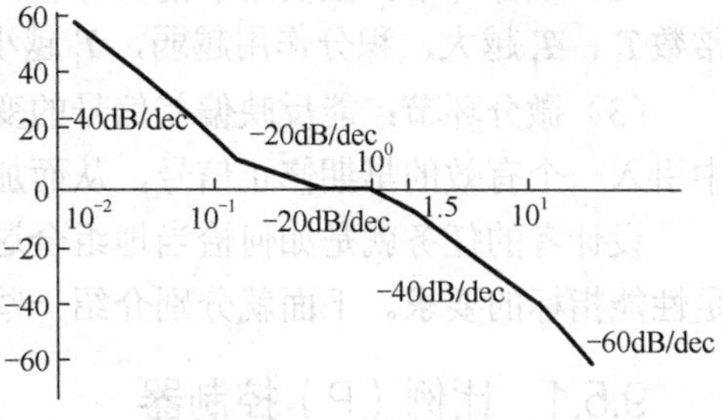

图 9-13　Bode 图

9.5　PID 控制规则

PID 是指比例-积分-微分的简称，PID 控制器又称为 PID 调节器。在工业生产控制的发展过程中，PID 控制是历史最久、应用最广的基本控制方式，它具有原理简单、使用方便、适应性和鲁棒性强、性能稳定等特点，因此广泛应用于工业过程控制中。

常用 PID 控制系统框图如图 9-14 所示。

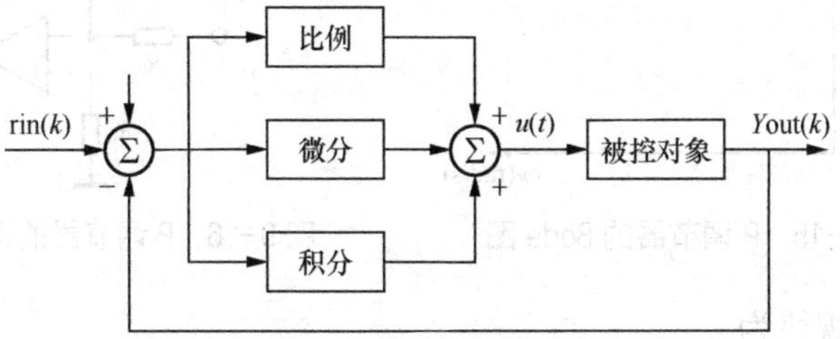

图 9-14　PID 控制系统框图

PID 控制器是一种线性控制器，它根据参考输入 r（t）与输出 c（t）构成偏差信号 e（t）

$$e(t)=r(t)-c(t) \tag{9-23}$$

将偏差信号的比例（P）、积分（I）和微分（D）通过线性组合构成控制量，对被控对象进行控制，故称为 PID 控制器。其控制规律为

$$u(t)=K_P\left[e(t)+\frac{1}{T_I}\int_0^t e(t)\mathrm{d}t+T_D\frac{\mathrm{d}e(t)}{\mathrm{d}t}\right] \tag{9-24}$$

写成传递函数形式为

$$G_c(s)=\frac{U(s)}{E(s)}=K_P\left(1+\frac{1}{T_Is}+T_Ds\right) \tag{9-25}$$

式中：K_P 为比例系数；T_I 为积分时间常数；T_D 为微分时间常数。

PID 控制器各环节的作用为：

（1）比例环节：即时成比例地反映控制系统的偏差信号，一旦偏差产生，控制器便立即产生控制作用，以减少偏差。

（2）积分环节：主要用于消除静差，提高系统的精度。积分作用的强弱取决于积分时间常数 T_I，T_I 越大，积分作用越弱，T_I 越小，积分作用越强。

（3）微分环节：能反映偏差信号的变化快慢，并能够在偏差信号变得太大之前，在系统中引入一个有效的早期修正信号，从而加快系统的动作速度，减小调节时间。

设计者的任务就是如何恰当地组合这些环节，选择合适的参数，以便使系统能够全面满足性能指标的要求。下面就分别介绍一些基本控制规律。

9.5.1 比例（P）控制器

比例控制器也称为 P 调节器，它就是一个放大倍数可调的放大器，其 Bode 图如图 9-15 所示。最常见的 P 控制器可以由模拟电路中的集成运放来实现，如图 9-16 所示。

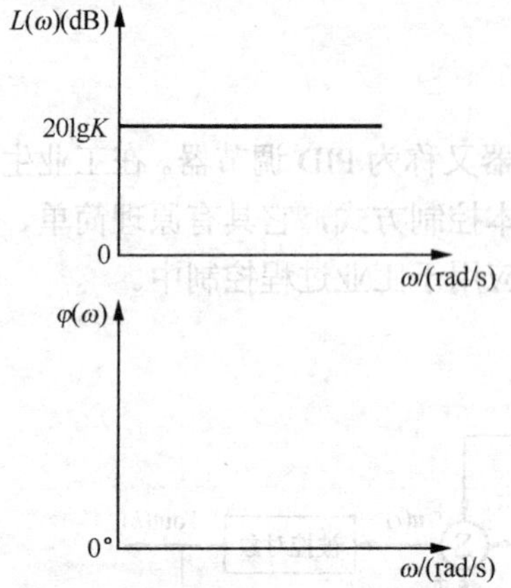

图 9-15 P 调节器的 Bode 图

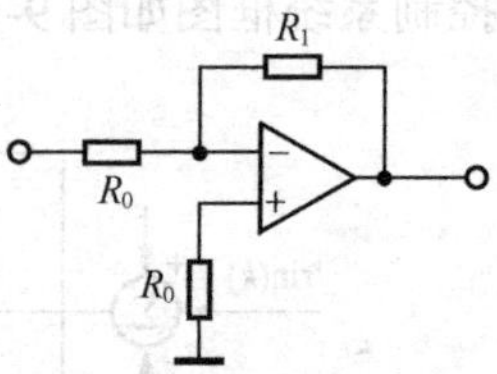

图 9-16 P 调节器的模拟电路实现

P 控制器的控制规律为

$$u(t) = K_P e(t) \tag{9-26}$$

写成传递函数形式为

$$G_c(s) = \frac{U(s)}{E(s)} = K_P \tag{9-27}$$

式中，K_P 为控制器的增益，提高 K_P 就可以提高系统的开环放大系数，而开环放大系数可以对系统的稳态性能和快速性产生影响。

例如，设某系统方框图如图 9-17 所示。

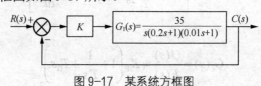

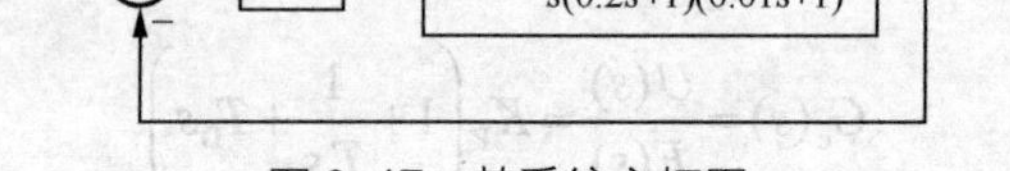

图 9-17 某系统方框图

当K分别取1（校正前）和0.5（校正后）时，系统整体的开环对数频率特性（Bode 图），如图 9-18 所示。

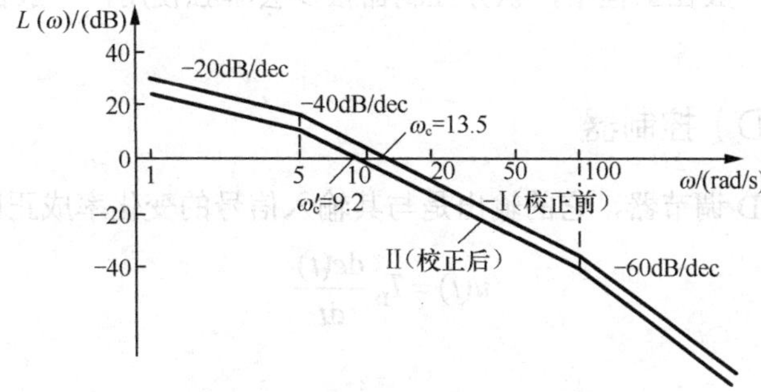

图 9-18 Bode 图

由图可知，当$K=1$时系统的剪切频率$\omega_c=13.5$，计算得到相角裕量$\gamma=12.3^\circ$；当$K=0.5$时系统的剪切频率$\omega_c=9.2$，相角裕量$\gamma=23.3^\circ$。

由此，可以得出K_P对系统的影响：

（1）K_P越大，系统的剪切频率越大，系统频带变宽，使得系统的响应速度变快；

（2）K_P越大，系统的相角裕量越低，使得系统的稳定性变差；

（3）K_P越大，稳态误差越小，稳态性能变好。

可以看出，采用比例（P）控制器可以减小系统的稳态误差，提高响应度，但是却会降低系统的稳定性，可能会让系统变得不稳定。

由上面分析可知，K_P值的变化对系统的稳态性能和动态性能的影响是互相矛盾的，因此，只采用 P 调节器一般很难同时满足系统对稳态性能和动态性能的要求。在工程中，一般把 P 调节器与其他的控制规律结合起来应用。

9.5.2 积分（I）控制器

积分控制器也称 I 调节器，它具有积分控制作用，它的输出信号是输入信号的积分，即

$$u(t)=\frac{1}{T_I}\int_0^t e(t)\mathrm{d}t \tag{9-28}$$

写成传递函数形式，为

$$G_c(s)=\frac{1}{T_I s} \tag{9-29}$$

其物理实现如图 9-19 所示。

由于积分（I）控制器的输出是对输入信号的积分，因此也可以说，输入对输入信号的积累，只要输入不为零，那么其输出便会随时间的增长而不断地增加，直到输入为零，积分作用才停止，此时输出也保持一定的值。而且加入了积分控制器之后，相当于系统多了一个积分环节，也就是提高了系统的型别。

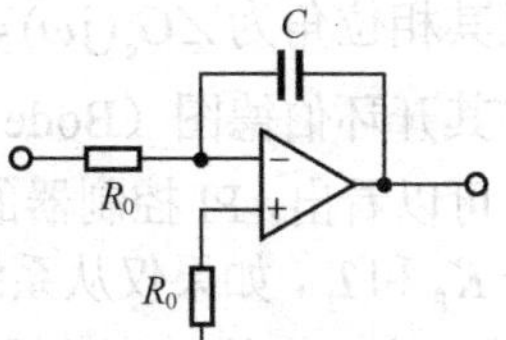

图 9-19 I 调节器的模拟电路实现

正是因为积分控制器的这些性质，因此可以实现消除系统的稳态误差。但是由于它的相

位角是–90°，这样会使系统的相角裕量明显地减小，使系统振荡变强，超调增大，甚至导致系统不稳定。

需要说明的是，一般在工程中，积分控制器很少会单独使用，一般都与比例和微分配合使用。

9.5.3 微分（D）控制器

微分控制器又称 D 调节器，它的输出是与其输入信号的变化率成正比的，即

$$u(t)=T_{\mathrm{D}}\frac{\mathrm{d}e(t)}{\mathrm{d}t} \tag{9-30}$$

其传递函数为

$$G_{\mathrm{c}}(s)=T_{\mathrm{D}}s \tag{9-31}$$

其模拟电路实现如图 9-20 所示。

可以看出，微分控制器把输入信号的变化趋势及时地反映到输出量上，使对系统的控制作用提前产生。采用微分控制器能够增大系统的阻尼，降低最大超调，从而改变系统的稳定度。

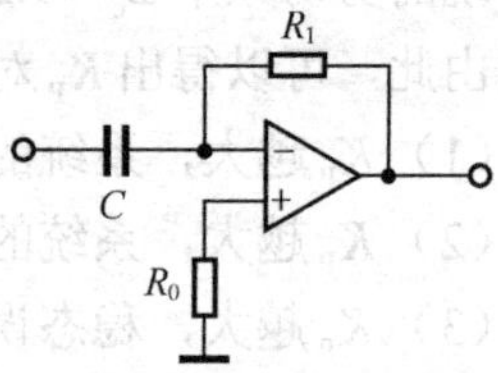

图 9–20　D 调节器的模拟电路实现

由于这种控制器只能在输入信号发生变化的过程中才会起作用，当输入信号趋于定值或变化缓慢时，它的作用就会消失，其输出为零。因此，微分控制器不能单独使用到系统之中，在实际工程里，一般都是以比例-微分或比例-积分-微分的形式出现。

9.5.4 比例–积分（PI）控制器

比例-积分控制器又称 PI 调节器，它的输出信号同时与输入信号本身及其积分成比例，即

$$u(t)=K_{\mathrm{P}}\left[e(t)+\frac{1}{T_{\mathrm{I}}}\int_0^t e(t)\mathrm{d}t\right] \tag{9-32}$$

其传递函数为

$$G_{\mathrm{c}}(s)=\frac{U(s)}{E(s)}=K_{\mathrm{P}}\left(1+\frac{1}{T_{\mathrm{I}}s}\right)=\frac{K_{\mathrm{P}}(\mathrm{T_I}s+1)}{T_{\mathrm{I}}s} \tag{9-33}$$

比例-积分（PI）控制器的模拟电路实现如图 9-21 所示。

PI 控制器是比例环节与积分环节的组合，因此它同时具有比例和积分的优点，又能够相互弥补两者的缺点，它可以在保证系统稳定性的基础上，提高系统的型别和开环放大系数，而且其相位角为$\angle G_{\mathrm{c}}(\mathrm{j}\omega)=-90^\circ+\arctan(T_{\mathrm{I}}\omega)$，只要参数选择合适，就不会过多地减小相角裕量。其开环伯德图（Bode 图）如图 9-22 所示。

可以看出，PI 控制器的相角是负值，所以它是一种滞后校正装置。PI 控制器的可调参数有两个K_{P}和T_{I}，如果仅从系统稳定性的角度来看，显然T_{I}越大K_{P}越小越好，但是如果T_{I}值太大，K_{P}值太小，会使 PI 控制器的控制作用不灵敏，其输出就不能及时地反映输入的变化，从而降低系统的快速性。因此，对 PI 控制器的参数进行调整时，要根据系统的实际需求来进行。

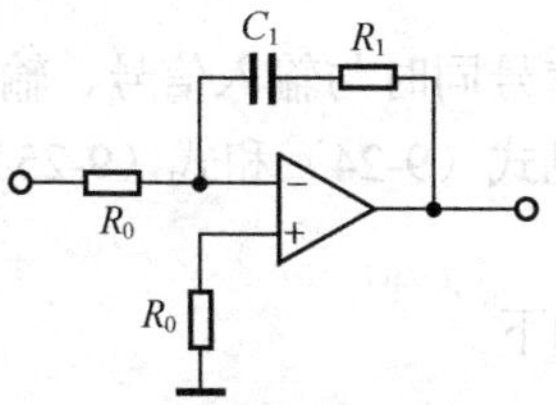

图 9-21 PI 调节器的模拟电路实现

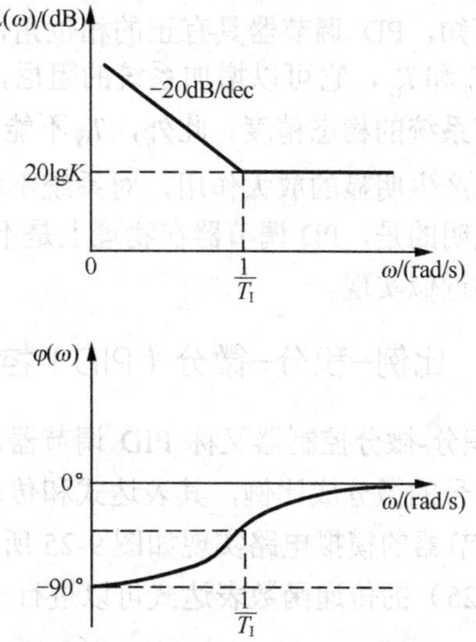

图 9-22 PI 调节器的开环伯德图

9.5.5 比例-微分（PD）控制器

比例-微分控制器又称 PD 调节器，它的输出信号同时与输入信号本身及其微分成比例，即

$$u(t)=K_{\mathrm{P}}\left[e(t)+T_{\mathrm{D}}\frac{\mathrm{d}e(t)}{\mathrm{d}t}\right] \tag{9-34}$$

写成传递函数形式为

$$G_{\mathrm{c}}(s)=\frac{U(s)}{E(s)}=K_{\mathrm{P}}\left(1+T_{\mathrm{D}}s\right) \tag{9-35}$$

比例-微分（PD）控制器的模拟电路实现如图 9-23 所示。

比例-微分控制器（PD 调节器）是比例环节与微分环节的组合，从物理的角度来说，它可以降低系统的最大超调，改善动态性能，从频率特性的角度来说，它可以增加系统的相角裕量，使系统的振荡减弱。

PD 调节器的开环伯德图（Bode 图）如图 9-24 所示。

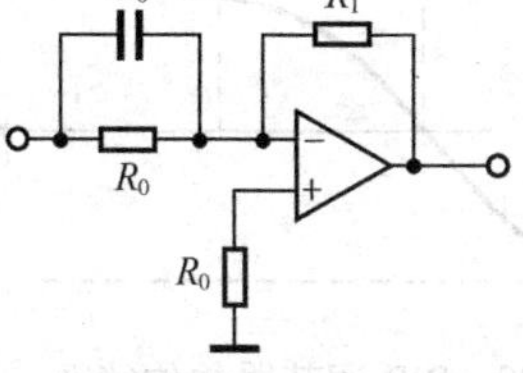

图 9-23 PD 调节器的模拟电路实现

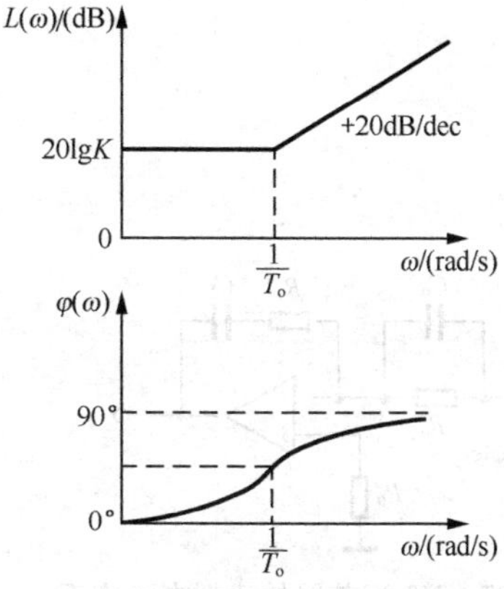

图 9-24 PD 调节器的开环伯德图

由图可知，PD 调节器具有正的相位角，因此它是一种超前校正装置。它有两个参数可以调节：K_P 和 T_D，它可以增加系统的阻尼，改善系统的稳定性，加快系统响应速度，但是它不能提高系统的稳态精度。此外，T_D 不能过大，否则会使转折频率过小，使微分对输入信号中的噪声产生明显的放大作用，对系统不利。

需要说明的是，PD 调节器在物理上是不可实现的，因为它分子的阶次高于分母的阶次，故它只能够近似实现。

9.5.6 比例-积分-微分（PID）控制器

比例-积分-微分控制器又称 PID 调节器，它的输出信号同时与输入信号、输入信号的积分、输入信号的微分成比例，其表达式和传递函数分别见式（9-24）和式（9-25）。

PID 调节器的模拟电路实现如图 9-25 所示。

式（9-25）的传递函数表达式可以进行一些变化，如下

$$G_c(s)=\frac{U(s)}{E(s)}=K_P\left(1+\frac{1}{T_I s}+T_D s\right)=\frac{K_P(T_I T_D s^2+T_I s+1)}{T_I s} \tag{9-36}$$

式中，将分子的部分 $T_I T_D s^2+T_I s+1$ 进行因式分解，可以求得 $T_I T_D s^2+T_I s+1=0$ 的两个根为

$$s_{1,2}=\frac{-T_I\pm\sqrt{T_I^2-4T_I T_D}}{2T_I T_D} \tag{9-37}$$

当 $T_I^2-4T_I T_D>0$，即 $\frac{4T_D}{T_I}<1$ 时，s_1 和 s_2 为两个负实根，于是式（9-36）可以写成

$$G_c(s)=\frac{K_P(\tau_1 s+1)(\tau_2 s+1)}{T_I s} \tag{9-38}$$

其中，τ_1 和 τ_2 分别为 $\tau_1=\frac{1}{2}T_I(1+\sqrt{1-\frac{4T_D}{T_I}})$，$\tau_2=\frac{1}{2}T_I(1-\sqrt{1-\frac{4T_D}{T_I}})$。

式（9-38）也是 PID 调节器的一种形式。PID 调节器的伯德图（Bode 图）如图 9-26 所示。

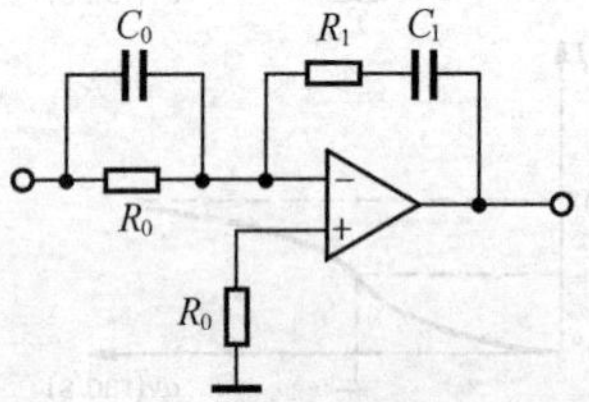

图 9-25 PID 调节器的模拟电路实现

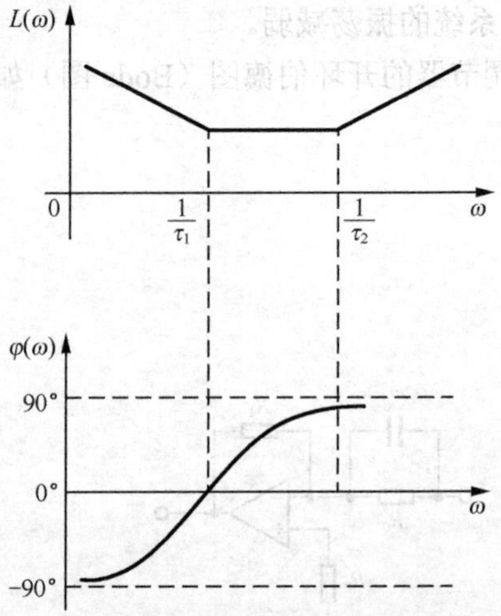

图 9-26 PID 调节器的伯德图

由图 9-26 可以看出，PID 调节器是一种滞后-超前校正装置，它同时具有 PI 调节器和 PD 调节器的作用，前者用于提高系统的稳态精度，后者用于改善系统的动态性能，两者相辅相成，互补不足，使校正后的系统具有更加优良的性能，因此 PID 调节器在工程中有着非常广泛的应用。

需要说明的是，PID 调节器在物理上是不可实现的环节，因为其分子的阶次高于分母的阶次。实际中的 PID 调节器的传递函数往往和标准形式略有不同并稍微复杂，以使得控制器在物理上能够实现并且容易实现。

9.6 Matlab 在系统设计与校正中的应用

控制系统的校正是自动控制系统设计的重要组成部分，在处理系统校正问题时，应该仔细分析系统要求达到的性能指标和原始系统的具体情况，以便引入简单有效的校正装置，满足设计需求。

人工计算是比较原始的处理方式，使用起来效率不高，而应用 Matlab 软件能够有效、快速地实现系统的校正与仿真，上述章节中介绍的超前、滞后、滞后-超前以及 PID 校正，都可以使用 Matlab 进行设计与仿真。因此，Matlab 应用在系统的设计与校正之中能够发挥巨大的作用。

下面介绍几种应用 Matlab 进行校正的方法。

9.6.1 使用 Matlab 进行超前校正

超前校正环节的传递函数见式（9-1），超前校正环节的两个转折频率应分别设在系统剪切频率的两侧。由于超前校正环节相频特性曲线具有正的相角，幅频特性曲线具有正的斜率，所以校正后系统 Bode 图的低频段不变，而其剪切频率和相角裕量比原系统的大，这说明校正后系统的快速性和稳定性得到了提高。

使用 Matlab 对系统进行超前校正的设计步骤与 9.2 节所述的超前校正设计步骤完全一致，所不同的是要将各步骤用 Matlab 语句实现出来，下面举例说明。

【例 9-4】 已知某位置控制系统，其功能是实现负载位置与输入位置协调，其开环传递函数为 $\dfrac{K}{s(0.1s+1)}$，现已明确其控制精度达不到设计要求，要求设计校正装置 G_c（s）并调整 K 的值，使得系统在单位斜坡信号作用下，稳态误差 $e_{ss}\leqslant 0.01$，相角裕量 $\gamma\geqslant 45°$，剪切频率 $\omega_c\geqslant 40$。

解：设计步骤如下：

（1）根据稳态误差的要求调整 K 的值。

由于系统在 $r(t)=t$ 的作用下，根据稳态误差的计算方法（见第 8 章）可知，若要求 $e_{ss}\leqslant 0.01$，则需满足 $K\geqslant\dfrac{1}{e_{ss}}=100$，因此，取 K=100。

（2）画出未校正系统的 Bode 图，检验性能指标是否满足要求。

代码如下：

```
>> clear all                        %清除所有变量
>> G=tf(100,[0.1 1 0]);             %输入未校正系统的开环传递函数
>> margin(G)                        %画出未校正系统的 Bode 图，并标出频域指标
```

运行程序，可得到未校正系统的 Bode 图，如图 9-27 所示。

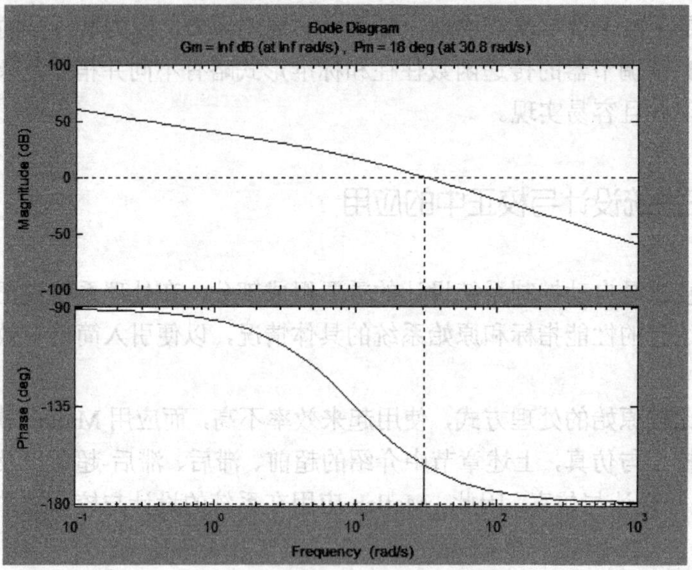

图 9-27　未校正系统的 Bode 图

由图 9-27 可知，未校正系统的剪切频率 $\omega_c = 30.8\ \text{rad/s}$，相角裕量 $\gamma = 18°$，均不满足要求。

（3）求超前校正装置的传递函数，程序代码如下：

```
>> alf1=45-18+5;                    %需要增加的相角
>> alf2=alf1*pi/180;                %弧度值转为角度值
>> a=(1+sin(alf2))/(1-sin(alf2));   %求参数 a
>> M1=1/sqrt(a);                    %求校正环节最大相角对应的系统幅值
>> [m,p,w]=bode(G);                 %返回未校正系统 Bode 图曲线的幅值向量、相角
                                    %向量和频率向量，这 3 个向量中相同序号的元素
                                    %是相对应的
>> wc1=spline(m,w,M1);              %spline 是 3 次曲线插值函数，求函数 m(w)的取值
>> T=1/(wc1*sqrt(a));               %求取参数 T
>> Gc=tf([a*T,1],[T,1])             %求取校正环节传递函数
>> margin(G*Gc)                     %画出校正后系统的 Bode 图，并标出频域指标
```

运行程序，可以得到校正环节的传递函数

```
Gc =

  0.04308 s + 1
  -------------
  0.01324 s + 1
```

并得到系统校正后的 Bode 图，如图 9-28 所示。

由图 9-28 可以看出，校正后系统的剪切频率和相角裕量均满足了设计的要求。

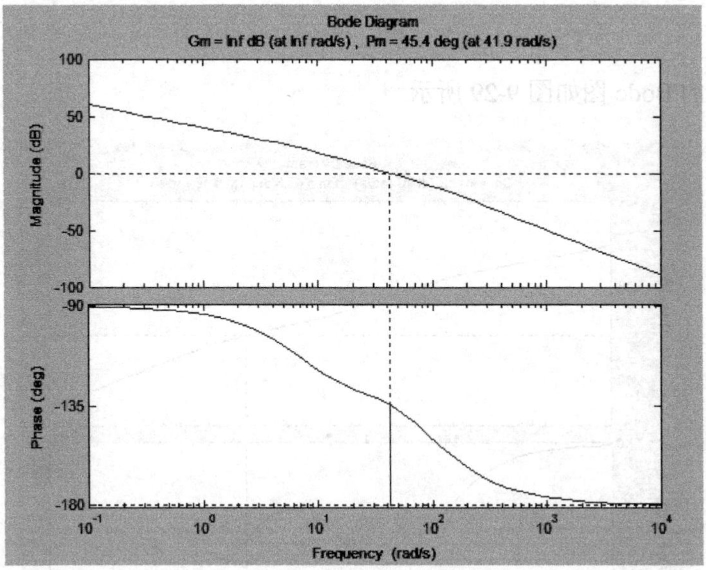

图 9-28　超前校正后系统的 Bode 图

9.6.2　使用 Matlab 进行滞后校正

滞后校正装置的传递函数见式（9-11）。当采用滞后校正时，将校正环节的两个转折频率设置在远离校正后系统剪切频率的低频段，主要目的是利用滞后网络的高频幅值衰减特性，使校正后系统中频段的幅频将衰减$|20\lg b|$dB，而其相频可认为不衰减，因此校正后系统的剪切频率将减小，而在新的剪切频率处将获得较大的相角裕量。这样系统的快速性变差，稳定性和抑制高频干扰的能力将增强。

使用 Matlab 进行滞后校正的步骤与 9.3 节所述步骤大体相同，下面通过一个例子具体说明。

【例 9-5】　同例 9-4 中所给的系统，若没有要求剪切频率 ω_c 的大小，而只是要求稳态误差 $e_{ss}\leqslant 0.01$，相角裕量 $\gamma\geqslant 45°$，试用滞后校正设计系统。

解：同例 9-4，仍取 K=100，画出未校正系统的 Bode 图，程序实现与例 9-4 中相同，所得 Bode 图与图 9-4 相同。

在此基础上，滞后校正装置设计的程序代码如下：

```
>> gama0=45;                     %要求相角裕量大于等于 45 度，取 45
>> alf1=-180+gama0+6;            %需要补偿的相角
>> [m,p,w]=bode(G);              %返回未校正系统 Bode 图曲线的幅值向量、相角
                                 %向量和频率向量，这 3 个向量中相同序号的元素
                                 %是相对应的
>> wc1=spline(p,w,alf1);         %spline 是 3 次曲线插值函数，求函数 p(w)的取值
>> M1=spline(p,m,alf1);          %求函数 p(m)的取值
>> b=1/M1;                       %参数 b 的值
>> T=10/(b*wc1);                 %参数 T 的值
>> Gc=tf([b*T,1],[T,1])          %滞后校正环节传递函数
>> margin(G*Gc)                  %画出校正后系统的 Bode 图，并标出频域指标
```

运行程序，可得校正装置的传递函数为

```
Gc =
```

```
    1.235 s + 1
    -----------
    11.85 s + 1
```

校正后系统的 Bode 图如图 9-29 所示。

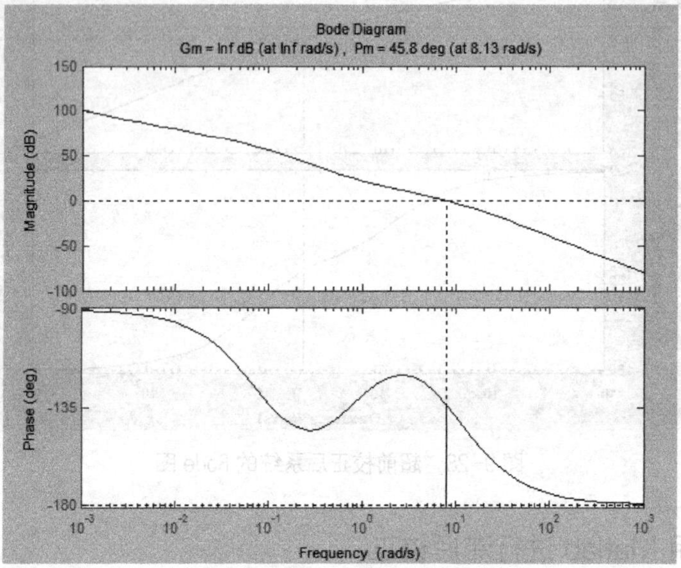

图 9-29 滞后校正后系统 Bode 图

由图 9-29 可知，滞后校正之后，系统的相角裕度是满足要求的。

9.6.3 使用 Matlab 进行滞后-超前校正

滞后-超前校正装置的传递函数见式（9-20）。滞后-超前校正兼有滞后校正和超前校正的优点，即校正系统响应速度较快，超调量较小，抑制高频噪声的性能也较好。当待校正系统不稳定，且要求校正后系统的响应速度、相角裕量和稳态精度较高时，采用滞后-超前校正为宜。其基本原理是利用滞后超前网络的超前部分来改善系统的相角裕量，同时利用滞后部分来改善系统的稳态性能。

使用 Matlab 进行滞后-超前校正的设计步骤与 9.4 节所述相似，下面举例说明。

【例 9-6】 已知某系统的开环传递函数为

$$G(s)H(s)=\frac{K}{s(s+1)(0.5s+1)}$$

要求设计校正装置，使系统满足：

（1）$K_v \geqslant 10\,\text{s}^{-1}$ 时；

（2）相角裕量为 $\gamma \geqslant 50°$ 。

解：步骤如下：

（1）确定开环增益。由题意，可选取系统的开环增益 K=10。

（2）画出未校正系统的 Bode 图，并标明各频域性能指标。

程序代码如下：

```
>> clear all;
```

```
>> num=10;
>> den=conv([1,0],conv([1,1],[0.5,1]));
>> G=tf(num,den);
>> margin(G)
>> sys2=feedback(G,1);                    %求未校正系统闭环传递函数
>> sys2bandwidth=bandwidth(sys2);         %求未校正闭环系统带宽频率
```

运行程序，可以得到未校正系统的 Bode 图，如图 9-30 所示。

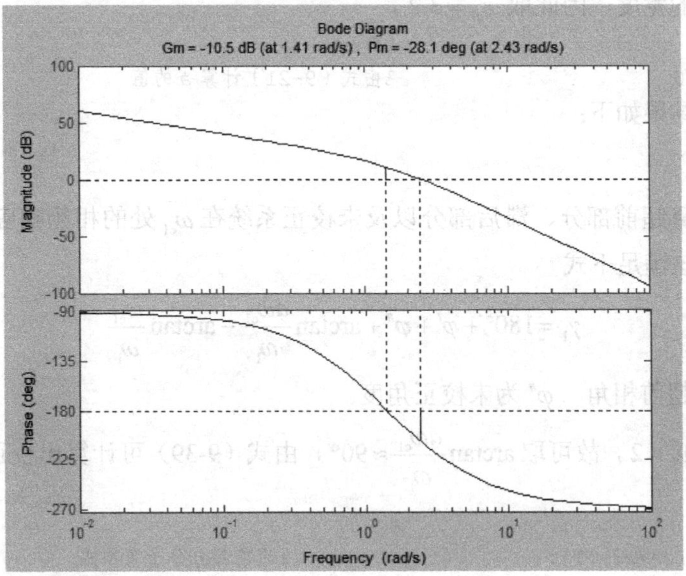

图 9-30 未校正系统 Bode 图

并且可以求得系统的带宽

```
sys2bandwidth =
   3.1937
```

由未校正系统的 Bode 图，可知未校正系统的相位穿越频率为 1.41rad/s，对应的幅值裕度为−10.5 dB，剪切频率为 2.43 rad/s，对应的相角裕度为−28.1°。由于相角裕度小于零，幅值裕度大于零，证明系统不稳定。闭环系统的带宽为 3.1937 rad/s。由于未校正系统在剪切频率处的相角滞后远小于 180°，且对响应速度有要求，因此采用滞后-超前校正。

（3）根据题中的要求相角裕量为 $\gamma=45°$ 和调节时间 $t_s<3\,\text{s}$，由 9.1 节中所示的经验公式

谐振峰值：$M_r=\dfrac{1}{|\sin\gamma|}$

调节时间：$t_s=\dfrac{K_0\pi}{\omega_c}$，$\varDelta=5\%$

$$K_0=2+1.5(M_r-1)+2.5(M_r-1)^2,\qquad 1\leqslant M_r\leqslant 1.8$$

估算出校正后系统的剪切频率 ω_{c0}，并在此基础之上选择新的剪切频率 ω_{c1}，并由式(9-21)求出 a 的值，程序代码如下：

```
>> w3=2;                                  %校正网络超前部分转折频率
>> gama=45*pi/180;                        %要求的相角裕量
>> ts=3;                                  %要求的调节时间
```

```
>> k0=2+1.5*(1/sin(gama)-1)+2.5*(1/sin(gama)-1)^2;          %求K0的值
>> wc=pi*k0/ts                                               %求得新的剪切频率应在
                                                             %此基础之中选取
```

运行程序，结果如下：

```
wc =
    3.1942
```

考虑到中频区的斜率应该为−20 dB/dec，故 ω_{c1} 应该在 3.1942-6 rad/s 的范围内选取，且中频段应该有一定的宽度，因此取 $\omega_{c1}=3.2$ 。

```
>> wc1=3.2;                        %取ωc1=3.2
>> a=wc1/180                       %由式（9-21）计算a的值
```

运行程序，结果如下：

```
a =
    0.0178
```

（4）分别计算超前部分、滞后部分以及未校正系统在 ω_{c1} 处的相频响应，因为校正后系统的相角裕量应该满足下式

$$\gamma_1=180°+\varphi'+\varphi''+\arctan\frac{a\omega_{c1}}{\omega_1}-\arctan\frac{\omega_{c1}}{\omega_1} \tag{9-39}$$

式中，φ' 为超前相角，φ'' 为未校正角度。

考虑到 $\omega_1<\omega_3=2$，故可取 $\arctan\frac{a\omega_{c1}}{\omega_1}\approx 90°$，由式（9-39）可计算出校正网络的参数 ω_1，程序代码如下：

```
>> nlead=[1/(a*w3) 1];                        %超前部分分子多项式
>> dlead=[1/w3 1];                            %超前部分分母多项式
>> nlead1=polyval(nlead,j*wc1);               %求分子部分在ωc1处频率响应
>> dlead1=polyval(dlead,j*wc1);               %求分母部分在ωc1处频率响应
>> glead1=nlead1/dlead1;                      %超前部分频率响应
>> aglead1=angle(glead1);                     %超前部分相率响应
>> aglead=180*aglead1/pi                      %弧度角度转换
```

运行程序，结果如下：

```
aglead =
31.3688
```

计算未校正系统在 ω_{c1} 处的相频响应

```
>> den1=polyval(den,j*wc1);                   %求未校正系统在ωc1处频率响应
>> agden1=angle(den1);                        %未校正系统ωc1对应的相角
>> agden=180*agden1/pi;                       %弧度角度转换
>> ag=-agden
```

运行程序，结果如下：

```
ag =
-176.1147
```

（5）计算滞后-超前校正网络的传递函数，并画出校正后系统的 Bode 图，检验校正后系统的频域和时域性能指标，程序代码如下：

```
>> h=tf(conv([a/w1 1],[a/w3 1]),conv([1/w1 ],[1/w3]));
>> Gc=zpk(h);
>> sys=G*Gc;
>> margin(sys)
```

```
>> sys1=feedback(sys,1);
>> step(sys1)
```

运行程序，结果如图 9-31 和图 9-32 所示。

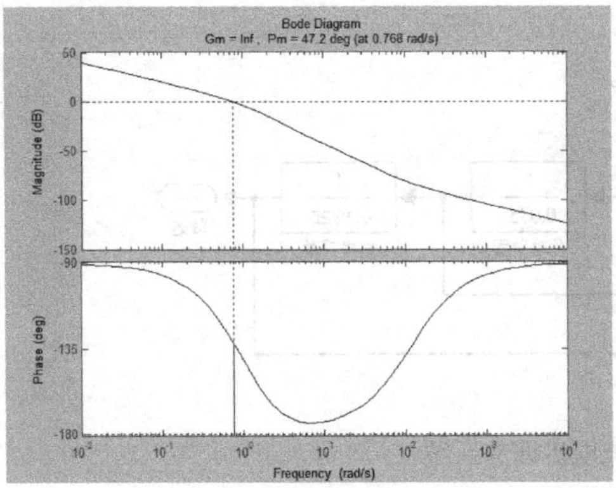

图 9-31　校正后系统 Bode 图

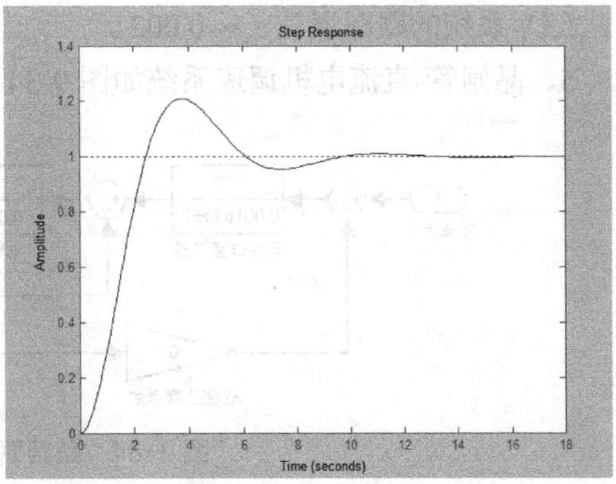

图 9-32　校正后系统单位阶跃响应

习　题

1、已知单位负反馈系统的开环传递函数 $G(s)=\dfrac{K_0}{s^2(0.2s+1)}$，试用频率法设计串联超前校正装置，使系统的相角裕量 $\gamma \geqslant 35°$，静态加速度误差系数 $K_a=10\,\mathrm{s}^{-1}$

2、已知单位负反馈系统的开环传递函数 $G(s)=\dfrac{K_0}{s\left(\dfrac{1}{2}s+1\right)\left(\dfrac{1}{6}s+1\right)}$，试用频率法设计串联滞后校正装置，使系统的相位裕度为 $\gamma=40°\pm2°$，增益裕量不低于 10 dB，静态速度误差系数 $K_v=7\,\mathrm{s}^{-1}$，剪切频率 $\omega_\mathrm{c} \geqslant 1\,\mathrm{rad/s}$。

3、已知单位负反馈系统的开环传递函数 $G(s)=\dfrac{K_0}{s(s+2)(s+40)}$，试用频率法设计串联滞后-超前校正装置，使系统的相角裕量 $\gamma \geqslant 40°$，静态速度误差系数 $K_v=20\,\mathrm{s}^{-1}$。

4、一个位置随动系统如图 9-33 所示。

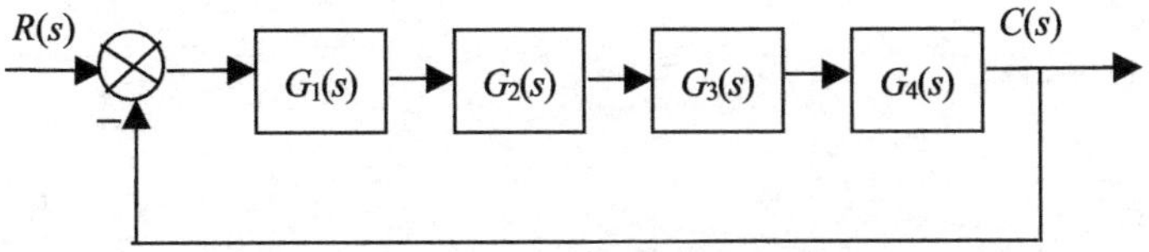

图 9-33　位置随动系统

其中，自整角机、相敏放大 $G_1(s)=\dfrac{1.25\times5}{0.007s+1}$，可控硅功率放大 $G_2(s)=\dfrac{40}{0.00167s+1}$，执行电机 $G_3(s)=\dfrac{23.98}{0.0063s^2+0.9s+1}$，减速器 $G_4(s)=\dfrac{0.1}{s}$。

对系统进行超前-滞后串联校正。要求校正后的系统在稳定的前提下，满足指标：

（1）幅值裕量 $K_g > 18$，相角裕量 $\gamma > 35°$；

（2）系统对阶跃响应的超调量 $\sigma < 36\%$，调节时间 $t_s < 0.3$；

（3）系统的跟踪误差 $e_{ss} < 0.002$。

5、晶闸管-直流电机调速系统如图 9-34 所示。

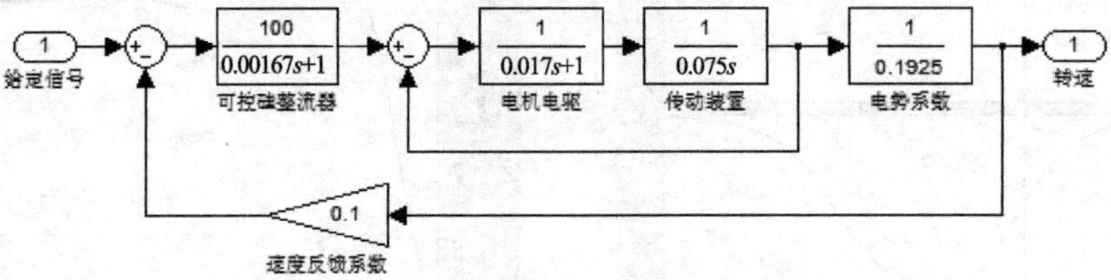

图 9-34　晶闸管—直流电机调速系统

对系统进行串联校正，要求校正后的系统在稳定的前提下，满足指标：

（1）相角裕量 $\gamma > 40°$，增益裕量 $K_g > 13$；

（2）在阶跃信号作用下，系统超调量 $\sigma < 25\%$，调节时间 $t_s < 0.15$。

附录 1 常用拉氏变换表

序　　号	时间函数 $f(t)$	拉氏变换 $F(s)$
1	$\delta(t)$	1
2	$\delta_T(t)=\sum_{n=0}^{\infty}\delta(t-nT)$	$\frac{1}{1-e^{-Ts}}$
3	$1(t)$	$\frac{1}{s}$
4	t	$\frac{1}{s^2}$
5	$\frac{t^2}{2}$	$\frac{1}{s^3}$
6	$\frac{t^n}{n!}$	$\frac{1}{s^{n+1}}$
7	e^{-at}	$\frac{1}{s+a}$
8	te^{-at}	$\frac{1}{(s+a)^2}$
9	$1-e^{-at}$	$\frac{a}{s(s+a)}$
10	$e^{-at}-e^{-bt}$	$\frac{b-a}{(s+a)(s+b)}$
11	$\sin\omega t$	$\frac{\omega}{s^2+\omega^2}$
12	$\cos\omega t$	$\frac{s}{s^2+\omega^2}$
13	$e^{-at}\sin\omega t$	$\frac{\omega}{(s+a)^2+\omega^2}$
14	$e^{-at}\cos\omega t$	$\frac{s+a}{(s+a)^2+\omega^2}$
15	$a^{t/T}$	$\frac{1}{s-(1/T)\ln a}$

附录2 常用校正装置

1. 超前校正装置

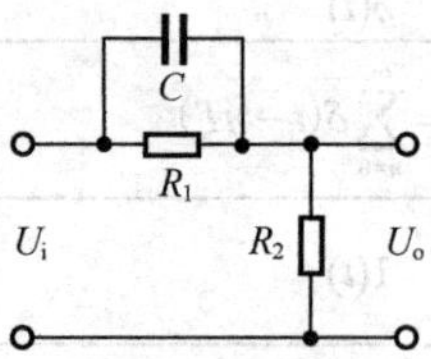

2. 滞后校正装置

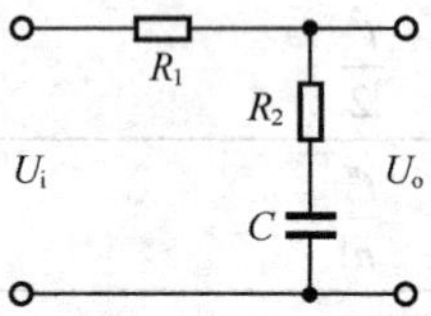

3. 滞后-超前校正装置

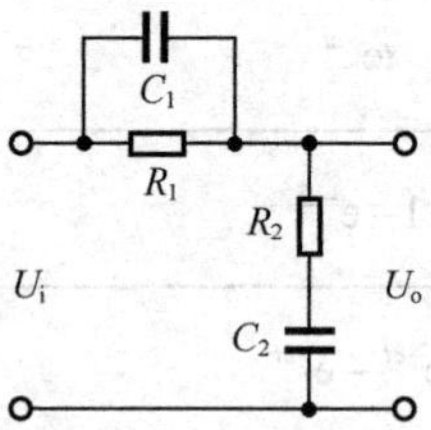

附录 3 控制系统工具箱中的常用 Matlab 命令

序　号	命　令	说　明
1	tf()	建立传递函数模型
2	zpk()	建立零极点模型
3	ss()	建立状态空间模型
4	series()	系统的串联
5	parallel()	系统的并联
6	feedback()	系统的反馈连接
7	tf2zp()	传递函数模型转为零极点模型
8	tf2ss()	传递函数模型转为状态空间模型
9	zp2tf()	零极点模型转为传递函数模型
10	zp2ss()	零极点模型转为状态空间模型
11	ss2tf()	状态空间模型转为传递函数模型
12	ss2zp()	状态空间模型转为零极点模型
13	impulse()	求系统的单位冲激响应
14	step()	求系统的单位阶跃响应
15	initial()	求系统的零输入响应
16	lsim()	求系统的任意输入响应
17	pzmap()	绘制系统的零极点图
18	rlocus()	绘制系统的根轨迹
19	rlocfind()	计算根轨迹的增益
20	nyquist()	绘制系统的 Nyquist 曲线
21	bode()	绘制系统的伯德图
22	nichols()	绘制系统的 Nichols 图
23	margin()	求系统的幅值裕量和相角裕量，并绘制伯德图

参 考 文 献

［1］邱关源. 电路. 第四版. 北京：高等教育出版社, 1999.

［2］郑君里, 应启珩, 杨为理. 信号与系统. 第二版. 北京: 高等教育出版社, 1999.

［3］胡寿松. 自动控制原理. 第四版. 北京: 科学出版社, 2002.

［4］黄建. 自动控制原理及其应用. 第 2 版. 北京: 高等教育出版社, 2009.

［5］梅晓榕. 自动控制原理. 第二版. 北京: 科学出版社, 2007.

［6］梁南丁, 赵永君. 自动控制原理与应用. 北京: 北京大学出版社. 2007.

［7］焦斌. 自动控制原理与应用. 北京: 高等教育出版社, 2004.

［8］孙亮. Matlab 语言与控制系统仿真. 北京. 北京工业大学出版社, 2008.

［9］翟亮. 基于 Matlab 的控制系统与计算机仿真. 北京: 清华大学出版社, 北京工业大学出版社, 2006.

［10］张德丰. Matlab 自动控制系统设计. 北京: 机械工业出版社, 2010.

［11］胡寿松. 自动控制原理简明教程.第二版. 北京: 科学出版社, 2008.

［12］胡寿松. 自动控制原理习题集.第二版. 北京. 科学出版社, 2003.

［13］胡寿松. 自动控制原理.第六版. 北京: 科学出版社, 2013.

［14］黄忠霖. 控制系统 Matlab 计算及仿真.北京: 国防工业出版社, 2001.

［15］李友善. 自动控制原理. 北京: 国防工业出版社, 1989.

［16］邹伯敏. 自动控制理论. 北京: 机械工业出版社, 2007.

［17］程鹏. 自动控制原理. 北京: 高等教育出版社, 2003.

［18］黄坚. 自动控制原理及其应用. 第二版. 北京: 高等教育出版社, 2009.

［19］訾贵昌, 王梦文, 孙秀芬. 自动控制原理与应用. 北京: 煤炭工业出版社, 2007.

［20］卢京潮. 自动控制原理. 西安: 西北工业大学出版社, 2009.

［21］Gene F,Franklin J,David Powell,Abbas Emami-Naeini. Feedback Control of Dynamic Systems Fouth Edition. Prentice-Hall,2002.

［22］Morris Driels. Linear Control Systems Engineering. Mcgraw-Hill College, 1995.